U0157620

I FOUND THE ANSWER!

366 INTERESTING AND UNEXPECTED
SCIENTIFIC QUESTIONS

英国《新科学家》杂志 著

宋丹丹 赵璐瑶 译

我找到答案了！

366个有趣且意想不到的科学问题

N·H 北方联合出版传媒（集团）股份有限公司

辽宁科学技术出版社

作者简介

　　英国《新科学家》杂志（*NEW SCIENTIST*）创刊于1956年，周刊。它是一个自由的国际化科学杂志，内容全部是关于最新的科技发展，在科学出版界具有世界性的声望，在全世界有超过500万的忠实读者。英国《新科学家》杂志网站开始于1996年，登载每天关于科技界的新闻。英国《新科学家》杂志在科学家和非科学家中都广为传阅，还经常刊登一些评论，比如气候变化等环境问题，被认为是与《科学美国人》（*SCIENTIFIC AMERICAN*）齐名的大众化高水平学术期刊。

我找到答案了！

366个有趣且意想不到的科学问题

科学真神奇

每天一个小知识，伴你一整年

This is the translation edition of EUREKA! Mindblowing Science Every Day of the Year, first published in Great Britain in 2021 by John Murray (Publishers)

Copyright © New Scientist 2021

Simplified Chinese edition was published arranged with HODDER & STOUGHTON LIMITED for and on behalf of John Murray Press Limited through Peony Literary Agency.

©2024辽宁科学技术出版社

著作权合同登记号：第06-2022-31号。

版权所有·翻印必究

图书在版编目（CIP）数据

我找到答案了！366个有趣且意想不到的科学问题 / 英国《新科学家》杂志著；宋丹丹，赵璐瑶译. — 沈阳：辽宁科学技术出版社，2024.1

ISBN 978-7-5591-3267-3

Ⅰ.①我… Ⅱ.①英… ②宋… ③赵… Ⅲ.①自然科学－普及读物 Ⅳ.①N49

中国国家版本馆 CIP 数据核字 (2023) 第 198675 号

出版发行：辽宁科学技术出版社
　　　　　（地址：沈阳市和平区十一纬路 25 号　邮编：110003）
印　刷　者：辽宁新华印务有限公司
经　销　者：各地新华书店
幅面尺寸：145mm × 210mm
印　　张：12.25
字　　数：300 千字
出版时间：2024 年 1 月第 1 版
印刷时间：2024 年 1 月第 1 次印刷
责任编辑：张歌燕
装帧设计：袁　舒
封面设计：琥珀视觉
责任校对：徐　跃

书　　号：ISBN 978-7-5591-3267-3
定　　价：89.80 元

联系电话：024-23284354
邮购热线：024-23284502
E-mail:geyan_zhang@163.com

目　录

前　言

我记得小时候，爸爸妈妈每到学年末都会给我和弟弟每人买一本装帧精美的书，以此来奖励我们平日里的良好表现。这些书开本很大，纸张光滑，又富有光泽，不仅内容丰富，而且涉及很多不同学科的知识。坦白地说，我当时非常渴望拥有一个足球，如果爸爸妈妈能给我买一辆新自行车，那就再好不过了。实际情况是，想要拥有的和实际得到的终究不一样。现在回想起买书的场景，真希望当时的自己有对父母表达感激和感谢之情。

百科全书、地图册是色彩丰富的综合性图书，介绍天文学、解剖学、恐龙、植物、工程建造奇迹、考古学和古代历史的书也都很有分量。于是，我家里成立了一个图书馆。当对某些学科的知识非常感兴趣的时候，我就会去翻看这些书，查找相关参考资料，希望能从中找到满意的答案。那时候互联网还没有普及，也没有什么便于搜索的网站，爸爸妈妈和老师会倾尽全力解答我提出的问题。全天下的父母和老师大概都会如此吧，毕竟孩提时期的我们，总会提出很多问题。

大多数人在成年后不再拥有孩童时代与生俱来的好奇心，变得自我满足，甚至安于现状，即使还没有找到很多问题的答案，也觉得无所谓。是的，带着疑问生活下去也是可以的。但如果你问我，如何看待这一切，我会说，这是不对的，也不应该如此。

人们倾向于认为科学家是一类特殊人群：科学家不仅天资聪颖，而且在他们擅长的领域可以长期从事研究工作，他们天生拥有异于常人的观察能力和理解能力，比如能解开复杂的数学题，或者总结抽象的概念。

科学方法其实体现在方方面面，比如在解题的过程中，应该确保实验是反复可控的，并且逐渐缩小误差。

这些在科学实践中无疑至关重要，不过有个前提条件，简单地说，就是对我们周围的世界充满好奇。

这并不是说每个人都应该学习遗传学的高级课程或阅读量子理论的教材（如果你愿意，我当然不会阻止你）。科学对我们而言，并不仅仅意味着用批判性思维审视既定的事实或过往的经验教训，而是合理地解释我们日常生活中那些司空见惯的事情，发现其中的奥秘和奇妙之处。我认为这本书是一个问题宝库，包括很多我们平时会提到的问题。

几十年来，在每周《新科学家》杂志的《最后的话》栏目中都会刊登一些读者的提问和其他读者的回答。问题虽然很有趣，但是很难解答，于是我从中选取了一些最佳问答。问题如此之多，是我做梦都想不到的，真是很奇妙，既然有人提出了问题，我就要想方设法找到答案，之后再分享给大家，例如：用全宇宙的水能浇灭燃烧的太阳吗？我身为物理学家，从未想过这个问题，不过在本书中你能找到答案，既然问题成立，那么就会有答案。

我身为科学家，多年以来致力于推广科学知识，希望这本书可以启发一些读者。针对一些常出现的问题，我给出了详细的解答；还有很多问题，我以前只是一知半解；甚至有些问题，我也是第一次接触到；还有不少问题，我自认为知道答案，结果发现并非如此——当然，我是不会承认的！

　　无论如何，这些问题和答案才是科学带给我们的真正乐趣，在永无止境的探索之旅中，发现问题便是成功了一半。所以，无论你是科学爱好者，抑或只是对世界感到好奇，我都希望你爱上这本书，享受这本书带给你的快乐。最终发现，原来我们人人都是科学家，因为我们会不断提出问题并找到答案，并时不时发出"我找到答案了"的感叹！

英国皇家学院院士，吉姆·艾尔-哈利利教授

写于2021年9月

1月

如何集中注意力？

我们常常因无法集中注意力而感到自责。加利福尼亚大学圣塔芭芭拉分校的学者乔纳森·斯库勒（Jonathan Schooler）曾利用实验试图找到注意力不集中的"正常"水平，例如安排实验对象阅读列夫·托尔斯泰的《战争与和平》选段，时不时随机打断他们，并询问他们阅读感受。实验表明，我们心不在焉的时长占总阅读时长的 15%～50%。

注意力不集中似乎导致了阅读效率的严重低下，但事实很可能并非如此。注意力不集中，虽然对手头正在做的事情没有帮助，但是对你所思考的事情有潜在的帮助。当下你可能在阅读一本书，同时又在考虑举办一个聚会，注意力不集中虽然会影响你读书的进度，但是推进了聚会的日程安排。有充分的证据表明，注意力不集中是人类经历长时间进化的结果，注意力不集中有助于人类思考和规划未来，也促使了人类特有的创造性思维的产生。

分辨相似的事物——有选择地注意某一种刺激称为选择性注意——涉及在极短的时间内不断观察并调整关注的事物，比如要求人们说出屏幕上弹出的图形的颜色，并忽略同时弹出的干扰项。实验表明，选择性注意存在很大的个体差异，儿童处于低水平，也许是因为大脑尚未发育完全，无法完全处理通过感觉器官传入的信息。20 岁之前大脑一直处于发育阶段，临近中年大脑发育开始停滞，接下来会走下坡路。

少饮酒可以改善注意力不集中，而多饮酒会导致注意力更涣散，专注力更差。改善思维控制的科学设备有助于缓解注意力不集中，冥想也有一定效果。

为什么蝙蝠不会头晕？

我们人类出现晕动症的原因是内耳接收到过度的刺激，或大脑接收到来自不同感觉器官——比如眼睛和耳朵——的冲突信息。内耳中有耳石器官，其重要结构是球囊和椭圆囊，可以感应重力的变化。

蝙蝠的平衡机制是多方面进化的结果，蝙蝠在捕食和倒挂时不会出现晕动症。首先，蝙蝠的球囊略微向前转动，可以作为倾斜探测器，在飞行过程中有助于保持平衡。其次，耳部的半规管可以感知头部的转动。就内部结构而言，蝙蝠的半规管和鸟类的更相似，区别于人类的半规管，因此它们能够进行高速转弯，同时管内液体不会来回晃动得太过剧烈。如果用高速相机拍摄正在飞行的蝙蝠，你会发现它们的头部非常稳定，除非在最急速的转弯时。

正因为蝙蝠具备这种独特的感知方式，所以它们不会头晕。我们人类主要利用视觉感知世界，但眼睛的反应速度非常慢。比如在眼前停留不超过1秒，或者超出视野范围30度的物体，成像都会非常模糊。利用回声定位的蝙蝠并非视力不佳，只是更多地依赖生物声呐，这是一种特别精准的听觉反应，可根据回声构建3D图像。在回声定位过程中，蝙蝠发出声波的频率每秒不低于30次，甚至超过150次，蝙蝠能够在百万分之一秒内对回声的变化做出反应，它的前庭系统起到辅助回声定位的作用，所以蝙蝠利用回声定位的速度比人类利用视觉定位的速度更快，也更精准。

虽然无法确定蝙蝠是否头晕，因为它们不能明确说出来，但可以从它们的行为方式推断它们不会晕。假如一只动物漫无目的地走圈，一路跌跌撞撞，甚至摔倒，可以判定为头晕。只有当前庭系统与其他感觉器官接收的信号发生冲突时，才会引发头晕和晕动症，因此蝙蝠比其他哺乳动物更不容易出现晕动症。

我与达·芬奇所呼吸的空气是一样的吗？

物质守恒定律确保自然界中的原子在反应前后是守恒的，而引力确保大多数人都能待在地球上。我们在呼吸过程中确实吸入了大量的分子，这些分子与达·芬奇曾经吸入的一样——或者非常不走运，与希特勒等人曾经吸入的也一样。

地球大气层的总质量约为 5×10^{21} 克。假定我们吸入的空气是由 4 个氮分子和 1 个氧分子组成的混合气体，那么 1 摩尔空气的质量约为 28.8 克，1 摩尔任何物质都含有约 6×10^{23} 个分子。因此，地球大气层中约有 1.04×10^{44} 个分子。

当气温维持在人体温度，气压为 1.01×10^5 帕时，1 摩尔任何气体的体积约为 25.4 升。普通人每呼吸一次，其吸入和呼出气体的体积约为 1 升，因此，我们可以得到达·芬奇一口气呼出的大约 2.4×10^{22} 个分子。

假定普通人每分钟呼吸 25 次，那么达·芬奇在 67 年（1452—1519）的时间里共呼出大约 2.1×10^{31} 个分子。因此，大气中每 5×10^{12} 个分子中就约有 1 个分子是由达·芬奇呼出的。

然而，由于我们每次呼吸时吸入约 2.4×10^{22} 个分子，因此我们很有可能吸入了达·芬奇呼出的约 4.9×10^9 个分子。实际上，你也可以用相似的方法计算得出，在他弥留之际呼出的气体中，大约有 5 个分子被你吸入。

为了得出以上的结论，我们显然进行了一系列非常简单粗暴的假设。我们假设达·芬奇呼出的分子已与大气中的其他分子（毕竟已经 500 多年了）充分混合在一起，而且他并没有重复吸入他之前呼出的气体。我们还假设自从达·芬奇去世后，人类的呼吸作用、燃烧反应、固氮作用等其他因素没有导致大气出现任何损耗，或者即使分子损耗量较大，也不影响总体的计算结果。

我们已知地球水圈中约有 5.7×10^{46} 个分子，于是可以采用类似的方法计算得出，每喝一口水，大约包含达·芬奇曾摄入的 18×10^6 个分子。所以，除了呼吸之外，我们摄入的每一杯水都很有可能带有达·芬奇曾经摄入的水分。

彩虹总是七色的吗？

有白色的彩虹，即雾虹，其形成原理与七色彩虹基本相似。

彩虹和雾虹的相似之处在于太阳光发生了两次折射——太阳光照射到水滴上时会出现第一次折射，而当太阳光射出水滴时会发生第二次折射。在两次折射之间，光线会在水滴内发生反射，反射光朝向太阳的方向。这就解释了为什么当太阳位于观察者身后时才能看到彩虹和雾虹。红光折射率最小，蓝光的折射率大于红光，导致太阳光分解成多彩的可见光谱，红光在上方，而蓝光在下方。

当水滴直径小于 100 微米时，彩虹是白色的——由于水滴过小，所以衍射作用显著，折射作用次之。光线穿过水滴发生衍射，从而分解并构成数道光带，水滴越小，光带越宽。当水滴小到一定程度时，光带宽到重叠合并，颜色混合在一起，因此接近白色。

有时雾虹内缘会带有些许蓝色，外缘带有些许红色。从特定角度观察，比如在飞机舱中往下看，雾虹接近呈现完整的环形。

≈ 1月5日 ≈
互联网到底有多大？

互联网中的数据，每时每刻都在增加。根据 2014 年的统计进行合理推测，大约有 1 尧字节*或 1 万亿太字节的数据，时至今日，这个量肯定只多不少。

我们还应该考虑到所谓的深网。深网是指互联网中不能被标准搜索引擎检索的内容，包括预约旅游服务的大型数据库、网上购物的商品数据，以及社交媒体网站未公开的数据等。统计数据显示，80% 的网络数据是不可见的，倘若果真如此，2014 年的网络可能已经拥有 5 尧字节的数据了，那么2021 年的数据量可能已经实现翻倍增长，甚至更多。

另外，许多网站不会向外界透露其存储数据的确切数量。托管站点通常会在多种媒介的多个位置存储多个完整数据副本。网络中的许多信息都是重复的，谁也无法预测热点内容被重复了多少遍。

---

* 计算机存储单位一般用字节 (Byte)、千字节 (KB)、兆字节 (MB)、吉字节 (GB)、太字节 (TB)、拍字节 (PB)、艾字节 (EB)、泽字节 (ZB)、尧字节 (YB) 表示。1TB=1024GB=2^{40} 字节，1YB（1 亿亿亿字节，尧字节）=1024ZB= 10^{24} 字节。（出版者注）

沿喷发的火山安全滑行下来可能吗？

当一座火山正在喷发时，你在火山口附近，自保的唯一方法就是借助熔岩滑行下来。那么，应该选用什么材料制作滑板呢？

熔岩的类型不同，其温度也各异，流纹岩可高达900℃，英安岩可高达1100℃，安山岩可高达1200℃，玄武岩可高达1250℃。熔岩滑板应该具备防熔化的特性，其密度应小于下方的熔岩，并且有隔热的作用，防止双脚被高温灼伤。在火山喷发过程中，一些固体物质会伴随熔岩流出来，两者的成分大致相同，不过这些固体物质中含有气泡，因此密度较低，隔热性能更好。

举个例子，假设由这种固体物质制成的滑板长20米，宽1米，厚50厘米，它可以浮在熔岩上，并熔化得很慢，借助这块滑板至少可以滑行1.6千米，甚至更远。希望到那时你已经成功抵达干燥、常温的地面。

如果周围碰巧有一棵树，你也可以用木材制作滑板。所有的木材，尤其是橡木，在燃烧过程中经炭化作用会形成保护层，从而延缓燃烧的进度。通常这种木滑板的尺寸要大一些，即使遇到明火，仍然可以坚持一段时间。

或者你早有准备，刚好有一块旧的冲浪板，那么先在冲浪板上打很多孔，再将水箱置于冲浪板上，接着你会观察到水箱中的水会顺着孔眼流下来，水在加热的作用下会形成水蒸气，由于水蒸气是热的不良导体，因此可以起到隔热的作用，并会持续很长时间。

在水蒸气的缓冲作用下，你可以在熔岩上滑行，并且滑板和熔岩之间的摩擦力几乎为零。

如何顺利倒出玻璃瓶中的番茄酱？

有些人认为，把番茄酱从瓶子里倒出来是门艺术，与科学无关。我有不同的看法，因为你会发现这个过程似乎涉及很多物理学知识。在这里列举一些《新科学家》的读者朋友跟我们分享的好方法。

读者福伊提供的方法（惯性法）如下。大多数人倒番茄酱的时候，会拍一拍瓶底，希望番茄酱可以顺利流出来。然而拍一拍只能让酱汁产生向下的惯性，接着你会发现酱汁依旧在瓶子里，没倒出来多少。不如事先准备好一个盘子，将瓶子翻转过来，用一只手握住瓶身，并与盘子保持一定距离，另一只手握拳，从下方敲打握住瓶身那只手的腕部，瓶子会自动向上抬起。这样借助惯性，番茄酱会从瓶口流出来。

另一位读者提供的方法（离心法）如下。先将瓶盖盖严，再握住瓶底，然后像投球一样挥动胳膊。这种方法利用了离心机运行的原理，用力将番茄酱集中到瓶口，方便倒出来。在刚装修好的炸鱼薯条店，能否使用这种动作比较夸张的酷炫手法，仍有待商榷。

读者劳埃德－埃文斯提供的方法（触变法）如下。番茄酱质地黏稠，具有触变性。这意味着，当它处于静置状态时，凝胶体的黏度较大，而当它受到外界施加的力——一般指摇晃产生的力，这时流体的黏度会发生改变。番茄酱中的淀粉引发了触变现象，淀粉是长链分子，当淀粉粉末遇水加热或与酶发生反应时，长链分子会发生断裂。要把瓶子里的番茄酱倒出来，先要盖严瓶盖，否则会让坐在对面的人心生不安，然后适度摇晃瓶子，不必太用力，促使淀粉分子发生断裂。最后翻转瓶子，番茄酱便会顺利地缓缓流到盘子上。

读者梅德赫斯特提供的方法（坐等法）如下。把番茄酱瓶子放在平时用来储存食物的橱柜里，等几年直到番茄酱开始发酵。瓶内的压力不断增强，一旦拧下瓶盖，酱汁会立刻喷涌而出。提供这种方法的霍华德·梅德赫斯特坦言，从他家的顶棚、墙面到地面有一条10厘米宽的红色印迹。

为什么挠痒痒会让我们笑个不停？

1933 年，俄亥俄州安提阿学院的心理学教授克拉伦斯·卢巴想要弄清楚挠痒痒引起的发笑究竟是习得反应，还是先天反应。

为了查清真相，他决定不告诉他新出生的儿子挠痒痒与发笑之间的关联，并要求所有人——特别是他的妻子——挠痒痒或被挠痒痒的时候不准笑。卢巴的妻子欣然同意配合他，于是卢巴全家人尽量不挠痒痒，唯独在实验过程中他的儿子会接受挠痒痒。

实验的步骤非常明确，卢巴先头戴一个 30 厘米 × 40 厘米的纸板面具，为了更谨慎起见，面具后的卢巴也一直保持冷静，面无笑容。然后按照既定的顺序挠痒痒——从腋窝、肋骨、下巴、脖子、膝盖到脚，同时手法从轻到重。

一切都进行得很顺利，根据 1933 年 4 月 23 日的记录，卢巴的妻子坦言，有一次她给儿子洗完澡，并把儿子放在大腿上颠着玩，边笑边说道："跳起来啦，跳起来啦。"虽然不清楚这种做法会不会破坏整个实验，但事实证明，待他的儿子满 7 个月时，在被挠痒痒的时候会笑得很开心。

1936 年 2 月他的女儿降生了，他决定再进行一次实验。两次实验结果相同，女儿七个月大的时候，在被挠痒痒时也会笑出来。

卢巴得出结论，当被挠痒痒时，发笑是先天反应。不过我们从他的结论中嗅到了一丝疑虑，倘若他的妻子更严格地遵守规则，仿佛实验结果便会截然不同。卢巴对挠痒痒的研究至少给其他研究人员提供了一个客观的教训。毕竟在实验中不可能控制所有变量，尤其当其中一个变量是你的配偶时。

是什么引发了地球的自转？

　　地球自转仅仅是因为它还没有停止运动。太阳系和银河系，是由大量运动中的气体云冷凝形成的。角动量守恒表明，任何气体云的构成物都会自转。由于太空中的摩擦力以及其他力非常小，因此包括地球在内的自转体只会非常缓慢地减速。

　　月球也在自转，但我们只能看到月球的同一面，这是因为月球的自转周期与它绕地球公转的周期相同。这种相同性是潮汐摩擦的结果。假设月球不自转，任何穿过它的光线平行于轨道平面，并在太空中保持一致的方向，月球会在完整的公转中向我们展示它的另一面。这很容易理解，在纸上画一个示意图就能明白。

大海有鱼的气味，还是鱼有大海的气味？

海边的气味是由化学混合物散发的，主要是二甲基硫（DMS），只要浓度达到亿分之二，我们就可以闻到。浮游植物是海洋中的单细胞生物，可借助太阳光的能量排放二甲基巯基丙酸内盐（DMSP）。这种化学物质被海洋微生物消耗后，部分转化为二甲基硫。由于浮游植物比鱼类更早出现，并且处于食物链的底端，因此在鱼类登场之前，海边的标志性气味就早已形成。事实证明，用淡水冲洗刚刚捕获的海鱼并没有明显的气味。

二甲基硫分子可参与形成云凝结核，詹姆斯·洛夫洛克等科学家指出，二甲基硫分子可能会构成负反馈环，詹姆斯·洛夫洛克在盖亚假说中称，二甲基硫有助于调节地球气候。随着强烈的太阳光照射地球，地表温度升高，浮游植物变多，从而二甲基硫增多，形成更多云凝结核。这些云凝结核可反射太阳光线，降低地表温度，减少浮游植物。

云凝结核的增加还与海上风速有关，云凝结核融入地表水，为浮游植物供给养料，能更好地接受太阳光的洗礼。当你下次漫步海滩，呼吸海边的空气时，可能会下意识想到海洋生物化学，认真思考一下适宜生命生存的地球温度。

快乐的人不容易生病吗？

　　自我感觉快乐的人比自我感觉不快乐的人似乎更不易感冒，即使自我感觉快乐的人得了感冒，症状也会更轻。

　　我们先要明确，这里所说的快乐不是转瞬即逝的快乐，而是一种持续的幸福感或对生活的满足感。每个人对快乐的感知有所不同，并且在某种程度上与感冒以及其他疾病有关。从广义上讲，我们认为两者之间的相关性有3种可能：快乐使你更健康；健康导致你更快乐；其他因素会影响情绪和整体健康。

　　一项针对流感疫苗接种人群的研究表明，快乐的人会产生更多抗体。另一项研究表明，照片上新任修女的笑容可以用来预测她们将来是否会长寿——越快乐，寿命越长。以上两项研究都表明，越快乐，越健康。我们可以提出一种假设，快乐的人参与更多的社交活动，接触到的（他人携带的）病原体更多，从而免疫系统得到增强。

　　传染与情绪或抑郁之间同样有联系。这表明快乐可能是不生病的结果，而不是原因。

　　马丁·塞利格曼（Martin Seligman）以研究抑郁闻名，并倡导了积极心理学运动，强调提升幸福感可以弥补经济上的不足。毕竟，幸福感得到提升，会让人少患病、少请假，不必担心看不上病等，这些都是好事。即使经济上有所不足，也不是坏事。

为什么汽车都有同一种气味？

几十年来，即使不同品牌的车，新车的气味似乎都不曾有过变化，那是一股独特的气味。即使你把这种气味理解为制造商偷偷给车喷了香水，并以此招徕顾客，也是有可能的。

这种气味其实源于名为增塑剂的小分子，它广泛用于汽车内饰。增塑剂普遍应用于塑料制品中，可减弱分子间的次价键，增加分子键的移动性，从而使塑料的柔韧性增强，不易破碎。增塑剂容易挥发到空气中，在封闭的环境中气味会很大，所以我们经常能闻到。

新车的气味源于汽车内部零件和仪表盘装饰、座椅泡沫等内饰，是一股从增塑剂、阻燃剂、润滑剂以及其他物质挥发出来的混合气味，而价位较高的皮革内饰汽车，增塑剂的味道不会那么浓重，会有些许皮革保养油的味道。

新车的气味已经可以通过合成来实现，将这种气味注入喷雾罐中更加便于使用。过去汽车经销行业有个不成文的商业机密，即定期对二手车的内饰做喷雾处理，有助于将二手车伪装成新车。如今，不仅可以在汽车杂志上找到此类喷雾的广告，而且可以在汽车配件商店的柜台买到。

一头奶牛需要多长时间
才能用产的奶填满科罗拉多大峡谷？

当有人提出这个问题时，得到的答案五花八门，我们决定采用最简单的算法，即根据科罗拉多大峡谷*可盛装的牛奶总量与奶牛的平均产奶量计算出结果。

我们以英国普通的奶牛为例，一头奶牛一天的平均产奶量是 15 ～ 20升，取平均数 17.5 升。科罗拉多大峡谷长 446 千米，平均宽度达 16 千米，深度达 1.6 千米，容积约为 10^{16} 升。因此，通过简单的除法计算得出普通奶牛需要大约 1.8×10^{12} 年才能用产的奶填满科罗拉多大峡谷。假设科罗拉多大峡谷的剖面呈三角形，所需时间将减半。

从上面的计算可知，我们需要等待大约地球年龄的 300 倍时间，一头普通奶牛所产的奶才能填满科罗拉多大峡谷。倘若不想等那么久，可以把全世界的牛奶都算进来，不过这又新增了一个难点——需要建一处史诗级别的牛奶泵站，或者可以以奶粉的形式运输，而且费用较为低廉，再利用河水还原成牛奶。根据联合国粮食及农业组织的统计，2004 年全球牛奶产量为 5.04 亿吨，约 4890 亿升，需要约 2 万年的时间才能填满科罗拉多大峡谷，这仍然是一项超级工程。

---

* 科罗拉多大峡谷位于美国亚利桑那州西北部，是世界上的大峡谷之一，也是地球上自然界七大奇景之一。科罗拉多大峡谷全长 446 千米，平均宽度 16 千米。（出版者注）

为什么龙卷风呈漏斗状？

虽然我们尚不完全清楚龙卷风是如何形成的，但是龙卷风肆虐时常伴有雷暴或剧烈的空气扰动。龙卷风是由湿热与干冷空气的强对流运动形成的上升气流引发的。不同海拔高度的风速有所不同，因此会形成水平空气涡旋，当与强烈的上升气流发生相互作用，会在垂直方向引发旋转，当发展的涡旋抵达地面时，就形成了龙卷风。

要理解为什么龙卷风经常呈漏斗状，你需要记住，随着海拔的升高，气压逐渐变低。在接近地面的地方，涡旋周围气压高，部分旋转的空气柱会消失。随着海拔升高，龙卷风所受外力减小，所以形成较大的漏斗状开口。

其实龙卷风的漏斗形态是不易察觉的，不过龙卷风通过不同方式巧妙地向大家展示出来。在龙卷风的中心，随着空气以极快的速度向上盘旋，形成一小块低压区域。如果气压低到一定水平，空气中的水蒸气将凝结成可见的水滴，从而形成漏斗云。

如果龙卷风内部的气压不够低，便无法形成云层，龙卷风会卷起地面上的垃圾和碎片。另外，如果空气非常潮湿，气压又极低，那么云层会离地面太近，以至于没有足够的垂直空间形成漏斗下端的颈部，这样的龙卷风会呈楔形。

为什么羊的身上有一股骚臭味？

我们都知道公山羊的气味很重，有一股奇特的骚臭味，可能会让鼻子不舒服。

这股难闻的混合气味源于山羊的尿液和山羊角附近的气味腺。这种气味非常有用，可以让母山羊发情或做好交配的准备。在一项研究中，日本科学家给公山羊戴上头套，以收集并分析这种骚臭味的挥发物质，设法分离出其中最活跃的成分 4- 乙基辛醛，当母山羊嗅到这种信息素时会排卵。

你可能会联想到这种气味会让公山羊处于危险之中，提醒捕食者周围有公山羊出没——但对于公山羊来说，似乎交配繁殖比安全更重要。散发着骚臭味的公山羊其实有自己的办法避免被猎杀。在野外自然环境中，羊群会选择在陡峭的岩石附近觅食，同时很多双眼睛同时在观察。山羊的视力非常好，瞳孔放大时呈横条形，这种适应性有助于看清周围的情况。如果一只山羊发现危险，整个羊群会迅速跑到安全的斜坡上。

1月16日

在家可以人工造云吗？

是的，可以！需要准备一个带螺旋盖的 2 升透明塑料瓶，以及火柴和适量的水。

往塑料瓶中倒入适量的水没过瓶底，然后摇晃几下。点燃一根火柴，待燃烧几秒钟，熄灭后立即将冒烟的火柴投入瓶中，并迅速拧紧瓶盖，接着用力挤压瓶子四或五次。刚投入火柴时可以观察到有云产生，捏住瓶子时，云就消失了，松开瓶子，云又出现了……上面这一系列操作就可以营造一个小的云室。

在瓶中水与空气结合形成水蒸气，这就产生了瓶子里的云。但是水蒸气要形成云还需要存在微尘。在这个实验中，火柴烟提供了必要的微粒，这些微粒作为凝结核，方便水滴聚集在其周围。如果没有烟雾，云也不会形成。

当捏住瓶子时，压力增大，瓶内温度有所提升，水从可见液体变成不可见的气体（大多数液体随着温度升高会变成气体），云就消失了。当压力解除时，反应得到还原。

现实中云以完全相同的原理形成，海水、河水、湖水蒸发形成水蒸气，水蒸气在上升过程中会膨胀和凝结。空气可以承载一定量的水蒸气，气温越高，所能承载的量越大。随着海拔升高，气温降低，水蒸气开始凝结，就像这个用瓶子做的实验一样。由于大气中含有许多微粒，例如灰尘、烟尘、盐粒，在适当的压力和温度条件下，水滴聚集在凝结核周围，就形成了云。

地球上距离海洋最远的地方在哪里？

距离海洋最远的地方叫作陆地难抵极[*]，位于亚洲，北纬46°17′，东经
86°40′，地处中国新疆的古尔班通古特沙漠^{**}中，与最近的海岸线——天津黄
海海岸线的距离是2648千米。

20世纪60年代核战略家在讨论武器系统的相对优势时，对地理位置独
特的陆地难抵极特别关注。北极星潜射导弹的倡导者把击中地球上任何一点
的能力——即使当地没有什么值得击中的——作为与陆射和空射武器赞助商
公关论战的关键点。

20世纪60年代末，北极星A3潜射导弹的射程有所提升，可以抵达陆地
难抵极，这是技术上的重大突破。

陆地难抵极受极端大陆气候的影响，因为距离海洋远，受海洋影响小。
当地可被视为戈壁的延伸，在这种沙漠地区，冬季气温可低至 -40℃，而夏
季白天的气温高达50℃，24小时内温差可达到32℃。

---

* 　古尔班通古特沙漠（也称准噶尔盆地沙漠），位于新疆准噶尔盆地中央，玛纳斯河以东
　　及乌伦古河以南，也是中国面积最大的固定、半固定沙漠，面积有大约4.88万平方千米，
　　在中国八大沙漠里居第二，海拔300～600米，水源较多。（出版者注）
** 除了陆地难抵极，世界上距离陆地最远的地方，被称为"海洋难抵极"，位于世界上最大
　　的大洋太平洋中，其经纬度位置大约为南纬48°52.6′和西经123°23.6′。（出版者注）

为什么水壶会"唱歌"?

先把盖子取下来,然后启动电水壶,你就能观察到加热元件很快会被银色的小气泡覆盖,每个气泡直径约为 1 毫米。在加热元件的加热作用下溶在水中的空气会起泡,并会大量附着在加热元件的粗糙金属表面,接着气泡上升到水体表面,最终脱离水面。气泡的形成和破裂是没有声响的,这显然不是水壶"唱歌"的原因。

除了空气气泡之外,还有因加热作用产生的水蒸气气泡,大约 1 分钟后,初生水蒸气气泡在加热元件表面附着得越来越多,而且水蒸气气泡温度比空气气泡温度更高,再过几秒钟,这些水蒸气气泡会变得越来越不稳定,在浮力的作用下由底部向上升起,此时水蒸气气泡周围的水温没有达到沸点温度,导致水蒸气迅速凝结。很神奇的是,水蒸气气泡虽然会发生破裂,但是不会彻底消失,会留下一个极小的气泡,泡内很可能是水蒸气,它不会立即凝结,而会随着水流上浮。很快这些次生水蒸气气泡会在水体中大量出现,大概会持续半分钟。

水蒸气气泡破裂时会产生振动并扰动水面,从而发出咝咝的声音,倘若想让声音变响,不妨临时更换盖子以减小缝隙,改变水面上方空气的体积,跑出水面的气体越多,振动的频率会越大,声音会越响。

接着大量次生水蒸气气泡消失,附着在加热元件上的初生水蒸气气泡会越变越大,随着周围的水温达到沸点温度,水蒸气气泡不再破裂,声响也逐渐变小。初生水蒸气气泡逐渐发展变大,在浮力的作用下水蒸气会溢出,凝结成直径 1 厘米左右的水滴。

在几秒钟内,水变得更热,大量初生水蒸气气泡上升至水面,此时你只能听到水蒸气气泡在水面破裂产生的汩汩声。

为什么猫总能四脚着地?

这个问题会让我们想到一个荒唐的悖论:如果猫从高处落下总能四脚着地,而涂有黄油的面包片从高处落下总是有黄油的那面朝下,那么,直接把一片涂有黄油的面包片绑在猫背上就能制成永动机。倘若猫在跌落的过程中永久保持悬浮并不停翻转,这有违地心引力。

先抛开这个悖论不谈,我们来看看数据。1987 年,来自美国纽约的兽医 W.O. 惠特尼与 C.J. 梅尔哈夫在美国兽医协会主办的杂志中提到了一项名为"猫的高楼综合征"的研究,两人在接诊过程中遇到许多从 2 ~ 32 层楼掉下的猫,通过对猫进行一系列检查总结猫的受伤情况,并计算出死亡率。从总体数据看,90% 的猫都能活下来。让人意想不到的是,从约 7 层楼的高度掉下的猫受伤最严重,死亡率也最高。

《自然》杂志中的一篇文章对此做了总结,指出影响猫受伤程度和死亡率的三大变量分别是:猫在下落过程中所能达到的速度、猫从落下到停止之间的距离和猫能承受冲击力的表面积。混凝土路面对掉落的物品不会起到什么缓冲作用,在相同的混凝土路面条件下,因为猫在下落的过程中所能达到的终端速度比人类慢,而且猫能更好地分解路面的冲击力,所以猫的受伤程度不及人类严重。在相同的下落条件下,由于猫的表面积与质量的比值高于人类的相应比值,因此,猫所能达到的终端速度远远低于人类,只是人类终端速度的一半,约 100 千米每小时。猫不仅在下落过程中会自己翻转身体,而且在着陆时可以用四条腿分解冲击力。由于身体构造特殊,猫具有更强的灵活性,在屈腿着陆时软组织可以起保护作用,缓解冲击力对身体造成的伤害。

前面提到,猫从约 7 层楼的高度落下死亡率最高,而当猫从高于 7 层楼的高度落下时,死亡率则呈下降趋势。这是因为在达到终端速度前猫处于加速的状态,这种加速会导致猫四肢僵硬,抵御冲击力的能力变弱。一旦达到终端速度,在没有其他附加力的情况下,猫的四肢不再僵硬。当身体和四肢同处于放松状态时,猫身体的灵活性有所提升,承受冲击力的表面积有所增大,因此猫在着陆时可以更好地分解冲击力。

人类最先开口讲的是哪个词？

我们可以有根据地进行假设，曾经存在一种原世界语——即所有人类语言的共同原始语，现今的语言和已消亡的语言皆起源于这种语言。之所以提出这样的假设，是因为人类的语言与动物之间多种形式的交流完全不同，在人类的语言中词语可以构成句子，句子有主语、谓语和宾语等成分，而且人类的语言具有可习得的特性。

比较语言学家研究世界各地的语言，试图从中找到一些被重复使用的语音。美国斯坦福大学的梅里特·鲁伦教授指出，在不同的语种中，"tok""tik""dik""tak"这些语音常出现在表示脚趾、手指的词语中。尽管全世界的学者会就此得出不同的研究结论，不过它们普遍认可语音之间有相似之处，例如"who""what""two""water"。

另外，词语的发音会随着时间的流逝发生改变，学者试图研究那些在很长一段时间内发音变化不明显的词语，例如数字一到五，以及日常社交用词——"who""what""where""why""when""I""you""she""he""it"的发音演变大概是由社会变化引起的，所以变化速率较慢。

从更宏观的角度出发，我们可以断言，人类的第一批词语只可能来自特定的某几个词类。第一批词语很可能是简单的名字，人类的近亲灵长类动物会使用一些简单的名字。当长尾黑颚猴遇到豹子、猛雕、蟒蛇时会发出不同的叫声来示警，长尾黑颚猴的幼崽一定要学会这些发音。就人类而言，"mama"很可能是出现非常早的名词之一。幼儿在咿呀学语时期非常依赖妈妈，自然而然地说出"mama"。世界各地的语言中都含有"m"的发音。

祈使动词"look""listen"也应该出现得比较早，其他一些动词，例如"stab（刺）""trade（交换）"作为交流用词，有助于大家合作狩猎。如此简单的几个词就可以构成短句，比如"look,wilde beest（看！牛羚）""trade arrows（交换箭）"。像"you（你）""I（我）""yes（是）""no（不是）"这些简单的交流用词，也非常有可能是人类早期词汇表的重要组成部分。最近一项研究的结果着实让人感到可笑，因为"huh（嘿）"的应用范围很广泛，又具有提示作用，所以它就成为人类最早会讲的词语之一。或许它不属于第一批词语，第二批倒是有可能。

假设地球的大气延伸到太阳，
我们能听到太阳风的声音吗？

我们已知地球和太阳分别被大气包裹着，地球和太阳之间虽然存在少量的气体，不过更接近真空状态，所以当太阳风作用于地球磁层时，我们无法听到声响，而实际情况是，人类的世界充满着交通噪声、流行音乐和伴随战争产生的悲鸣等。即使气体密度达到地球海平面高度的大气密度标准值，最响亮的太阳噪声也很可能也会变成低频的声响，而声音经过长距离的传播会变得更加微弱，所以我们依然无法听到任何声响。

假设地球的大气延伸到太阳，我们恐怕已经无暇顾及噪声的问题。因为太阳将不可见：当地球大气延伸 1.5 亿千米抵达太阳时，由于大气密度过大，以至于大多数光线无法穿透大气层。再假设地球的大气延伸到太阳，同时空气密度达到可以正常传播声音的标准，那么日地之间的大多数大气将以固态冰的形式存在，在不寻常的引力作用和轨道效应的影响下，可能出现的结果便是，处于地球表面的人类观察者会遭遇从天而降的冰雪，甚至被埋于冰雪之下。地球大气层的总质量约为 5×10^{21} 克——比太阳及其所有行星都重数千倍，地球大气崩塌所引发的爆炸会导致几光年范围内的所有星球不复存在。

怎样拥有一副好歌喉？

曾经有一位伟大的意大利男高音演唱家同意在其死后将喉部捐赠给医学实验室做研究。事实证明，当空气气流通过他的声带时，所发出的声音与其他没有唱歌天赋的人类似，声音并不那么悦耳，类似伸舌头吹气发出的嘘声。既然如此，为什么有些人拥有美妙的歌喉，像阿黛尔一样，而有些人始终像受伤的河马，歌声听起来很奇怪呢？

人类发声与乐器演奏的原理一样，在很大程度上取决于共振。喉是发音的器官，空气气流在力的作用下通过喉，从而发出了声音。只要找到喉结，就能确认喉的位置。声襞位于喉的下部，是一对黏膜皱襞，属肌肉组织，所以其厚度、面积、形状和张力会根据不同情况发生改变。呼吸时，声襞会打开；发声时，声襞会先合在一起，待下方的气流积聚到一定程度冲开它，待气体窜出，压力得到释放，声襞会再次闭合。

空气气流离开喉后，会经口咽到达口腔。铜管乐器的发声原理与人类类似，从吹口到喇叭口的构造与从声带到嘴唇的构造类似。人类也好，铜管乐器也罢，都是通过空气的振动实现发声的。人在发声过程中会形成一定的共鸣频率，即共振峰。变换舌位、张大嘴巴、改变唇形、调整喉位都会影响发声的腔体，从而导致共振峰的频率发生变化。我们平时会下意识地完成这些动作，而歌唱家则是掌握了控制这些动作的窍门。

歌唱家拥有多种共振峰。口咽与喉相连，上宽下窄，从相连之处到声带之间有一段短小的腔体，此处若有驻波产生，会形成共振峰。从声学角度考虑，此处阻力较大，因此部分声能会回传至声带，我们在正常说话时无法体会到这种变化。没有学过唱歌的人为了唱出高音或唱得大声时常会喊破喉咙，这是由于喉位有所抬升，腔体被挤压得非常狭小。而训练有素的歌唱家会降低喉位，拉伸腔体，从而更好地赋予歌声穿透力、感染力，所以此时形成的共振峰被称为歌唱家的共振峰。

为什么三辆公交车同时进站的情况时有发生？

三辆公交车同时进站，我们对这种情况并不会感到陌生，实际上有一个术语专门用于描述单线路的两辆及以上车辆同时进站的现象，即"串车"。

出于种种原因，一辆公交车延误了几分钟，等车的人可能会有所增加。如果该路线公交车的车隔正常，比如每10分钟一辆，那么随时都会有乘客抵达车站，乘客不会那么在意时刻表上的时间，或根据发车时间提前抵达车站。

这辆晚点的公交车会在接下来的每一站花费更多的时间等待乘客上车，如果司机还要负责卖票或检票，那么时间就更长了，所以这辆已经晚点的公交车将会越来越晚。

与此同时，该路线上的下一辆公交车会行驶得非常顺畅，因为前面晚点的公交车已经接走了部分乘客。最终后车追上了前车，如果后车没有超越前车，我们会看到有两辆公交车同时在路上行驶，而且速度不会太快，接着第三辆公交车追上了前面两辆公交车，于是出现三辆公交车同时到达的情况。

最直接、应用最广泛的解决方案就是沿线设置计时点位，公交车驶离站点前应该多停留几分钟。晚点的公交车可以不作停留，从而追回几分钟，但是这会导致准时的公交车在每一站都会作没必要的停留。

如果月球消失了会怎样?

月球消失后,潮汐现象也会立刻跟着消失。虽然潮汐现象是在太阳和月球的共同作用下形成的,但是月球起主导作用。待月球消失后,每天汹涌澎湃的潮汐将会变成星星点点的涟漪。

接下来地球的旋转轴会发生巨大变化,从接近垂直于黄道平面到接近平行于黄道平面。于是会引发气候剧变:当旋转轴接近垂直时,地球上任意一点全年接收到的热量接近恒定;而当旋转轴与黄道平行时,地球上的人们将有6个月的时间在太阳的炙烤下度过,接下来的6个月则处于寒冷的黑暗之中,被冻得瑟瑟发抖。

鹦鹉螺将遭遇史无前例的灾难。鹦鹉螺是一种海洋软体动物,其螺旋形的外壳由许多腔室组成,最末一室为躯体的居所。鹦鹉螺的外壳内每天都会形成一层新的膜,到了月末,即当月球绕地球公转一周时,鹦鹉螺会放弃当前的腔室,进入一个新的腔室,并利用隔膜将腔室封闭。科学家已经证实,膜的层数与月球绕地球运动的天数有关。倘若月球消失了,鹦鹉螺将被永远锁在一个腔室里,到那时它大概会哀伤地期盼着可以搬新家吧。

不过我们不必杞人忧天,似乎不会发生外星飞船把月球偷走的大事件,即使外星人真的想跟我们开个玩笑,也不会做出这样的事情。

为什么人类会有眉毛？

眉毛不仅可以防止从额头流下来的雨水或汗水滴到眼睛里，还可以展现人的内心情绪。

眉毛有凸显表情的作用，因此通过眉毛可以更加准确地感知他人的情绪，从而更好地做出判断一个人是友善的还是不容易亲近的。倘若他的眉毛上下快速移动，则意味着认可和同意。人类的祖先——灵长类动物普遍会利用眉毛传递信号，在安全距离范围内发出友好的信号具有重要的生存意义。与灵长类动物不同的是，人类的眉毛在光滑的皮肤的衬托下更加明显。

人类的笑分好多种，从嬉笑、欢笑、讥笑、嘲笑到苦笑，与此同时眉毛也有各种变化，眉毛可以让人捕捉到更直观的表情变化，甚至一个人真实的内心感受。

为什么三足动物很罕见？

三脚架的结构非常稳定。那么，是否存在三足动物呢？我们可以做出以下假设：昆虫有 6 条腿，在行进过程中利用 3 条腿——身体一侧的两条腿加上另一侧的一条腿——支撑身体的重量，那么，另外 3 条腿也能形成稳定的三角结构。

袋鼠拥有强有力的尾巴，可以支撑全身的重量，所以它们靠四肢和尾巴一起配合走路，好比有了"五条腿"，这使它很难像其他动物一样快速移动。袋鼠在行进时尾巴和前肢先着地，支撑身体的重量，后肢再一起向前移动，接着后肢支撑身体的重量，等待尾巴和前肢再次着地。由于前肢短小，袋鼠的头部会始终贴近地面，因此这种移动姿态有助于袋鼠在草地上吃草。

在陆地上爬行的脊椎动物是从鱼进化而来的，鱼以横向的运动向前游，因此由鱼进化而来的脊椎动物也是通过身体两侧的运动向前行进。如果鱼以其他方式进化，像海豚一样上下摆动尾巴前进，那么第一批脊椎动物很可能会通过上下运动实现行进，尾巴也许会进化成一条"腿"。按照这种进化模式推断，3 条腿的生物已经实现了进化，进化成了利用"5 条腿"向前移动的生物，例如袋鼠。

事实上大多数动物都是两侧对称的，腿、足、翼等都是成对出现，陆地上的哺乳动物有 2 条腿，昆虫有 6 条腿，蜘蛛有 8 条腿，甲壳动物、蜈蚣、马陆有更多条腿。与 2 条腿或 4 条腿的动物相比，3 条腿的动物在运动中没有任何优势，这也是很少有 3 条腿动物的原因。

为什么有不同类型的雨?

有时候瓢泼大雨倾泻而下,有时候蒙蒙细雨缭绕四周。在南非语(和威尔士语)中,会使用一些有趣的表达描述大雨落地的情景,比如向四周飞溅的环形水花好像裙子的裙摆,而中央反弹起来的水柱好像棍棒。

降水强度主要取决于云层的厚度和上升气流的强度。快速上升的气流携带大量水蒸气,经凝结作用会迅速变成小水滴,甚至导致降雨。如果云层达到一定高度,在温度较低的小水滴周围还会出现小冰晶。

当云层较薄,上升气流较弱时,只会下毛毛雨,雨滴的下落速度不超过3米/秒。当雨滴较大时,下落速度约为10米/秒。雨滴在下落过程中,随着体积的增大,速度会有所加快,而当直径接近6毫米时,会受到一个向上的空气阻力,随着速度的加快,空气阻力会有所增加,接着阻力和重力加速度实现平衡,即便雨滴继续下落,速度也不会继续加快。

下落的雨滴若遇到下击暴流,会以20米/秒甚至更快的速度冲击地面。积雨云内垂直气流运动频繁,只有当云中的水汽积累到一定程度时,才会引发下击暴流。

如果云底较低且平坦,则雨势不会太大,但持续时间长。在大量上升气流长时间的作用下,云的形状会发生改变。强烈的上升气流促使云块垂直向上发展,顶部呈塔形,体积不断增大,这会导致出现强降雨。

头有多重？

要想计算出头的重量，需要找到行得通的办法将头部与身体其他部分分开。最直接的办法就是把头部割下来，但是这不太可行，至少我们无法亲自实践。

我索性给大家提供一种简单的办法，而且结果会非常准确。事先准备两个桶，一个小一些，并盛满水，另一个大一些。由于在测量过程中需要你将头部完全浸入水中，因此确保实验过程中有其他人在场，如果是儿童，监护人一定要在场。

将盛满水的小桶置于大桶中，测试者深吸一口气，将头部完全浸没于水中并保持不动，待水面恢复平静再抬头，大口呼吸空气。

收集从小桶溢到大桶中的水并计算体积。假设你没有大桶收集溢出来的水，那么可以用量杯盛水重新将小桶注满，与此同时准确记录添加的水量。

头部除了头骨和脑组织外，其余都是水，水在人体组织中的比重非常大。我们知道 1 升水重 1 千克，所以，掌握水的体积就可以大致算出头部的重量。假设通过上述实验得出 4 升水，则头部约重 4 千克，我们头部的平均质量也大概如此。

人类和海豚能对话吗？

海豚和人类之间可以相互传达信息，不过两者之间是否能通过语言实现无障碍交流呢？时至今日，这两个物种之间的交流仍然存在着无法逾越的鸿沟。

在 20 世纪 60 年代，约翰·利利指出，海豚与人类一样拥有复杂发达的交流系统，他坚信迟早有一天具有开拓精神的研究者必将破译海豚语中的秘密，实现人类与海豚之间的跨物种交流。到那时，人类可以教授海豚使用人造的符号系统。在学习理解方面，海豚的表现可与猩猩科动物媲美，但是当涉及使用符号与人类建立双向交流时，应该不及那只名为坎兹的倭黑猩猩 *。

众多研究者对海豚自身的交流系统进行研究，并揭开了一系列让人费解的语音及非语音信号的秘密。汇总这半个多世纪以来有价值的研究成果，我们可以清醒地认识到，海豚的交流系统只不过是动物界众多交流系统的衍生物，海豚的神秘叫声固然是复杂的，从语言学角度讲是有所指的，而且具有单词一样的发音，但并没有太多实际内容。

随着研究的逐渐深入，人类注定会解开海豚交流中的奥秘，并取得重大突破，不过我们对海豚语音中的功能性仍知之甚少。如今看来，海豚语作为一种神秘的语言等待人们去解密，似乎只是 20 世纪一些研究者一厢情愿的想法罢了。

---

* 倭黑猩猩是黑猩猩属的两种动物之一，非常的聪明。"坎兹"是其中的佼佼者，它学习了手语和符号，并用其与人类进行交流，而且还学会了如何削石头切割绳索来获取食物，还会使用火来烹饪食物。（出版者注）

为什么有些花的花瓣会在夜间闭合？

一到晚上有些花的花瓣会暂时闭合，实际上这些花是进入了睡眠状态。这样，夜间形成的露水无法打湿花粉，干燥的花粉更容易附着在第二天路过的昆虫身上，脆弱的繁殖器官和细小的花粉就会得到保护。有些花的睡眠状态会一直持续到天亮后，只有当温度适宜且露水完全蒸发后，花朵才会重新绽放。

花瓣闭合也有助于抵御夜晚寒冷且恶劣的天气。有些植物不仅会闭合花瓣，甚至同时会闭合周围较为坚韧的苞片，防止植食性昆虫对花造成破坏，避免昆虫携带的真菌、细菌污染花粉。

总之，这些本能的自我调节可以最大限度地减少花粉的浪费，并把损失降到最低。除此之外，许多借助飞蛾授粉的植物只在夜间释放香气。

因为部分花的闭合和绽放非常准时，所以曾经有一段时间非常流行按照表盘的样式布置花床，并在不同分区种植不同的花卉。提前做好园艺规划，可以确保当指针指向某一时刻时，该分区的花卉全部竞相绽放。如果气候适宜，我们大可通过花钟知晓时间。

次原子粒子是什么颜色的？

当我们观察物体时，我们可以看到从表面反射过来的光线。大多数日常物品都可以反射光线。当白色的光线照射在物体表面时，可见光谱中的部分光线无法被吸收，从而形成了颜色。所谓蓝色的物体是因为其吸收了除蓝色以外其他颜色的光线，接着蓝色的光线反射到我们的眼睛里，我们便看到了蓝色。

除了反射以外，物体本身也可以发光。温度在绝对零摄氏度以上的物体都会发出连续的电磁辐射。在室温下，这种光线的波长低于可见光的波长，因此我们无法用肉眼捕捉到（但我们可以透过红外线眼镜看到）。但当物体的温度达到一定水平，它所释放的电磁辐射会进入可见光谱的范围，从红色开始（例如发光的热煤块），随着物体越来越热，颜色越来越丰富，最终当物体达到白炽状态时，会发出白光。

由于孤立的次原子粒子如电子、质子、中子太小，可见光可以直接通过，不会产生反射光线，因此我们无法捕捉到次原子粒子的颜色。次原子粒子是肉眼不可见的，你无法看到面前空气中的氧原子和氮原子也是同样的道理。

用肉眼看到次原子粒子的唯一方法是做加热处理，若温度适宜，次原子粒子会释放可见的电磁辐射，而且颜色会随温度发生改变。日常生活中有个常见的例子，太阳的物质形态是等离子形态，主要由自由质子和电子组成，释放白色的光芒。一些星体的表面温度较低，质子和电子看起来是红色的，而表面温度高一些的星体，会带有些许蓝色。

2月

味精是什么?

几千年前的日本人开始在料理制作的过程中加入一种名为昆布的藻类提味。到了 1908 年,人们才确认昆布中起到提味作用的成分实际是谷氨酸盐。时至今日,世界各地共有数十万吨谷氨酸钠或味精生产出来。

谷氨酸钠由 78.2% 的谷氨酸盐、12.2% 的钠和 9.6% 的水组成。谷氨酸盐或游离谷氨酸是一种氨基酸,天然存在于含蛋白质的食物中,如肉、蔬菜和牛奶,在罗克福尔干酪和帕尔马干酪中含量较高。不过出于商业目的而生产的味精不同于在植物和动物中发现的谷氨酸盐。天然谷氨酸盐的成分单一,为 L- 谷氨酸,而人工合成的谷氨酸盐含有 L- 谷氨酸、D- 谷氨酸、焦谷氨酸等化学成分。

中国和日本的烹饪习惯多会加入味精,但世界其他国家和地区也会在料理中用到味精。例如在意大利,味精用于比萨饼和千层面的制作;在美国,味精用于杂烩汤和炖菜的烹饪;在英国,可以在一些小食如薯片和谷类食物中发现味精的身影。

味精可以强化某些食物自带的第五种味道——鲜,其他四种味道是甜、酸、苦和咸。鲜味通常被描述为微微有点儿咸的肉汤味或肉味。

直到 1908 年,东京帝国大学(现东京大学)的池田菊苗教授才首次鉴别出鲜味,同时在昆布中发现了谷氨酸盐。我们能够品尝出谷氨酸盐的味道,具有十分重大的意义,因为它是一种在天然食物中含量最丰富的氨基酸。

芝加哥大学感官研究科学中心的约翰·普雷斯科特副教授认为,鲜味可以用来提示食物中含有蛋白质,就像甜味提示碳水化合物,咸味提示矿物成分,苦味提示食物中可能含有毒素,酸味提示食物可能发生腐败变质。顺带说一句,科学家们早已证实了鲜味受体 $mGluR_4$ 的存在。

为什么男性也有乳头？

很多人对此提出了很多假设。男性之所以有乳头，是因为它们可以用来检查穿在身上的背心是否合身，或者作为安全提醒，提示人们涉水的深度。

不过下面这种解释似乎更加合理。人类胚胎——无论男性还是女性——在发育的初始阶段是毫无二致的。如果胚胎从父亲那里得到 Y 染色体，则会发出激素信号，外部性器官细胞发育成阴囊（而非阴唇），生殖腺组织生长成睾丸，则为男性。否则，按照默认的染色体发育生长，则为女性。

成年男性和成年女性的身体结构具有相似性，印证了两者具有相同的胚胎起源。而男性拥有乳头是因为胚胎在接收到男性激素信号之前乳头已经发育了。乳房的发育在大多数情况下（但不是全部）会被叫停，但已经发育的乳头无法被胚胎吸收。

史蒂芬·杰伊·古尔德在《男性乳头与阴蒂构造》一文中指出了男性和女性胚胎发育相似性带来的影响。对于男性而言，阴茎只有在神经末梢的作用下大量充血才能实现勃起。由于阴茎和阴蒂源于相同的结构，因此相同数量的血管和神经末梢集中分布在更小的范围内，因此阴蒂对刺激会更加敏感。

所以，这是否可以说明上帝并不一定是男性？

天气预报是如何预测降水的？

准确预报天气的一个重要前提是明确云的含水量。英国的奇尔波顿天文台研究委员会中心实验室理事会采用多普勒雷达跟踪预测。

雷达波频的选择至关重要。雷达释放微波，当微波与云中的水滴相互作用太强时，微波被反射或被削弱，雷达信号无法穿透云层。而当相互作用太弱时，根本无法返回任何有用的信息。

奇尔波顿天文台上的设备可以对约 160 千米范围内的天气目标进行测量，提取并分析大量数据可以得到各类有用信息，例如云层内部水滴的分布情况、体积、运动速度以及状态。

使用多普勒雷达可以准确计算出云层的总含水量，并且根据云层的结构预测降水概率。事实证明，它成功预测了过去几年温布尔登网球锦标赛期间的天气情况。在比赛期间下雨经常导致延时，这难免让人颇有微词。

多普勒雷达可以用于生成与天气相关的各类详细信息，用于追踪飓风、生成每日天气预报和预测飞机前方的湍流情况。

什么是素食？

生物体内含有 DNA，所以不含任何组织或细胞培养物的食物很难找。或许你可以尝试吃 RNA 病毒，但是 RNA 病毒需要用细胞培养，而且细胞一般依赖动物血清来维持活性。

我们可以把红细胞列入素食菜单。在包括人类在内的众多物种中，正常成熟的红细胞内没有细胞核、线粒体，而含有丰富的血红蛋白。血红蛋白是一种含铁的蛋白质，具有运输氧气的功能。因为 DNA 存在于细胞核和线粒体中，所以动物的血从本质上可以被看作素食。不过，你需要过滤掉白细胞，因为白细胞内仍含有大量 DNA。除此之外，血液中其他成分不含有 DNA。红细胞可以为你提供蛋白质、糖类和维生素，铁元素多一点儿更有利于健康。

红细胞貌似听起来不好吃，那就考虑一下彻底的生物合成食品。生物学家的常规思路是通过发酵微生物（如酵母、细菌）大量生产特定的蛋白质或其他生物分子。如果可以扩大生产规模，就可以生产出足够多的单细胞蛋白、糖类等，并以此作为食物来源。反正不要指望有多好吃，从培养物中提纯出来的蛋白质和糖类是以结晶性粉末的形式存在的，最终合成得到的食品可能是油，也可能是不免让人心生厌恶的其他黏稠物。

假设时间充足、资金充裕，采用类似的方法可以合成一些甚至全部的维生素及一些其他营养元素。化学家可以采用类似的方法合成多种矿物质——铁、铜、锌、碘等。当然，你可以选择喝牛奶。牛奶中富含分泌蛋白、脂肪、糖类和其他一些身体所需的物质，其中可能含有一些源于牛的细胞，但是可以将其过滤出去。

如果你有更多的预算，每立方米月球土壤所含元素足够制作一个芝士汉堡、一份薯条和一杯碳酸饮料，虽然不含 DNA，但是可能有些贵。

跳进果冻池会发生什么呢?

果冻是一种神奇的物质,它同时具有固体和液体的特质。

果冻甜品(或果子冻)中的重要成分是食用明胶,食用明胶是一种由胶原制成的蛋白质凝胶。食用明胶具有不同的冻力,也称为凝胶强度,这根据把探头推入溶液特定深度所施加的力来衡量:测试样品的韧性越大,凝胶强度越大。在英国有一款非常流行的糖果名为 Jelly babies,每颗糖果的造型都是模仿小婴儿设计的,这款糖果的凝胶强度较大,倘若用它填满整个池塘,那么请放心,溺水事件永远不会发生。

一般而言,果冻的密度比水的密度高出 10%,所以游泳者在果冻池中浮起的高度会高于在水池中浮起的高度。果冻的黏度比水大,这可能意味着潜入果冻池的人不易浮出水面。然而,明尼苏达大学双城分校(明尼阿波利斯)的两名研究员证明了人们可以像在普通水池中一样快速地在加了瓜尔胶(一种可食用的增稠剂)的水池中游泳,并由此荣获 2005 年搞笑诺贝尔奖化学奖*。瓜尔胶池中液体的黏度是水的两倍,由此增加了游进的阻力,不过游泳者向前游进的推力也有所增加,所以两者可以相互抵消。

游泳者跳入果冻池的一瞬间会损失很多速度,如果入池时没掌握好,肚皮先落入,会感到非常疼。接着游泳者会逐渐下沉,不过浮力会慢慢起作用,而且游泳者浮起的高度会略高一些。

---

* 搞笑诺贝尔奖(Ig Nobel Prizes)是对诺贝尔奖的有趣模仿,其目的是选出那些"乍看之下令人发笑,之后发人深省"的研究。主办方为《科学幽默杂志》,评委中有些是真正的诺贝尔奖得主。从 1991 年开始,每年颁奖一次。入选搞笑诺贝尔奖的科学成果必须不同寻常,能激发人们对科学、医学和技术的兴趣。(出版者注)

鸟类之间是如何认出对方的?

许多鸟之间可以确认彼此的叫声,从而认出对方,燕子、雀、虎皮鹦鹉、海鸥、火烈鸟、燕鸥、企鹅以及其他群居的鸟类都具有这种技能。除此之外,气味也在鸟类相互识别中起到重要作用。

对鸭子而言,相互之间的识别主要依靠叫声。在亲代回家的路上,利用磁带播放子代的叫声可以引诱其改变路线。亲代具备识别自己子代的能力,这样可以避免花费精力照顾其他幼崽。而且子代能够认出自己的亲代,这样可以避免跟其他动物索要食物,或遭到其他成年动物的攻击。鸭子具备识别交流对象的技能是自然选择的结果。

亲属歧视的特征体现在对其他非亲缘动物的驱赶上。长时间以来,我们认为水禽并不关注自己的子代,甚至将自己的子代丢给其他亲代,或糊里糊涂地接收和照顾一些非亲缘幼崽,并由此认定鸟类没有核心家庭单位的概念。

但是事实并非如此,鸭子会用特殊的方式对待自己的幼崽。有时亲代会偏袒自己的子代,忽视非亲缘幼崽。或者亲代会接受或主动组建幼崽群,把自己的子代和非亲缘幼崽集结在一处,并对非亲缘幼崽提供助育儿服务,类似于收养,因为这样可以提升自己的子代存活的概率。当鸭群中幼崽数量众多时,每只鸭子遭受捕食者攻击的概率会相应降低,从而自己的子代可以更好地生存下来。为了进一步扩大优势,非亲缘幼崽常被置于鸭群的边缘地带,远离亲代,这一点可以在加拿大黑雁群中得到印证,被收养的幼崽被置于距离亲代较远的地方,所以存活率较低。

花是如何喝水的？

假设你忘了给花瓶里的花浇水，你会发现它们吸收水分的速度十分惊人。花瓶里的水会在很短的时间内就没了，而且花茎倒伏，花瓣脱落。

植物只有吸收充足的水分才能正常存活和生长，它们主要通过根系汲取土壤中的水分。平时我们很少能观察到这个过程，不过往水中添加一些食用色素，花瓶中的白花会被染色，这样就一目了然。

彩色的水是通过植物的维管结构（木质部）实现输导的。我们可以把木质部理解成吸管。若花瓣和叶片表面的水分因蒸发作用损失严重，或被其他动物吸干，则需要通过吸管导入更多的水分，此时木质部会将根部的水分和营养物质向上输导。木质部分布密集，中空的导管是构成木质茎的重要组成部分，遍布叶子和花瓣。从花瓶中取出一枝花，沿茎剖开，你可以观察到木质部的结构，尤其通过横截面可以观察到像静脉一样分布的导管，导管中有彩色的液体。

大约 10 个小时过后，你会发现彩色的水在整枝花内部逐渐漫延，直至花被彻底染色。如果遇到炎热的天气，植物会吸收大量的水分，早上往花瓶中装满水，第二天就没了。在炎热的天气条件下，一棵长成的大树，如桦树或梧桐树，可以从地面吸收超过 500 升水，有时在根压的帮助下水分可以向上顺利进入木质部。

耳朵虫效应是怎么回事？

一首歌在脑海里不停回响的现象被称为单曲循环综合征或耳朵虫效应，耳朵虫一词翻译自德语。

麦吉尔大学（坐落于加拿大的蒙特利尔）的神经学家丹尼尔·列维京认为这一现象有一定的历史渊源。在有文字记载之前，比如 5000 年前，歌曲可以辅助记忆和分享信息。列维京指出，节奏和旋律的变化可以作为线索，帮助人们回忆一些事情，同时一些故事借由口头传播得以在群体中流传下来。

这与辛辛那提大学（坐落于美国俄亥俄州）市场营销学教授詹姆斯·克拉里斯的发现不谋而合。克拉里斯认为，当你下意识发现一首歌有不寻常之处时，耳朵虫效应就发生了。耳朵虫的时长通常为 15 ~ 30 秒，会在你的脑海中循环播放，挥之不去。

重复、简单、节奏富有变化的音乐最容易成为耳朵虫。例如《西区故事》*中的歌曲"America"，旋律有重复之处，节拍不断发生变化。克拉里斯认为 98% 的人都经历过耳朵虫效应，其中大约 74% 的耳朵虫是有歌词的歌曲，15% 源自广告中的旋律，而器乐作品仅占 11%。

伦敦大学金史密斯学院的音乐心理学家维多利亚·威廉森指出，耳朵虫很可能是最近听到或反复听到的歌曲片段，或者是与紧张或刺激的体验相关的歌曲。

在 20 世纪 80 年代初，迈伦·沃绍尔想要利用耳朵虫效应营利，申请了美国多层停车场内音乐地板提醒系统的专利。每层楼播放的音乐和壁画可以帮助人们回想起停车的楼层。

---

* 《西区故事》是由美国二十世纪福斯电影公司出品的歌舞爱情片，由史蒂文·斯皮尔伯格执导，获得多项奥斯卡奖，成为最著名的音乐片之一。其内容改编自莎士比亚的爱情悲剧《罗密欧与朱丽叶》，描写两位相互爱恋，却身处敌对团体的男女如何跨越两者间的鸿沟，却又不幸失败的故事。（出版者注）

阿拉伯数字与阿拉伯有关吗？

虽然欧美国家使用的数字以及国际社会中常用的数字被称为阿拉伯数字，但是这种数字最初并不是由阿拉伯人发明的。

公元9世纪，一本讲解算术知识的印度语手稿被翻译成阿拉伯语，接着被商人带到欧洲，在欧洲当地被翻译成拉丁语。由于拉丁语译作是从阿拉伯语翻译过来的，因此当地人错误地将数字称为阿拉伯数字，由此引发了误会。实际上数字源于印度，并非阿拉伯国家。

印度在数字系统方面取得两项重大突破：引入了位值和表示零的特殊符号。罗马数字中没有位值，曾经使用罗马数字进行简单数学计算的人们在接触到阿拉伯数字后，都纷纷感叹这种创新意义重大。在引入位值后，数学家在计算过程中可以直接进位，从个位到十位，从十位到百位，等等，这是罗马数字所不具备的。

现在使用的阿拉伯数字曾经历过几个世纪的演变，直到1445年前后，随着印刷品——图书的问世，就没再发生过太大改变。与最初的手稿对比，数字4、5、6、7的变化最大，在印刷厂出现之前，如今数字4的符号曾表示5。

阿拉伯国家使用的数字与我们现在使用的阿拉伯数字有很大差别，这是事实，不过难免令人费解，尤其是那些不求甚解的人容易将两者混为一谈。

连接苏丹两座城市喀土穆和恩图曼的大桥上张贴着交通限速标志，曾经采用英语和阿拉伯语双语标注"限速10英里每时"，不过经常有司机超速行驶，经问询才得知司机误将限速看成"15英里每时"，这是因为阿拉伯数字中的"0"与阿拉伯国家使用的数字中的"5"字形极其相近。

触感有误?

用手指碰下鼻子，你感觉碰了几下? 是一下，还是两下?

我们大多数人只会感到碰了一下，而且是从指尖传递来的信号。这似乎让人无法理解——明明鼻子周围的神经距离大脑只有几厘米，而从指尖到达上臂甚至肩膀就有半米了，距离大脑更远，这到底是怎么回事?

大脑确实记录了两次触碰: 手指对鼻子的触碰和鼻子对手指的触碰。我们之所以只感觉到一次触碰是因为指尖的感觉接收器比鼻子的感觉接收器多得多，而且更敏感。你不妨在网上搜一搜"体感小人"（Somatosensory Homunculus）* 就会明白的。

如果你不小心踢到脚趾，你会下意识用手抓住受伤的脚趾并查看是否严重。之所以会使用手是因为通过手指可以掌握更多脚趾的信息，甚至比脚趾反馈的信息多得多。

实际上你的确会感到两下触碰，只不过大脑选择无视鼻子周围皮肤传递的触觉刺激罢了，因为信息不丰富。

---

* 在神经科学领域，"体感小人"（Somatosensory homunculus）特指大脑的躯体感觉皮层与身体的对应关系。在体感皮层，不同的区域控制不同的躯 / 肢体。而且各躯 / 肢体在体感皮层中对应的区域大小，跟躯 / 肢体的大小不是比例关系，而是跟体感控制的复杂度有关。如果把体感皮层中不同区域反向映射到躯 / 肢体，并对应上皮层中的体积大小，就得到了所谓体感小人 (Somatosensory homunculus)。（出版者注）

地球上的氧气从何而来？

大气中的氧气几乎都是由生物释放出来的，我们会想当然认为这些生物主要是花草，事实并非如此，其实是不起眼的蓝藻。蓝藻是单细胞生物，它的存在可追溯至 35 亿年前，先于花草出现，所以蓝藻是地球上最早负责生产氧气的生物，并且时至今日它所释放的氧气仍然占氧气总量的 60% 以上。

蓝藻又名蓝绿藻，种类很多，但是蓝藻并不属于真正的藻类。海洋中有一种蓝藻名为海洋原绿球菌，既是已知最小的光合生物，也是地球上所有光合物种中数量最大的，不过直到 1988 年它才被人类发现。

在地壳中，氧原子与其他常见的原子结合形成水、岩石、有机化合物等其他遍布我们周遭的物体。而要想找到天然存在的游离态氧原子实属不易，就跟在陡坡上找到一块圆形的石头的概率差不多。

同样的道理，如果想从化合物中分离出游离态的氧原子实属不易，必须借助一股强大的力量才能实现分离，所能采取的方法屈指可数。电离辐射是方法之一，利用 X 线可以分离出游离态的氧原子，但是产量不大。而可见光经长期的光合作用可以释放出氧气，这也是生产出惊人氧气量的唯一方法。

为什么紫甘蓝能把鸡蛋染成绿色？

将紫甘蓝煮熟，待其冷却后挤出汁液，并收集在罐子里。往平底锅中加入少量油并打入鸡蛋，当蛋清开始变白时，立刻滴入少量紫甘蓝汁，接着蛋白会呈现出绿色。

这是因为紫甘蓝汁可以用作物质酸碱性的指示剂：紫甘蓝汁遇碱性物质会变绿，例如氨水；遇酸性物质会变红，例如柠檬汁；遇中性物质会显现出紫色，也就是紫甘蓝原本的颜色。蛋清（主要是蛋白质）呈碱性，所以遇到紫甘蓝汁会变绿。我们可以采用这种方法测试其他物质的酸碱性，注意避免对具有强腐蚀性的化学物质进行测试，如管道清洗剂或漂白剂，以免发生危险。

紫甘蓝中含有一种名为花青素的水溶性色素（也存在于李子、苹果皮和葡萄中）。花青素遇到酸性或碱性物质之所以会发生颜色的改变，是因为分子中的氢离子的数量发生了改变。花青素遇酸性反应，接收氢离子，颜色变红；花青素遇碱反应，自身的氢离子被碱带走，颜色变绿。由此可见，氢离子的接收或脱落是引起颜色变化的主要原因。同样不难理解为什么用醋腌过的紫甘蓝会变红，因为醋是酸性的。

紫甘蓝汁非常容易分解，所以如果打算用它来测试家中其他食物或食品的酸碱性，务必要下手快，而且只要一点儿就足够了。

一支铅笔到底可以画出多长的线？

这个问题所涉及的变量很多，让人有点儿无从下手。幸好有一位名叫安德鲁·福格的热心读者演示了一个简单的实验，并将变量数量减少至可控范围。

他以自动铅笔为例，采用直径 0.5 毫米的 2B 笔芯。通过实验发现，一根 1 毫米长的笔芯可以在普通复印纸上均匀地画出约 9 米长的线条。一根新的铅芯可用长度为 50 毫米，那么一根铅芯可以画出 450 米长的线条。换一种方法可以计算得出，1 立方毫米的铅芯可以画出 45.84 米长的线条。

由知名铅笔制造商生产的一支全新木铅笔长 175 毫米，铅芯直径为 2 毫米。假设只有最后 20 毫米无法使用，并且粗略地按照每毫米铅芯可以画出 9 米长的线条计算，那么一支木铅笔可以画出 1395 米长的线条。

换一种方法计算，同样假设只有最后 20 毫米无法使用，而且在削铅笔过程中铅芯损失掉一半，那么可用铅芯的体积为 243.5 立方毫米。粗略地按照每立方毫米铅芯可以画出 45.84 米长的线条计算，可以画出 11162 米长的线条。实际线条的长度会介于 1395 米和 11162 米之间。

铅芯的硬度、纸张的类型、下笔的轻重、削铅笔的次数和手法都会对铅笔能画出的线条长度产生影响。大家是否听过这个脑筋急转弯"绳子有多长"？因为我们不知道说的是哪根绳子，所以答案是绳子（string）有 6 个字母的长度。那么，问题来了，铅笔线（pencil line）有多长呢？

～ 2月14日 ～
为什么会有"心碎"的感觉？

在日语中用"胃碎"表达"心碎"的意思，日语强调胃，而英语强调心。除此之外，在英语中用"对……没有胃口"表达"没有做……的意愿"的意思。身体健康的人应该特别留意自身的肌肉类器官，尤其是心脏、食道和胃。当被迫处于紧张的状态或被激素控制时，这些器官会产生剧烈的反应。

心脏的反应表现在心跳的剧烈程度和心率加快上，比如当休克发生时，心跳会加速，心脏会怦怦地跳个不停。焦虑会引起胃痛，导致吞咽困难和食管痉挛。

如果内心感到无能为力，可能会导致舒张性心衰，血压急剧下降。当出现悲伤情绪、感到失落，或因他人背叛而感到伤心时，头疼也会找上门来，甚至会因血液循环不畅而导致心律失常或心悸，并伴有可怕的症状，如感到眩晕，甚至发生昏厥，或感到面部和四肢有刺痛感。

相反，肾上腺素激增会使脉搏加快，血压急速升高，因恐慌而头脑发蒙，不知道如何是好，而且非肌肉类器官——例如肝、肾——无法立即做出反应。

地球上的第一个生命是什么？

艾达，即最初达尔文主义祖先，是地球上第一个从非生命变为生命的物质。由艾达产生了露卡，即最后的共同祖先，这种分子利用遗传密码存储信息，而且地球上现存的和已经灭绝的所有生物都由露卡衍生而来。

艾达和露卡存在于我们的身体中。人类身体细胞内的遗传密码都藏在DNA 中，这说明露卡本身可能是由 DNA 构成的。但事实并没那么简单。一切生命都利用蛋白质来合成 DNA，并执行 DNA 中的遗传密码。那么，蛋白质和 DNA，哪个先出现的呢？

可能我们没必要讨论蛋白质和 DNA 出现的先后顺序，因为 RNA 可能先于两者出现。RNA 与在活细胞中发现的 DNA 有相似之处，同样携带遗传密码，不过 RNA 具有特殊的功能，可以作为催化剂，催化化学反应的发生。由 RNA 世界假说的理论可知，露卡诞生于 RNA 中，后来才出现 DNA 和第一批细胞。

但是 RNA 从何而来？在 20 世纪 50 年代，美国化学家斯坦利·米勒和哈罗德·尤里利用电击破坏气体和水的混合物，从而得到一些生物分子。时至今日，一些新的假说频频涌现。例如伦敦大学学院的尼克·莱恩教授认为，海洋表层温暖、通风的环境中汇集了甲烷、矿物质和水，这也许就是 RNA 的原始汤。与此同时，科罗拉多大学博尔德分校的迈克尔·亚鲁斯教授认为 RNA 的原始汤是冰水混合的状态，以某种特定方式频繁冻结和解冻，由此将大量化学物质汇集到一处。

近些年一些试图说明 RNA 产生的实验十分瞩目，当化学反应恰到好处时，生命的诸多组成部分似乎可以自然产生，甚至可以在多地产生。

纸飞机是如何飞行的？

纸飞机的飞行原理可以用牛顿第二定律解释。简单来说，假设你更用力地投掷飞机，飞机会飞得更快，飞得更久。如果机头上有上下翻飞的纸片，或者机翼松松垮垮，又来回摆动，会产生阻力，降低飞行速度，阻碍飞机向前飞行。

投掷相同重量的纸飞机和小石头，前者肯定没有后者飞得远，这是因为阻力的作用，阻力一方面包括空气阻力，另一方面涉及湍流的作用。受空气黏度影响的空气阻力与物体正截面的面积——机头正前方截面的面积正相关。飞机周围不平稳的气流和涡流共同作用形成湍流，它与纸飞机的表面积正相关，采用流线型的设计可以有效降低湍流的影响。

机身最好又长又窄，像箭头一样，飞机头部最好有尖头。当重量一定时，尽量缩小表面积，机翼一定要短，长的机翼会增加重力和阻力，尖头、短翼的纸飞机一定会飞出一定的距离。

除此之外，我们要考虑纸飞机的投掷角度。空气作用于机翼下方，并产生向下的气流，在反作用力的作用下将飞机拉上去。在投掷时，如果与飞行方向所成角度不对，机头微微向上，则不能产生升力。纸飞机一般前轻后重，大部分重量集中在纸飞机的后半部分，这意味着机头自然上升，有升力，而机尾下沉，而升力会与重力达成某种平衡，从而决定纸飞机的飞行状态。箭头造型的纸飞机会比飞机造型的纸飞机飞得更远。

防水三明治是什么味道？

继原子弹、隐形轰炸机和机载激光器后，美军于2002年研发出一种颇具杀伤力的武器：防水三明治。

这种真空包装的三明治能够适应空投和极端天气，对存储条件没有特殊要求，因此非常受美国士兵的欢迎，在26℃下可以保鲜3年，或者在38℃（刚刚超过体温）保鲜6个月。

多年来美国陆军一直希望扩充军粮配给，即食军粮方便士兵在移动过程中食用。虽然即食军粮包含可供制成三明治的食材，但其中有些食材必须经过巴氏杀菌处理并单独储存在袋子中，士兵还需要自己制作三明治。

"三明治里各种成分中的水分含量应该彼此合理搭配，"美国陆军士兵系统中心（位于马萨诸塞州的纳蒂克）的项目官员米歇尔·理查森解释道，"如果肉的水分过高的话，肉外面的面包会变得湿淋淋的。"

为了解决这个问题，纳蒂克当地的研究人员将意大利腊肉肠和鸡肉列为三明治的食材，他们在意大利腊肉肠和鸡肉中添加保湿剂，可有效阻止水分溢出。保湿剂不仅防止肉中的水分浸湿面包，而且抑制水分引发的细菌滋生。假设将三明治连同一小包脱氧剂共同密封在层压塑料袋中，就无须巴氏杀菌处理。真空包装有助于防止酵母菌、霉菌和细菌的滋生。

那些吃过意大利辣香肠和鸡肉三明治的士兵表示味道非常不错。

为什么手指和脚趾各有 10 个？

在距今十分遥远的年代，可能是人类祖先的总鳍鱼生活在水中，躯体由中轴骨支撑，末梢分布有小骨，鳍内骨骼的排列方式和原始四足动物的四肢骨有相似之处，总鳍鱼的骨构造与陆生脊椎动物的骨构造也有相似之处，当然人类也不例外。

在进化过程中四肢上出现很多细长的脚趾，但是过于细长，数量过多，难以控制和发力，于是对于更明确的关节结构和脚趾（手指）的力度有了自然选择。当第一批真正的两栖动物诞生时，脚趾已经变粗，每只脚只余下 8 根左右脚趾。

早在第一批爬行动物进化之前，5 根脚趾已经成为标准模式。哺乳动物延续了这种模式，5 根手指便于发力，可以完成许多技巧性的工作，于是大多数非特化物种以及部分特化物种继承了这种模式，例如一些爬树的动物以及其后来进化成的动物，人类也是其中之一。

特化物种逐渐减少脚趾的数量。善于奔跑的动物需要脚步轻盈，多功能的骨构造发生退化，脚趾变少，例如马每只脚只有一个脚趾。与此同时，脚趾的大小也发生了变化，一些偶蹄目动物有两个较大的脚趾，其余脚趾相对细小，常见的动物如牛、鹿等。除此之外，一些动物的四肢骨完全退化，比如蛇。

人为什么会有左撇子和右撇子？

很简单，左撇子继承了左利手的基因，而右撇子继承了右利手的基因。关于偏手性的遗传概率，同卵双胞胎比异卵双胞胎更有可能具有相同的偏手性。但影响左利手还是右利手的遗传基因很奇妙，比如其一是右利手基因，而其二具有随机性，不一定是右利手基因，有可能是左利手基因，假设同卵双胞胎继承了后者，他们的偏手性会出现不同。

基因是决定偏手性的直接原因，但有时候在发育过程中会出现"生物噪声"、大脑或手臂损伤等，导致偏手性发生改变。

在众多动物物种中只有人类绝大多数都是右撇子，右撇子比例可以达到90%。这可以追溯至200万年前，那时人类大脑的发育出现不平衡性，控制说话能力、手指活动灵活性的神经在左脑得到发育。而为什么是左脑，尚没有确凿的证据证明。

为什么所有动物都不是左右开弓的？最有可能的原因是专业化，练习用特定的一只手完成一些工作，会达到事半功倍的效果。

蓝鲸为什么那么大？

蓝鲸体形如此巨大，是因为它们以小型动物为食，例如磷虾。磷虾是以浮游生物为食的小型甲壳动物。

为了防御体形较小的捕食者的袭击，磷虾会成群游动，在每平方米区域可以达到相当可观的密度。蓝鲸会围绕磷虾群快速游动，嘴巴张得大大的，自下向上吞食大量磷虾。蓝鲸的喉部布满褶皱，当褶皱完全展开时，可以尽可能多地吸入磷虾。然后通过嘴巴上的两排板状须进行过滤，将海水排出体外。蓝鲸在捕食过程中需要消耗大量的能量，这种进食方式名为冲刺式进食法，只有捕食到大量磷虾才能抵消捕食消耗的能量，因此蓝鲸的体形必须达到一定规模。

此外，蓝鲸巨大的体形有助于保持体温。生活在寒冷海洋中的哺乳动物面临的问题之一便是如何维持身体温度。厚厚的脂肪层可以起到保温的作用，而且巨大的体形可以最大限度地缩小其表面积与质量的比值。换句话说，表面积越小，单位体重的热损失也越小。鲸鱼幼崽体形尚小，无法维持体温，于是一些种类的鲸鱼会选择迁移到较温暖的水域进行分娩，这样鲸鱼幼崽有充足的时间发育，做好准备后再回到水温较低的水域。

身体体形的发育上限由支撑身体的骨骼决定。对于陆栖哺乳动物来说，身体体形导致它们无法获得与体重相匹配的浮力，这也解释了为什么陆栖哺乳动物体形比蓝鲸小。

能人为制造一场龙卷风吗？

20 世纪 60 年代初，来自克莱蒙大学多姆山天文台的法国科学家 J. 德桑偶然发现了一种人为制造龙卷风的方法，由此开启了对龙卷风形成条件的研究。

在法国南部的一个高原上，天文台建造了一个原本用于人工造云的装置，名为造云器，它由 100 个燃烧器组成，并分布在比足球场还大的一片区域。注入燃料后，造云器每分钟消耗大约 1 吨油，产出巨大的电能，约 70 万千瓦。在操作过程中造云器会产生黑色浓烟柱，方便观察产生的向上气流。

在一次实验中，除了产生大量的黑烟之外，还似乎出现了旋转的黑烟柱，其直径为 9 ~ 12 米，高约 213 米，似乎形成于燃烧器点燃 6 分钟后，随后以盛行风的速度快速移动。

后来，研究小组试图在大气条件不稳定的情况下点燃 50 个燃烧器重现这种现象。经过大约 1 刻钟的加热后，在设备中央出现一股高约 39 米的强烈旋风，旋风中心有一道直径不足 1 米的光柱。这股旋风威力巨大，甚至熄灭了部分燃烧器。

你能看到无穷个反射成像吗？

站在两面相对放置的镜子之间，观察两面镜子中的成像。在两面镜子中的成像似乎一直延伸到很远的地方，弯曲排列的成像变得越来越小，甚至没有办法确认到底延伸了多远。

实际情况是，镜子无法反射落在镜子上的所有光线，所以无法看到无穷个反射成像。假设有一面反射效果非常好的镜子，可以反射99%的光线，那么在大约70次反射之后，只会剩下50%的光线，在140次反射之后，只会剩下25%的光线，依此类推，直到没有足够的光线在两面镜子之间反射。此外，大多数镜子对某些颜色光线的反射效果比其他颜色差好多，你可以观察到多重反射不仅会使光线变暗，而且颜色在成像后退过程中变得失真。

即使所有颜色的光线都得以完美反射，你也永远看不到无穷个反射成像，因为将镜子完全平行放置在实际操作中无法实现，这也解释了为什么反射成像并非笔直地排列，而是最终消失在某个转角。

加之人类的眼睛处在接近头部中间的位置，不在边缘处。所以，当成像后退到一定距离时，成像不仅变得越来越小，而且会被前面的成像遮挡。

当然，如果用数学理论解释成像，最终得到无穷个反射成像的这种可能性是存在的。只有当镜面完全平行，反射条件都得到满足，镜子中间的观察者呈透明状态时，才可以观察到无穷个成像。

下面讲解一下计算过程。在一般情况下光速 c 为 3×10^8 米每秒。假设两面镜子相距 L 米，你站在它们之间 t 秒，你将能够看到 $c \times t / L$ 个反射成像。假设镜子相距2米，你站在它们之间1分钟，你应该能够看到大约90亿个反射成像。如果你能永远站着不动，那么会得到无穷个反射成像。

为什么血型很重要？

由 ABO 血型系统可知，血型分为 A、B、AB 和 O 四种类型。血型是根据在红细胞表面发现的糖（A、B、O）的类型命名的。每个人都有 O 型糖，红细胞上只有 O 型糖的为 O 型血。除了 O 型糖外，红细胞表面含有 A 型糖的为 A 型血，红细胞表面含有 B 型糖的为 B 型血，红细胞表面同时含有 A、B 型糖的为 AB 型血。

血型由从父母遗传基因中得到的等位基因（在一对同源染色体的同一基因座上的两个不同形式的基因）决定。A、B 等位基因占主导地位，而 O 等位基因是隐性的。假设从母亲的基因中得到红细胞表面有 O 型糖的隐性等位基因，从父亲的基因中得到红细胞表面有 A 型糖的等位基因，那么总体看来血型是 A。这是为什么呢？由于每个人都有 O 型糖，我们根据存在的另外一种糖来确定血型。假设从母亲的基因中得到 B 型等位基因，从父亲的基因中得到 A 型等位基因，那么血型就是 AB；假设父母双方都给予 A 型等位基因，那么血型是 A；假设父母都给予隐性的等位基因，那么血型是 O。

细胞表面的蛋白质和糖等物质具有多种功能，可以帮助免疫系统区分"自己的"和"他人的"，并辨别"人体自带的"和"外来入侵的"。当你需要输血时，这些物质会发挥重要的作用。如果你是 A 型血，这意味着你的红细胞上含有 A 型糖和 O 型糖，那么可以接受这两种血型的输血。假设错误输入 B 型血，你的免疫系统会攻击含 B 型糖的血细胞，恐怕这场输血会要了你的命。

O 型血是万能的供血者，因为没有人会对它产生抗体，我们都有 O 型糖。AB 型血是万能的受血者，因为所有的类型的糖都可以被识别。

为什么火是红色的？

当我们谈到火，一定会联想到燃料与大气中氧气发生的化学反应。反应会伴随着高温和放热，发出光亮，释放多种有毒气体，生成颗粒物质。

火焰中含有大量处于高温状态的原子，当升至一定温度时，所有原子都会以光的形式释放能量，同时因吸收热能处于较高能级的电子会回落至较低的能级。

火并不是红色的。根据关系式 $E=hv$（式中 E 代表能量，h 代表普朗克常数，v 代表频率）可以得到释放的光能，火焰颜色与转化为光能的量值有关。

这可以用本生灯*证明。限制空气供给量，本生灯燃烧温度较低，二氧化碳原子释放的光由于能级相对较低，因此呈红色或橘色。增加空气供给量，本生灯充分燃烧，火焰达到更高的温度，光的能级变高，频率更快，于是出现蓝色的火光。

除了火光外，下面我们来了解火焰的结构。在正常燃烧条件下，比如露天的篝火，火焰周围会充满对流，随着炽热的空气变轻上升，温度较低的新鲜空气不断补充，正是这种空气运动造就了跳动的火焰。在太空没有重力的环境中，冷热空气不会发生对流运动，因此火焰会呈现出奇特的形状，甚至会被燃烧的产物熄灭。

---

* 本生灯（Bunsen burner）是科学实验室常用的高温加热工具之一。该工具以罗伯特·威廉·本生的名字命名，而实际上是由他的助手发明的。在本生灯发明前，所用煤气灯的火焰很明亮，但温度不高，是因煤气燃烧不完全造成的。本生灯能使煤气燃烧完全，得到无光高温火焰。火焰分内层、中层、外层，温度分别达 300℃、500℃、800 ~ 900℃。
（出版者注）

为什么狗的鼻子是黑色的？

部分狗的鼻子之所以会进化成黑色是为了防晒。狗身体的其余部分有皮毛保护，但浅色的鼻子完全暴露在太阳光下。人在进行户外活动前需要涂抹防晒霜，狗也不例外，尤其是那些皮毛稀少的品种，有着粉红色的鼻子，耳朵周围毛发较为稀疏，否则狗和人一样同样会面临晒伤和癌症。

许多饲养员长期以来在挑选某些品种的狗时，只选择有黑鼻子的。这虽然只不过是一时的审美偏好，但仍然对繁育纯种狗的人产生影响。黑色的狗鼻子不仅是自然选择的结果，人类也在某种程度加剧了这种进化的趋势。

虽然大多数狗有黑鼻子，但并非所有狗都如此。维希拉猎犬的鼻子是红色的，魏玛犬的鼻子是银色的，分别与皮毛的颜色相匹配。而且任何犬种的幼崽都有粉色的鼻子，随着生长发育，鼻子的颜色才渐渐变深，直到成年时鼻子才完全变黑。有些狗终生鼻子都是粉色的，这种鼻子名为"达德利鼻子"，因为这种基因突变最早是在英国伍斯特郡达德利市的斗牛犬中发现的。达德利鼻子是由 TYRP1 基因突变引起的，只有当狗是纯种狗（纯合子）或具有两个隐性等位基因进行突变时才会发生，这意味着有黑鼻子的狗也可能会携带突变基因。

〜 2月26日 〜

我们怎么知道海洋有多深？

　　我们如今面临各种气候危机，于是对于海面水位的计算至关重要。但是如何测量呢？即使在无风的日子里，海面也不平静，起起伏伏的。

　　海面水位通过设置在近岸的验潮仪测定，全球范围内的海面水位通过卫星测高仪确定。根据工作原理，验潮仪可分为浮子、声学、雷达等，验潮仪安装在验潮井中。海浪会导致海面水位出现短时间的高度变化，此时可借助验潮井滤去波浪的影响。验潮井实际上是一个垂直管道，底部开口是管道直径的十分之一。验潮井不仅可以起到稳定海浪的作用，还可以用于测量潮汐和涌浪。

　　卫星测高仪生成的图像内容比较丰富，可根据大气气压、大气中水蒸气含量、波浪散射和潮汐作用随时调整参数。整个数据处理非常复杂，卫星测高仪生成的数据仍需要与验潮计的测量数据进行校准。

　　验潮仪和卫星测高仪的数据至少要达到毫米精度。卫星可以测得方圆7千米范围内的数据，验潮仪和卫星测高仪的数据根据时间节点进行平均计算，剔除因潮汐、波浪、风暴以及季节性周期变化引发的异常数据，从而可以非常准确地确定平均海面水位。

　　自从有了卫星测高仪，仅花费几年的时间就得到过去无法知晓的海底数据，并绘制出采用传统技术手段百年无法完成的海底地图。这些信息的价值不可估量，有了海底地图，可以用于确认新西兰以南方圆20千米范围的撞击坑，这是采用船载技术手段进行探测不可能实现的，因为成本过高。

为什么黑麦吐司比白吐司熟得快?

　　将一片黑麦吐司放入吐司炉中，每 15 秒观察一次，看看它什么时候开始变焦（你需要一个客观的标准来确认吐司变焦的程度），并记下时间，再用白吐司重复上述步骤。完成实验后，不妨直接涂上黄油或果酱把吐司吃掉，不枉费一番力气。

　　你会发现黑麦吐司或全麦吐司比白吐司变焦的用时更短。在加热过程中，吐司中的蛋白质和糖类会发生复杂的反应，名为美拉德反应。正是美拉德反应让吐司带有标志性的颜色，并让我们闻到烤吐司应该有的气味。

　　美拉德反应是氨基酸和还原糖之间的化学反应，所需的反应条件是加热，与烤吐司的过程类似。美拉德反应广泛应用于食品工业中调味产品的生产，根据参与反应的氨基酸类型而得到不同的口味和气味。因为黑麦吐司、全麦吐司比白吐司所含的糖类和蛋白质多，所以变色的速率快。

　　除此之外，反照率也可以用来解释为什么白吐司变焦的速率慢，主要与白吐司表面的入射光线或入射辐射有关，白吐司与黑麦吐司相比，会反射更多的入射辐射，这也解释了为什么白吐司看起来发白。因为颜色较深的吐司在吐司炉中加热时吸收更多的辐射，所以熟得快，焦得也快。

为什么我们说"嗯""哦"？

　　语言学家像谈判专家一样观察人们在对话过程中的说话方式，在一位发言者结束自己的话题，另外一位发言者开始发表前的间歇，通常有一段沉默的时间，这种沉默提示当前发言者已经语毕，不再继续。

　　由此可见，我们如果想要继续发言，就需要用一些声响打破沉默，并向他人传递我们有意继续发言的信号。我们思考接下来要说什么时，会用一些没有实际意义的话填补空白，这与把外套搭在电影院座位上提示他人此处有人的道理一样。

　　至于为什么使用"嗯""哦"，而不是其他什么词，这很难解释。在英式英语中"er""um"是发言者思索接下来说什么时发出的声音，"er"非重读，与"potato"第一个音节中元音的发音一致。在传统语音学中，这种发音被称为中性音，因为发音时口腔处于放松的状态。保持"er"的发音状态，接着嘴巴闭合，就会发出"um"。

　　在世界范围内不同地区的人们用不同的词，例如在罗曼语系的语言中，说话人会发出"e"的语音。在汉语普通话中，说话人会频繁使用"这个、这个、这个"。一些年轻人学习普通话时，很快就学会说"这个、这个、这个"，而且说得很好。

　　英语国家的人们可能会认为自己不总用"er""um"，会用"天哪""我当时就像……""那样可能不太……"等表达方式，或者利用一些肢体动作来暗示意图。

游泳池中的最理想液体是水吗？

游进的速度主要受到三大因素的制约：黏滞阻力源于流体与物体潮湿表面形成的摩擦力；压力阻力源于身体前后的压力差；由于游泳者会在水面不断制造波浪，因此波浪阻力会导致大量能量消耗。

假设不考虑泳池中液体对身体造成的不良影响，综合以上三大因素，为了得到更快的游进速度，可以选取几种液体填充泳池。例如选择比水黏度低、密度低的液体——丙酮、甲醇或乙醚，摩擦力和压力阻力与流体的密度、游泳者横截面的大小和流速的平方正相关，液体密度降低，摩擦力和压力阻力也降低。在水面下游进可以完全避免受到波浪阻力的影响，可获得了更快的速度，比如水下潜艇。

也可以选择密度比水大、黏度比水小的液体填充泳池。汞的密度是水的13.6倍，是非常理想的填充液体。假设游泳者的体重为90千克，背部的表面积为3000平方厘米，稍微控制一下仰泳的泳姿，保持躯干深入汞不足2.54厘米，四肢在水面之上。在游进时，游泳者用脚跟儿用力推开汞，从而推动自身向前游动。汞不会弄湿皮肤，其弯月面可以进一步减少阻力。游泳者身体深入不超过2.54厘米，仿佛在光滑的汞表面向前滑行。

游泳者身着陶瓷纤维泳衣在熔化的金、铂或铀池中同样可以得到更快的速度，此时游泳者深入泳池不足1.27厘米。注意感受防护服的隔热功能是否失效，避免烧伤。

3月

为什么覆盆子有短毛？

覆盆子上的短毛是覆盆子花雌蕊未脱落部分的残余。在覆盆子花中，被短毛的雌性花柱位于中间，雄性花药环绕在边缘。花柱顶部有柱头，下连子房，构成雄蕊。

受粉后，花瓣、花药和其他部分枯萎，子房膨胀以形成部分果实。从植物学上讲，每一个雌蕊形成一个小核果，聚生形成聚合果（在一朵花中由各个离生心皮发育的小核果聚集而成），由此可知覆盆子不是浆果。

覆盆子非常容易种植，而且产量大。如果有机会不妨自己种一棵覆盆子，观察植物从开花到结果的完整生长过程。

人多大年纪开始衰老?

宽泛地讲,人到了一定岁数,衰老是导致身体器官衰竭的主要原因。

人注定会衰老,随着干细胞失去修复和再生组织的能力,人体内 DNA 损伤积累到一定程度,细胞就会出现老化甚至死亡。

那么,从衰老到死亡一般有多长时间呢?这是一个没办法确切认定的时间范围。

不过通过一些条件可以更加切实地定义衰老,比如多重病症。人一旦步入 70 岁,多种与年龄相关的慢性疾病,如心脏病、关节炎、阿尔茨海默病和糖尿病都开始找上门来。2006 年纽卡斯尔市当地开始对 85 岁以上老年人进行病症研究,发现 1000 多名 85 岁以上的老人中有 3/4 的人患有 4 种甚至更多种疾病。当一个人患有多种疾病时,死亡原因会不那么明确,于是我们会用年纪大了解释衰老死亡,而且人们似乎更容易理解。

更明确、更直接的死因可能记录在死亡证明上,例如心搏骤停、肺炎等。不过,就以此认定衰老死亡的原因可能有失偏颇。

每个人的衰老速度有所不同,更无法精确地断定一个年轻人到底什么时候会因衰老而死亡。不过我们可以根据统计学方法得出从衰老开始到死亡的时间。

英国埃克塞特大学的大卫·梅尔泽和同事们可以预测特定群体发生衰老死亡的时间。虽然变量和不确定因素非常多,但他们得出大多数人发生衰老死亡时间,女性发生在 81 岁之后,男性发生在 78 岁之后。因此,80 多岁已属高寿,尽管许多八旬老人会持不同意见。

～ 3月3日 ～
为什么天冷会导致尿频？

这与游泳后会感到口渴出于相同的原因。当出门遭遇寒冷的天气或触碰到凉水时，外周血管会发生收缩，限制血液流向四周甚至皮肤，从而保存足够的热量，维持核心体温。

于是总血容量有所减少，血压升高，肾脏会相应地排出液体来降低血容量，促使血压恢复到正常水平。

而当我们进入温暖的环境中，身体发生的反应刚好与以上相反，需要摄入更多水分，或从肠道获取水分进行补偿。当遭遇炎热的天气时，我们会排汗来保持身体凉爽，由于皮肤和黏膜的水分流失严重，因此排尿量有所减少。

为什么有时会有发麻的感觉?

发麻属于感觉异常,是由多种因素引起的。一般来说,四肢发麻是由血液供给不足或对浅表神经施加压力引起的。举个例子,当跪坐时,身体的重量往往会对下肢的血液供给产生影响并造成神经缺血,于是神经会发送不同寻常的信号给大脑。大脑接收到信号并让下肢产生针扎一样的刺痛感。只要改变姿势,神经压迫得到解除,针扎的感觉就会逐渐消失。

有些感觉异常是伴随慢性病出现的。老年人上了年纪之后,动脉粥样硬化或外周血管疾病可能会导致血液循环不佳。血液供给不足或营养元素匮乏会导致神经细胞功能障碍,所以感觉异常时常伴随营养不良或代谢紊乱(例如糖尿病和甲状腺功能减退症)发生。

组织炎症如腕管综合征、类风湿关节炎能够扰乱传输神经,引发感觉异常。长期的感觉异常有时可能是神经障碍如移动神经元病或多发性硬化的症状。

为什么冷冻牛奶是黄色的？

屡获殊荣的美食作家哈洛德·马吉著有《论食物与烹饪》一书，他曾对这个问题做出回答。

冷冻牛奶呈黄色是由维生素 B_2（核黄素）引起的，核黄素的名称中含有"黄"字，而且核黄素的英文名称（riboflavin）也与颜色脱不开关系，其中的 flavin 是由拉丁语中表示黄色的词 flavus 演化而来的。

核黄素溶解于牛奶所含的水中。除此之外，牛奶中还有微小的蛋白质颗粒和乳脂滴液。鲜牛奶中所有悬浮颗粒和滴液会均匀地散射光线，所以牛奶是一种不透明液体，呈白色，更确切地说，呈奶白色。

随着牛奶逐渐冻结，大部分水分结晶成冰，核黄素集中分布在残留的液态水中，并逐渐显现出黄色，当晶莹剔透的冰晶完全形成时，我们就能更直接地看到黄色了。

熔岩灯的原理是什么？

最早的熔岩灯*是由龙尼·罗西于 20 世纪 60 年代发明的。熔岩灯的构造很简单，上方为一个玻璃瓶，瓶内盛有水溶液和彩色蜡，瓶底有金属线圈，下方为一个具有加热功能的灯泡。在正常室温条件下，蜡的密度比水的密度大，但是在加热状态下，蜡的密度会小于水的密度。所以当点亮灯泡时，随着蜡的密度逐渐变小，蜡会从底部朝水面运动。蜡在上升过程中，会随着温度的降低而逐渐冷却，当蜡的密度比水的密度大时，蜡会发生下降运动，当沉底时，蜡遇热后，会再次上升。金属线圈可以将瓶底的蜡聚集到一处，有助于这种往复运动的发生。

在家可以自制一盏熔岩灯。准备一个干净的 2 升塑料瓶、水、食用色素、植物油，以及泡腾片，拜尔的弱碱性泡腾片即可。首先利用食用色素把水染成自己喜欢的颜色，食用色素不用滴太多，一般 10 滴就可以将水染色，推荐红色或者紫色，可以让人感到心情愉悦。其次往塑料瓶中倒入植物油，大概注入瓶子容积 3/4 的量，接着用彩色水将瓶子注满。最后向瓶中投入 1/8 片泡腾片。

我们都知道水油不相容，起初你将观察到处于瓶底的油向上移动并置于彩色水带之上，这是因为油的密度小于水的密度。而且水中的食用色素不会把油也染成相同的颜色。当投入泡腾片时，泡腾片会穿过油层与下方的水发生反应，气泡发出咝咝声。接着彩色水球开始从底部朝水面运动，一旦到达水面就会发生下沉。当反应结束时，你可以再投入 1/8 片泡腾片，反应会再次发生。

泡腾片与水发生反应后生成二氧化碳气体，二氧化碳气体会附着在水中的氢分子和氧分子上形成含水气泡，加之二氧化碳气体的密度小于油和水，因此瓶底的水在二氧化碳的带动下会上升至水面。油具有一定黏度，所以气泡上升的速度不会太快，以一种徐缓的、让人感到赏心悦目的速度上升至水面。接下来气泡破裂，彩色水得以释放，后又再次下沉至瓶底。正是彩色水的频繁上升和下沉让人们感受到熔岩灯一样良好的视觉体验。

---

* 熔岩灯又称为蜡灯、水母灯、岩浆灯。名字源于其内不定形状蜡滴的缓慢流动，让人联想到熔岩的流动。其灵感源自鸡蛋时针设计，因其利用热能原理造就永恒的光影移动变幻效果。熔岩灯有多种形状和颜色，外形极酷。（出版者注）

人类可以进行光合作用吗？

假设能以某种方式将植物合成叶绿素的机制植入人类基因，那么是否人类能通过光合作用获取部分能量满足人体需求呢？第一步，我们需要先生成叶绿素；第二步，通过叶绿素吸收光能合成腺苷三磷酸（ATP）和还原型烟酰胺腺嘌呤二核苷酸磷酸（NADPH）；第三步，利用这些代谢物将二氧化碳转化为糖。人体本身是具备一定发生第一步和第二步的基因条件的，这点的确出人意料。

植物利用 16 个代谢反应生成叶绿素，其中 9 个代谢反应与人类制造血红素（构成红细胞的重要成分之一）的方法类似。因此，原则上来讲，只要将另外 7 个代谢反应步骤植入人类基因，人类就可以成功制造出叶绿素。实际情况是叶绿素之于人体莫过于毒药，尤其在光照的条件下。倘若我们能像植物一样生成包裹叶绿素分子的特殊蛋白，那么问题就迎刃而解了。

第三步的转化过程又称为卡尔文循环，要求基因中含有 11 种酶，而人类只拥有其中 9 种，缺失核酮糖 -1、5- 双磷酸羧化酶 / 加氧酶和磷酸核酮糖激酶。

第二步难度最大，即使人类拥有合成腺苷三磷酸和还原型烟酰胺腺嘌呤二核苷酸磷酸所需的酶，光能也无法作为触发反应的动力。植物的叶绿体膜内按照一定结构排列的蛋白质和脂类可以在光能的作用下促使第二步的合成反应发生。

在你试图将这些植物特有的功能植入自身染色体前，有几点内容要提醒你一下。假设你可以进行光合作用，但是通过光合作用摄取的碳水化合物简直是杯水车薪，甚至不及现在你从一片面包中获取的量大。问题出在光合作用需要人体拥有更多可以有效接受充足光照的表面，并与体重匹配。而且叶绿素要分布在皮肤表面，即使肝、肺、脑中有叶绿素，也无法吸收阳光。体重 85 千克的成年人需要提供不少于 2 平方米的皮肤表面。与此相比，重达 85 千克的植物拥有超过 200 平方米的表面接收光照，薄而宽的叶子起到了重要作用。按照植物的表面积与质量的比值推算，倘若拥有如此之大的皮肤表面积，恐怕我们将寸步难行，除非我们成为真正的"植物人"。

为什么哈罗米干酪会发出吱吱的声音？

哈罗米干酪*的吱吱声让一部分人感到不适，就像指甲划在黑板上发出的声音一样。这种声音时常会提示人们有危险，比如地沟盖板格栅发生断裂，或者让人联想到过往不开心的经历，比如牙被沙子硌到，石头划伤了指甲。

很可能在我们祖先进化成类人猿之前的很长一段时间里，它们对这种声音以及与声音相关的经历产生的厌恶之情由来已久。这很可能是它们对生存方式的进化适应表现之一，反之，如果对此类信号毫无反应，可能也不会导致寿命延长、生产力提升等其他进化适应成果。

哈罗米干酪发出的吱吱声是黏滑现象的典型表现之一。哈罗米干酪像橡胶一样富有弹性，在咀嚼过程中哈罗米干酪发生变形，阻力增大，接着干酪滑动，啪地几乎恢复成初始的形状，当滑动停止时，干酪恢复稳定的状态。这个过程反复出现，频率接近 1000 赫兹，在一个八度或两个八度之间。因振动产生的长而尖锐的声音会随频率的改变发生变化，如果哈罗米干酪表面有油脂，会影响频率，进而改变声音。

---

* 哈罗米干酪源于塞浦路斯，是一种源远流长的干酪，是塞浦路斯的主食，一般用羊奶加工而成。除了在塞浦路斯有广泛的分布之外，在其他中东国家，还有英国等一些东欧国家都有食用。哈罗米奶酪可以油炸，可以凉拌做沙拉，也可以烹饪其他西餐美食。（出版者注）

人到底需要摄入多少维生素D？

大多数人都通过晒太阳获取满足身体所需的维生素D，这与饮食习惯无关，素食者和杂食者皆是如此。肤色较浅的成年人在太阳光下保持面部暴露20～30分钟即可合成足够的维生素D，而肤色较深或上了年纪的人将花费更长的时间。在暴露时长固定的情况下，老年人的合成量仅为年轻人的25%。皮肤暴露的多寡也直接影响合成结果，裸体主义者应该更乐意通过暴露更多的皮肤来获取足量的维生素D。

实际上晒太阳这件事似乎没听起来那么容易，其中有很多学问。因为只有波长在280～320纳米波段的紫外线B能与皮肤发生反应合成维生素D。你所在的地方距离赤道越远，就越难获得足够的光线，特别是在冬季。到了冬天，我们血液中维生素D的含量差不多只是夏天的一半。如果你发现地上影子的高度已经超出你的真实身高，这个时候其实已经无法促进维生素D的合成了，这被称为"影子法则"。12月份的苏格兰，清早的太阳光线十分微弱，从10月到次年3月的太阳光线对合成维生素D的作用都微乎其微。相对于西班牙巴塞罗那的人来说，即使在夏天，英国伦敦的人也需要花费大约两倍的时长才能获取等量的维生素D。

居住在寒冷地区的人们可以将饮食作为健康摄入维生素D的来源，富含脂肪的鱼类、鸡蛋和动物肝脏都可以为人类提供维生素D。对英国人来说，虽然餐食中的谷物和脂肪类涂抹酱中增加了维生素D含量，但是人均膳食摄入的维生素D仍然较少，每天只有2～3.5微克。维生素D的每日摄入标准因人而异，不过英国国家膳食指南建议成年人在无法获得充足光照的情况下，每日应服用10微克的补剂。当然，需要注意的是，在决定调整饮食或服用补剂之前务必与医生商量一下。

为什么我们的体内有脂肪？

我们对人体内脂肪组织的许多生理细节以及储存位置仍然知之甚少，脂肪组织的个体差异是很大的，比如有些人天生就是腰上的肉多。

成熟脂肪细胞的堆积方式可以视为相对近一段时间人类进化选择的结果。在气候寒冷的地带，无论是熊还是人类，出于生理需要脂肪层都较多，而对于身处热带地区的人们来说，如此丰富的脂肪含量会威胁到生命。不过世世代代生活在热带地区的原住民通常在肚子和大腿外侧有堆积的脂肪，这是由于他们经常遭遇食物供给不足的状况，这就好像骆驼会在背上储存脂肪一样。就人类而言，婴儿和成年人体内的脂肪也分别具有不同的功能。婴儿拥有的"褐色脂肪"是一种特殊的脂肪组织，用于维持体温，避免体温过低。有些青少年有婴儿肥，不过，随着身体的生长和日常的运动，这部分脂肪会随时发生变化。成年人腰部的赘肉可以对生殖系统起到保护作用，也可以应对饥饿或其他损伤，这么看来，尝试多种方式尽早告别腰部赘肉似乎并不明智。

务必要清楚，脂肪的存在一定具有某种特殊的意义，不要一提到脂肪就是一种嗤之以鼻的态度。脂肪具有储存、转化、调动能量的作用，而且具有复杂的内分泌功能，比如代谢与生殖。

为什么闪电会分叉？

闪电会常常将雷暴中的负电荷引向地面，不过负电荷先导会早于可见的闪电向下移动到云层下方，穿过含有正电荷的空气，在雷暴高电场作用下从地面释放尖端放电离子。

负电荷先导分叉的目的是试图找到一条阻力最小的通道。当其中一支贴近地面时，负电荷会吸引尖锐物体（树木、草等）上的正离子，形成一条从云层延伸至地面的导电路径，接着更多负电荷自先导路径底部释放到地面，这种可见"回击"的亮度随负电荷的向下运动逐渐有所提升。那些没有成功抵达地面的先导分支也会越来越亮，特别是电荷都集中到一处时。在一些照片中，闪电路径的宽度往往与实际不符，这是由胶片过度曝光引起的。通过对闪电击中的物体进行损坏情况分析可知，路径的直径在 2 ~ 100 毫米之间。

为什么早上起床后会有口气？

起床后发现口气不太清新？这没什么可担心的，并非只有你一个人受类似的困扰。看看口腔中存活的大量细菌吧，这样你就能找到解答问题的答案了。

我们的口腔中大约有 700 种细菌，与有害的微生物一样，这些细菌可以引发牙齿损伤、牙龈疾病以及永远无法去除的口臭。当然，好的细菌也是存在的，它们阻断有害细菌繁殖，改善口腔健康。

夜间随着唾液的流动速度有所降低，清理残渣的效果变差，为菌群输送氧气的功能变得不佳，于是大量不好闻的厌氧微生物在口腔滋生，最终导致第二天早上有口气。用嘴呼吸会加剧口气，因为这会加速唾液变干，更没有机会清理残渣了。

为什么电会嗡嗡作响？

电，本应该是一位沉默寡言的侍者，那么为什么变电站之类的会发出嗡嗡的声响呢？要想弄明白这个问题，有必要先了解一下变压器的工作原理。

变压器内有两种线圈，分别为初级线圈和次级线圈，两种线圈分别缠绕在由薄铁片或其他磁性材料制成的圆环的两侧。流经初级线圈的交流电在铁环中生成一个交变电磁场，相应地使次级线圈中感应出电压。变压器可以将高空输电线中数十万伏特的电压降低至可供普通家庭安全使用的范围。

与初级线圈和次级线圈相连的铁环可细分为多个磁畴，在每个磁畴中，磁场随意地指向不同方向，就好像是不稳当的学生在教室里横冲直撞。将铁环置于外部磁场中，全部磁畴会集结并排列成一队，形成指向单一方向的强磁场，就好像学生一听到老师的命令就会列队一样，这也许只存在于老师的想象中。

待全部磁畴整齐排列，长度会相应发生些许改变，这是磁致伸缩。当铁环中的磁场发生改变时，铁环会反复伸缩，接着发生振动并形成声波，最终发出变压器特有的嗡嗡声。

美国大多数电源电压每秒交换 60 次（60 赫兹），所以每秒发生 120 次伸缩运动，发出 120 赫兹的声音。欧洲大多数电源电压频率是 50 赫兹，嗡嗡声在 100 赫兹左右[*]。

---

[*] 中国交流电压频率一般是 50 赫兹。（出版者注）

DNA 可以被看到吗?

当然可以! 和《新科学家》中列举的许多实验一样,首先需要准备一种烈性饮料(终于找到一个理由可以开一瓶威士忌了),接着你会发现到底是什么能让你舒舒服服地在家享受生活。

准备好一个干净的玻璃杯,接着将一茶匙清洗剂用三茶匙水稀释,制成清洗剂溶液。再准备一个玻璃杯,加入一茶匙盐,再注满水,制成盐水。喝一口盐水仔细漱口 30 秒,再把水吐入事先稀释好的清洗剂溶液中。均匀搅拌后沿玻璃杯壁缓慢倒入几茶匙冰凉的烈酒,烈酒的酒精浓度至少达到 50%,优质的杜松子酒、劲儿大的伏特加、医用酒精都是不错的选择。如果怕倒酒的时候手抖,使用滴管,或保持玻璃杯倾斜会有帮助。此时注意力一定要集中,水与酒精之间必须有明确分界线。如果小心操作的话,烈酒会在盐与唾液混合液的上方形成单独的一层,几分钟后,你会观察到烈酒中会生成白线一样的物质,这就是 DNA。

用盐水漱口可以获取内表皮上的细胞,就像电视剧里演的那样,警察对犯罪嫌疑人做口咽拭子采样,并以此进行 DNA 分析。清洗剂会破坏盐与唾液混合液中的细胞膜,释放细胞核中的 DNA。因为 DNA 可溶于水,但不溶于烈酒,于是你会在液体表面看到白色的析出物。借助显微镜可以进一步研究 DNA,或者可以到此为止,安心地坐着观赏 DNA,玻璃杯中的漂浮物就是造就你的物质。但是在开始实验之前,务必确保口腔干净,如果刚刚吃过夹肉的三明治,那么最终杯中的 DNA 恐怕不是你的。

飞机飞行过程为什么不能冲马桶？

待飞机结束飞行停落在机场上，真空产生的气流将卫生间垃圾通过废水管线直接注入地面上的收集槽。如果真空条件不满足，按下冲水开关可以触发启动装置，对废水管线做解压处理。操作过程会持续大约 1 秒钟，其间冲洗阀打开并维持打开 1 秒钟，使用非常少量的水就可以把马桶冲洗干净。2 秒后冲洗阀打开并持续 4 秒钟，确保马桶内没有任何残余。再借助压力的变化最终将所有垃圾转移至收集槽。

飞机上的卫生间无法对外部环境开放至少有两个原因。其一，在高空冲洗马桶会引发机舱发生爆炸式减压；其二，假设卫生间垃圾从天而降，会冻结成冰，对地面上的人和建筑物构成威胁。一块冷冻的粪便向你高速猛冲而去恐怕是你最不想见到的吧。

相反，飞机上厨房和洗手盆的废水通过对外界开放的排水管排出。排水管一直处于加热状态，但是偶尔也会发生故障，这时候废水会以冰块的形式从天而降。

人脑的存储容量到底是多少?

假设将人脑比作电脑,每个神经元储存 1 比特的内容信息,那么大脑可以容纳 4 万亿字节（4 太字节、4000 吉字节）。我们假设连接神经元的突触也可以容纳内容信息,每个神经元的存储容量超过 1 比特,每个神经元有 5000 个突触,那么大脑存储容量可达 5 万亿字节,甚至更多。以上这些假设可能都是错误的,因为人脑并非一台标准的电脑。第一,人脑并非并行处理信息,而是串行处理信息*。第二,它采用所有数据压缩程序。第三,它可以通过制造新的神经突触甚至新的神经元进一步扩大储存容量。

大脑的局限性体现在很多其他方面,而并非体现在存储容量上。难点在于存储后还有一个再次输出调用的过程。想一想,有些记忆大师会采用轨迹记忆法记住一副打乱的扑克牌的顺序。轨迹记忆法的诞生可追溯至古典时期,专家把这副扑克牌想象成一段路线,从而记住在路线中每张牌出现的位置,这足以说明大脑的存储容量不成问题。

假设第一张牌是梅花 8,可以想象成走出前门开启路线,首先遇到一个人用木槌（梅花）把煮蛋计时器（造型像 8）砸碎了,接着同样利用生动的画面记住路线上的第二张牌。

轨迹记忆法的惊人之处在于,你为了记住扑克牌的顺序而编出的整个故事中包含更多的内容信息,远远超出直接记住扑克牌的内容信息。生动的画面对于存储和输出调用都是十分必要的。

---

* 并行处理与串行处理,都是计算机系统的计算方法。并行处理是指同时执行两个或多个任务;串行处理则是多个任务、工作或进程在时间上先后相继地得以完成。（出版者注）

为什么健力士黑啤带白色泡沫？

假如你眼前有1品脱（约568毫升）健力士黑啤*，毫无疑问啤酒会呈黑色，不过啤酒上的头沫却呈白色，啤酒和头沫是采用相同的原料制成的，所以，这到底是怎么一回事？

沐浴露的泡沫多为半聚合气泡，而健力士黑啤的泡沫主要由直径为0.1～0.2毫米大小均匀的球形气泡构成，并悬浮在啤酒中。正如透明大理石球的折射率比周围空气高，具有较好的放大镜效果一样，啤酒中的球形气泡具有发散光线的作用，因为气泡中空气的折射率比周围流体的折射率低。

于是光线穿过泡沫表面会迅速发生散射，气泡众多且相互接触导致光线散射至不同方向，气泡表面的反射作用也加剧了散射的作用。部分光线最终折回气泡表面。又因为所有波长都受到类似的影响，于是我们看到了白色的泡沫。云层中的水滴发生散射，所以我们会看到白色的云朵，气泡散射光线的作用与之类似，名为"米氏散射"。

你可以给自己倒一杯健力士黑啤，从中取出一些泡沫并置于显微镜下以方便观察。当然，多数情况下你肯定舒舒服服地坐在椅子上并将它一饮而尽，这时你会发现瓶底残留的少许液滴呈浅棕色。虽然健力士黑啤呈不透明的黑色，但是这部分滴液中没有太多液体，大部分是空气气泡。光线的散射发生于气泡之间，而阻隔气泡的啤酒液体会吸收部分光线，所以我们看到了一丝浅棕色。

毋庸置疑，为了确保实验结果准确，你可能想要重复做好几次实验，所以我们建议最好选择在周五晚上进行实验。

---

* 健力士是来自爱尔兰的世界上最大的黑啤酒品牌，它源于1759年，另外一个名字叫吉尼斯啤酒，目前隶属世界上最大的酒业集团帝亚吉欧，世界闻名的吉尼斯纪录就是其搞出来的副业。同是黑啤，但口感与德国黑啤完全不同，德国黑啤喝起来有点儿糖浆甜甜的感觉，而健力士黑啤喝起来有点儿苦咖啡的味道。（出版者注）

为什么蜜蜂会酿蜜？

蜜蜂采蜜的习性与生俱来，如果花蜜的流动性较好，蜜蜂会竭尽所能把所有可供储蜜的空间都填满。野生蜂群可以选择的地方很多，比如大树洞、房顶，都能用来储存大量的蜂蜜，甚至有可能把房顶压塌。

蜜蜂储存蜂蜜出于两个原因。其一，为顺利度过无花期——北方的冬季，或热带地区持续时间较长的干旱期——而储备食物；其二，聚集大量蜜蜂形成蜂群，这是蜂群繁殖的唯一方法。

一旦养蜂人确定有利于蜂群繁殖的良好时机，便会为蜂王打造蜂巢方便其产卵。蜂王幼虫经过特殊喂养（吸收蜂王浆）发育成为可以产卵的新一代蜂王，上一代蜂王和半数工蜂和雄蜂会选择离开。养蜂人明确知道蜜蜂能摄入非常大量的蜂蜜，这也不会对蜜蜂的飞行造成负面影响，让人不禁感叹一番。

如果养蜂人决定停止继续繁殖蜂群，必须每周开启蜂箱并摧毁蜂王的所有蜂巢。如果无法做到这一点，蜂箱中就会不停产生蜂群。如果人类停止采集蜂蜜，养蜂生意终会消失，只剩下野生蜂群，这将降低许多需要通过蜜蜂完成受粉的农作物产量。

为什么便利贴能粘在其他物体上？

便利贴是应用高分子化学知识的典型例子。发明便利贴的故事很有趣，1986年，斯潘塞·西尔弗在尝试制备一种超强黏合剂时发现黏性出现了问题，结果得到一种黏性很差的黏合剂。不过大多数新事物都是偶然发现的，所以谁又会对此有所苛求呢？

便利贴的背胶是一种压敏胶粘剂，只要轻轻一按，就能将便利贴粘在其他物体的表面。便利贴与物体表面之间的黏合通过胶粘剂流动产生的力和阻力之间精妙的平衡得以实现。胶粘剂具有流动性，可以进入物体表面的细小裂隙，又可以限制流动性的发挥，停留在细小缝隙中，由此便利贴和物体之间发生了黏合。

进一步放大观察可知，从分子水平上看，胶合强度主要来源于范德瓦尔斯力（分子间作用力）。当分子两侧的电子数严重不平衡时会产生偶极（类似于微型磁铁），这会导致周围另一个分子发生与之相反的偶极，于是两个分子相互吸附。一般来说，范德瓦尔斯力是很弱的，但是它会随着分子增大而增大。

为什么便利贴会脱落？

前面我们已经解答了为什么便利贴能粘在其他物体上，那么便利贴又是如何在不对其他物体造成损坏的情况下实现剥离的呢？

实际上剥离便利贴后目标物体表面会有背胶留下的微观痕迹，但是这些痕迹微乎其微，不会造成可见的损坏。这是因为聚合物的分子结构织成了一张精密的网，将许多相对大块的物质连接起来。就像在网球场上很多黏球保持一定间距粘在球网上一样。

便利贴分为纸张和背胶两部分，背胶中包含许多黏胶球，黏胶球（网球）稳稳地固定在纸张上，纸张充分吸附黏胶球，但是每个黏胶球（网球）只有一面突出与其他物体表面接触。

这会导致吸附力远远大于附着力，从目标物上把便利贴揭下来只是黏胶球远离了目标物，只需要对每个黏胶球的中心点施加一点儿力量，好像用牙就可以拉开拉链一样。而黏性强的接触黏合剂会将剥离的力量分散至尽可能大的范围，这造成了很难从任何一点实现自由剥离，因为同时受到周围黏合剂的影响。

什么时候昼夜等长？

在春秋分的时候，赤道上当地正午时分太阳会恰好出现在头顶，地球上任何一点都会出现昼夜等分的情形。在天文学中，春分点和秋分点（合称二分点）是指黄道与天赤道的两个交点。以北半球为例，春分发生在 3 月 20 日或 21 日，秋分发生 9 月 22 日或 23 日，南半球的日期刚好与北半球相反。春秋分的发生时间不固定是因为有些年份是闰年，每年天数不固定会影响到季节。

春秋分点分别位于地球公转轨道上相对的两点，非常有趣的是两者并没有将一年的时间等分。由春秋分经常发生的日期推算得出，从春分到秋分是 186 天，而从秋分到春分只有 179.25 天。这是因为地球公转轨道呈椭圆形，地球在 1 月初距离太阳最近。由开普勒第二定律*可知，太阳系中太阳和运动中的行星的连线在相等的时间内扫过相等的面积，此时在公转轨道上的地球达到角速度最大值。因此，地球在从秋分到春分这半圈公转轨道上的运行速度比从春分到秋分那半圈轨道上的运行速度快。当地球逐渐远离近日点时，运行速度会逐渐变低。

这同样解释了北半球春季和夏季日照时长超过 12 小时的天数比南半球多出将近 7 天。

---

* 即开普勒行星运动第二定律，也称等面积定律，指的是太阳系中太阳和运动中的行星的连线（矢径）在相等的时间内扫过相等的面积。（出版者注）

人能依靠尿液活下去吗？

你是否曾听说过有人在极度缺水的情况下通过饮用尿液生存下来的故事？希望所有读者朋友都不要陷入类似的窘境，但假设真的需要来一杯，会怎样呢？

好吧，如果必须摄入尿液，我敢说还是自己的尿液更安全一些。他人的尿液虽然不会要了你的命，但是其中的病原体、药物成分和食物过敏原对你没什么好处。尿液是经肾脏过滤过的无毒液体，稍微有点儿尿路细菌，不过自己的尿液可以确保没有任何不属于自身的物质。

尿液中主要的溶质是尿素，是由蛋白质代谢及由此产生的氨形成的无毒的、中性的终端产物。红细胞分解后形成尿胆素，从而导致尿液呈黄色。尿素暴露在空气中会发生氧化反应生成氨气，产生一股厕所特有的气味。

你的身体绝对不会欢迎尿液中的盐分，所以说饮用尿液是维持生命的下下策。因为这么做令人忧心的远不止尿量会越来越少，尿液浓度会越来越高。渗透作用意味着盐分只能以溶液的形式排出体外，所以尿液会让你感到更加口渴，加快脱水速率。

尿液中的氨是很好的肥料，很多昆虫会从中获取水分和矿物质，尿液最好还是留给它们。在炎热干燥的环境中，更有效维持生命的做法是用尿液浸湿吸水性较好的衣物并披在头顶，不仅可以起到遮阴的作用，而且随着尿液蒸发可以给身体降温。

如果因为快速把所剩的水都喝完导致排尿量迅速增大且尿液有所稀释，那么这样一杯尿液可能还能有点儿帮助。最有效的饮用方法是开始感到口渴的时候喝一杯，这样尿液进入血液的速度会低于组织提取的速度。

为什么折断意大利面时总是碎成三段?

这种现象的确很奇怪。双手分别握住一捆未煮的意大利面的两端将其折断，意大利面应该会折成两段，但这永远不可能发生，意大利面通常会折成三段或者更多段。1995 年出版的《新科学家》曾刊载过关于这个问题的文章，后来在 1998 年和 2006 年又再度出现。这个问题对伟大的科学家来说也是棘手的，例如诺贝尔奖获奖者、物理学家理查德·费曼。

实际上巴齐尔·奥多利合与塞巴斯蒂安·诺伊基希在《物理评论快报》（第 95 辑，第 95505 页）发表过一篇名为《脆性细长杆断裂成多节，为什么意大利面不会折成两段》的文章，以此证明了两人的发现。

奥多利与诺伊基希在一端固定住意大利面，从另一端尝试掰弯，不断调整意大利面的粗度和长度。二人发现，意大利面在弯曲波的作用下会意外折成三段。当意大利面的曲率达到临界值会发生弯曲断裂，然后振动引发的弯曲波以高速和强振幅使意大利面继续发生断裂。

初始断裂形成的两节意大利面在受到弯曲波作用前没有时间恢复笔直的状态，导致意大利面会进一步弯曲断裂成更多节，一般会断三节以上。研究意大利面的断裂，这虽然听起来很乏味，但也是一种兴趣消遣，二人的成果对其他脆性细长杆的研究产生深远影响，比如人体骨骼、桥梁跨度等。

理查德·费曼的插图自传《不平凡的天才》于 1994 年面世，书中丹尼·希尔斯谈到他与费曼通过大量实验研究意大利面，但是留给他们的是"遍布厨房各处的断裂意大利面，以及无法找到意大利面断裂成三截的有效理论依据"。显然，到费曼家做客的人们会经常看到很多意大利面，甚至被要求帮助解决这个问题，看来这种情形没少发生。

后续发生的事情颇具反转意味，诺贝尔奖获奖者费曼花费很多时间和精力想要解开意大利面的难题，终究没有找到答案。而真正解开此难题的奥多利与诺伊基希在费曼荣获诺贝尔奖的 41 年后仅被授予了 2006 年搞笑诺贝尔奖物理学奖。诺贝尔奖和搞笑诺贝尔奖的口碑大相径庭，诺贝尔奖用于表彰特定领域中拥有最高成就的科学家，而搞笑诺贝尔奖简直处在相对立的另外一端，授予的多是在荒唐、诙谐的，甚至不实用的研究领域取得的成果。

为什么我们睡觉时并不会经常从床上摔下来？

一般人在夜间睡眠整个周期中会扭动身体或者翻身多达 100 次，但是并没有频繁地从床上摔下来，这真是太不可思议了。

来自爱丁堡大学的杰弗里·沃尔什以及《新科学家》的读者约翰·福里斯特都曾调查过成年人在睡觉期间不会经常从床上摔下来的原因。做实验的房间非常温暖，参与实验的志愿者躺在非常宽的床垫上，不过不提供床罩，他们在睡眠期间无法察觉自身在床上所处的位置。头部的位置分别通过脸朝左、朝上、朝右和朝下表示。实验器材并不复杂，包括一顶英式橄榄球的头盔，福里斯特在头盔上缝制了一个塑料圆管，并配有一段玻璃管。管中有一些汞，在适当的位置用针刺穿管壁连接上一些干电池，从而在头部的位置形成相对低的电压，方便在脑电图仪上生成记录数据。

为了清楚分辨志愿者睡眠和清醒的状态，仪器每 10 分钟会发出一声声响，音量不大，如果志愿者处于清醒状态，在听到声响后会按下衣服上的铃，方便研究者将志愿者在清醒状态做出的行为动作从总记录中扣除。当志愿者处于睡眠状态时，显然不会对声响做出反应。

在睡眠过程中扭动身体的运动以不同的时间间隔发生，例如脸从朝左、朝上到朝右，再从朝右、朝上到朝左，没有出现脸朝下的情况。由此得出，志愿者不会一直整圈翻滚，避免从床上摔下来。实际上，志愿者整晚所躺的位置基本固定，研究者由此得出，人类生命早期已经知晓脸朝下会导致鼻子呼吸困难，所以睡觉时会尽量避免脸朝下，所以我们不会滚出床外。

当你意识到睡觉期间不会摔下床是多么厉害的一项技能后，不妨想一想水手，在一些船上水手仍然睡在吊床上，吊床两段绷得很紧，床面相对平坦。虽然吊床似乎削弱了水手对船体晃动的感知，但是水手无法躺平，如果睡觉不老实，立刻就会从吊床上摔下来，不过几个世纪以来成千上万的水手却睡得很安稳。

为什么斑马身上有条纹？

拉迪亚德·吉卜林在《原来如此的故事》中写道："动物们的身体表面有些地方被阳光照射，有些地方长期被树荫遮掩……斑马身上长出了黑白相间的条纹。"多年来许多科学家对斑马条纹的形成原因提出过假设，大多数科学家认为是出于驱赶昆虫的目的。

瑞典隆德大学的苏珊·奥克松教授及其同事认为，虻会被线性偏振光吸引，颜色均匀的动物反射线性偏振光，易成为虻的攻击目标。斑马身上的条纹阻断了反射光的偏振化，不易被虻察觉。雌虻需要吸食血液才能产卵并实现大量繁殖，在叮咬过程中传播多种足以致命的疾病，所以斑马在躲避雌虻这方面具有一定优势。

研究人员为了验证他们提出的假设，在田野中放置条纹颜色各异的斑马、马和驴模型，在模型表面涂上胶水，接着统计附着在模型表面的昆虫数量，结果得出斑马招来的雌虻最少。

另有一些研究人员认为，动物表皮图案的分布情况与叮咬昆虫的数量正相关。还有一些研究人员认为，在舌蝇分布地区进化的动物会带有条纹。

阿尔弗雷德·拉塞尔·华莱士等多名生物学家认为斑马身上的图案是一种伪装。斑马在水坑中喝水时最容易遭受攻击，当黄昏来临，它们会渐渐消隐在暗淡的天色中，此时饮水会变得不易被察觉。斑马的伪装可以迷惑狮子，这点充分利用了狮子无法分辨一些颜色的弱点，不给狮子在茫茫大草原中捕捉到颜色对比强烈的斑马的机会，当斑马成群奔跑时，狮子很难通过辨认条纹捕捉到斑马个体。

为什么酸模叶能够很好地缓解
被荨麻刺伤的疼痛感？

假设胳膊和腿没做好防护，在荨麻丛中走一圈，你就会知道被荨麻刺伤到底有多痛了。你可能听别人说过，找一片酸模叶*在痛处表面擦拭可以缓解疼痛。这是为什么呢？

被荨麻刺伤真的特别痛，因为痛处有酸性物质。用酸模叶擦拭可以缓解疼痛，这是因为酸模叶中含有碱性物质，酸碱发生中和，疼痛感得以缓解。蜜蜂和蚂蚁的刺同样含有酸性物质，虽然酸模叶也能起到点儿作用，但是往往不如其他碱性物质比如肥皂、小苏打中的碳酸氢盐的效果好。

不过酸模叶对缓解胡蜂造成的蜇伤没有效果，胡蜂的刺中含有碱性物质。胡蜂真是令人生厌的小家伙，在人们外出野餐和烧烤的时候总来搞破坏。你应该用酸性物质，例如醋，去中和刺中的碱性物质，不过未免会就此染上了一股醋泡菜的味道了，而且味道久久不会散去。

---

* 酸模叶是一种野生植物的鲜嫩叶子，它是一种野生草本植物，在自然界中非常长见，在差别地域也有差别的名字，有很高的药用价值以及食用效用。（出版者注）

自行车是如何保持平衡不倒的?

2011年，一个由全球双踏板自行车爱好者组成的团队抛出了一颗重磅炸弹：即使分析了150年，也没人知道自行车是如何保持平衡不倒状态的。很久以前人们就可完成骑自行车这个动作了，但在科学上仍无从找到相关解释。

他们发表的言论可能有一定的根据，纽约伊萨卡康纳尔大学的工程师安迪·鲁伊纳承认，科学家的确不清楚自行车保持稳定状态所必需的简单、必要、充分的条件。科学家尝试打造具有稳定结构的自行车，避免自行车在行进中因失去平衡而倒下。从数学角度解释自行车的工作原理大约需要考虑25个变量，例如前叉与路面的角度、质量分布以及车轮尺寸。

在2011年之前，研究人员已经将这些变量简化为两方面。一方面是轨迹的长短，即前轮与地面交点和前叉与地面所成直线之间的距离；另一方面是陀螺恢复力，它作用于旋转的车轮上并实现车轮直立。

来自荷兰代尔夫特理工大学的阿伦德·施瓦布、来自威斯康星斯托特分校（位于梅诺莫尼）的吉姆·帕帕佐普洛斯以及鲁伊纳，不仅重新检查了其中的数学原理，而且对自行车原型中的轨迹和陀螺力做调整，甚至从技术上达到无法骑行的状态。出乎所有人意料的是，自行车仍然可以保持稳定的状态。

"要想真正了解自行车，需要一系列数学知识和部分脑科学知识。"帕帕佐普洛斯说道。自行车骑行者以极其复杂但又出于直觉的方式控制自行车在轨道上的平衡。举个例子，想要改变处于慢速行进状态的自行车的方向，此时车把起不到什么作用，不如直接用膝盖改变自行车的方向。

为什么用膝盖? "我们不清楚。" 施瓦布说道。有关自行车的谜团也许在我们搞清楚宇宙起源之后的很长一段时间里仍旧得不到解答。

为什么成年人容易眩晕而孩子不会？

显然，孩子们非常享受眩晕的感觉，看看公园里和操场上有多少孩子围在旋转平台四周。孩子需要通过这种刺激发展出健全的平衡系统，这对爬行、走路、直立等非常有必要，甚至有助于在晃动的船上保持平衡。

我们的平衡系统主要受三种感官的控制，在非常复杂的条件下达到平衡。内耳的前庭系统告诉我们头部的位置；眼睛告诉我们身体与外部环境的位置关系；本体感受器——肌肉和关节中的受体——帮助我们弄清楚身体在空间中的位置。如果我们眼睛看不见，这些感官尤为有用。但这些感官要素的发育和成熟并不同步。

前庭系统在婴儿满 6 个月时进入全面运行状态；本体感受器的发展需要 3 ~ 4 年，甚至更长的时间。视觉要素的发育在 16 岁左右完成。

旋转运动后感觉眩晕和恶心与晕动症类似，这是由大脑接收到上面提到的三种感官要素所提供的信息相互矛盾引起的。

当身体处于高速旋转状态时，前庭系统和本体感受器会有所察觉，但是眼睛无法定位范围。此时大脑会非常迫切地尝试解决这种冲突，因为人类是视觉动物，于是大脑认定其他感官传达的信息都出自幻觉，主要是由醉酒引起的，所以大脑下达指令以呕吐的方式将假定的毒药排出体外。

在多高的位置才能观察到地球的曲率？

地球的半径是 6373 千米，根据简单的三角形知识，假设你所在塔楼楼顶的高度为 h，那么能观察到的水平距离大约是（$2 \times 6373 \times h$）/2 千米。

有人说在英国的布莱克浦塔*上可以观察到地球的曲率，这恐怕不是真的。如果塔楼高 150 米，能观察到的水平距离大约为 44 千米，水平线距离真正地平线约 0.39 度。假设将 1 米长的棍子水平放置在前方 1 米处，似乎与水平线相交于棍子的中点，棍子两端大约比水平线高出 0.8 毫米，用肉眼很难看清楚。

简单来说，从地球表面的任何地方都无法清楚观察到曲率。洛克希德 U-2 侦察机和 SR-71 黑鸟侦察机的飞行员指出，只有在海拔大约 18 千米的地方，地球曲率才会变得清晰。协和式巡航飞机曾在这个海拔高度拍摄到地球曲率。此外，地球曲率可以通过海平面进行推算。举个例子，船只从底部开始向上逐渐消失在水平线上，好像船只沉入了大海一样。

---

* 布莱克浦塔位于英国兰开夏郡布莱克浦市内，是当地最为人熟知的标志性建筑，同时也是最受游客欢迎的旅游景点之一。外观模仿位于法国巴黎的埃菲尔铁塔，高 158.12 米，已经被列为英国一级历史建筑。（出版者注）

露水是如何产生的?

清晨的草坪上时而会点缀着闪闪发光的水滴，凑近观察一番，水滴好像非常不稳定地处在草叶尖端的位置。那么，到底是什么致使草坪"出汗"呢?

在植物学中这种现象被称为吐水。在蒸腾作用下，植物中的水分经由叶片上的气孔逐渐流失。植物根系从土壤中吸收无机离子，并将其转移至木质部，停留在木质部的无机离子不会再流回植物根系，水分经渗透作用被吸入木质部，在木质部中形成正压力。在正压力的作用下，木质部中的汁液从草叶尖端的气孔（排水器）或直接从叶子的切口外沁出来。当水滴达到一定程度会从草叶上下落，与此同时会形成新的水滴。吐水经常发生在夜晚时分，因为白天草叶中的水分流失通常足以维持木质部中的负压力。

在 115 个科 330 多个属的植物中都可以观察到吐水现象，比如在土豆、西红柿和草莓的叶片边缘都能观察到这种现象。分布在温带地区的植物如凤仙花、谷类作物、草类植物也都经常吐水。热带植物野芋每天单片叶子会溢出 200 毫升的水。

卡路里之间有分别吗？

如果你曾经考虑过减肥，想必对"好"卡路里和"坏"卡路里十分感兴趣吧？是不是有点儿想入非非了？

对于这个问题的回答不置可否。卡路里是一样的，限制饮食的热量，无论是脂肪的热量还是碳水化合物的热量，从减肥角度看都一样。或者身体将消耗性化合物转化为一般常见的化合物（比如醋酸盐），食物和转化物之间也没有区别，无论是蛋白质、脂肪，还是碳水化合物。

但是这并不意味着限制脂肪或碳水化合物的节食会让我们减肥成功。我们的身体对不同食物会有不同的反应，脂肪会让我们感到满足。限制摄入热量的总量并保持饮食均衡，才是节食减肥的最好方法。摄入的脂肪太少，你会经常感到肚子饿；摄入的碳水化合物太少，你会感到疲倦和身体虚弱。此外，务必要记住高蛋白、高脂肪的饮食会大幅度增加罹患心脏疾病的风险。

4月

能用科学的方法选择彩票号码吗?

在许多国家,彩票都是由6位数字构成的,大多数人买彩票的思路是随机选择6个数字。假设我们一直都买一组号,即从1到6,但中奖概率仍是一样的,不会发生变化。这是为什么呢?能否采用科学的方法挑选彩票号码呢?

人类大脑为了处理大量的数字会将其拆分成单个数字,所以假设一组数字中缺乏明显的规律,我们会认定这组数字与其他组数据本质上没什么区别。但凡一组数字中含有明显的规律,我们就会认定这组数字一定不会中奖,这是因为我们的大脑会认定它是特殊的、独一无二的、不符合正常逻辑的,不太可能成为中奖号码。

尽管从1到6这组彩票号码的获奖概率不会超过其他组数字,但是假如你真的把大奖抱回家,这组号码也许并不是最佳的选择。一些分析文章指出,如果头奖的中奖号码真的是由1到6构成的,那么会出现大约10000人平分头奖的情况,因为这些人也看透了人们喜欢给随机数字强加无用的逻辑,不过这些人没有预料的是有非常多的人想法相同,从而发生大家平分奖金的情况。

从这个角度看,随机选号可能还有一些合理的理由。选择他人不会选择的号码很可能是相对好的方法,现在很多网站都对一年中某几个月或某几周哪些数字出现次数最多或最少做了分析。你可以参考一下,或者直接忽略,请时刻记住抽奖是彻底随机的。

动物能认出自己吗?

动物能否认出镜子中的自己? 这仍旧是一个尚未彻底解答的问题。20 世纪 70 年代, 戈登·盖洛普利用实验对灵长目动物是否具有自我识别能力做了测试。他先麻醉黑猩猩, 然后用无毒的颜料在黑猩猩的脸上点缀一些圆点, 黑猩猩醒来时会得到一面镜子, 它们看到镜子里脸上的圆点会去触摸并试图擦干净。继盖洛普所做的实验之后, 许多研究人员在类人猿动物 (黑猩猩、倭黑猩猩、大猩猩、褐猿)、海豚、逆戟鲸, 甚至喜鹊中发现了它们具有自我识别能力的行为证据。

除了脸部的实验, 有些实验试图利用屏幕引导动物用上肢完成一些动作, 屏幕上会显示动物上肢的镜像图像。在实验过程中, 黑猩猩会观看屏幕, 根据画面反馈不断改变上肢的位置进行试错来完成任务。还有一些实验试图验证动物是否可以认出录像带图像、照片甚至影子中的自己。

以上所有实验显然都是给动物设计行为任务, 研究人员无法通过直接探知动物的大脑状态证明它们是否具有自我识别的能力, 所以一些研究人员仍持怀疑态度。猕猴和其他一些智力较低的灵长目动物还没有表现出与类人猿甚至人类类似的自我识别能力。在社交活动匮乏的生长环境中成长的类人猿似乎也不具备自我识别的能力。除此之外, 发展心理学家找到确凿的证据证明自我识别能力与共情能力密切相关, 甚至存在这两种能力本来是一回事的可能。顺便提一句, 人类通常是在 12 ~ 20 个月大的时候开始学会识别镜子中的自己的。

真有词穷的那一天吗？

有些人能掌握好几门外语，由此可见普通人大脑的存储容量仍有待进一步开发，剩余的存储空间充足。虽然单词的数量会受到一些结构性因素的制约，但同样具有进一步扩充的潜力。

一种语言中含有大量不同的发音（音素）。假设某种语言中含有的音素较少，往往单词会比较长。英语中有40多个音素，短的单词不占少数，而夏威夷语中只有13个音素，三四个音节的单词很多。对于某些语种来说，可以通过改变单词的长度扩充词汇量。

除了音素的数量，语言的音位配列规则对单词数量的限制更加明显，音位配列限制了音素可能排列的顺序。在英语中有以"sp"或"st"开头的单词，而在西班牙语中不存在这样的单词，单词"Español"是以元音发音开头的单词。在希腊语中有些单词以"pn"或"ps"开头，而这在英语中是不允许出现的，所以有些来自希腊语的英语单词首字母"p"不发音，例如"pneumatic"和"psychology"。

即使依照既有的构词原则，我们也等不到词穷的那一天。假设我们严格限制单词只能以辅音—元音—辅音的形式出现，例如"snizz"或"whask"，加之不考虑音调和重读，可能会导致英文单词数量有所减少，不过符合要求的单词不胜枚举。

可以出现在单词开头的辅音（包括辅音组合，例如"tr""sk"等）超过50个，单个辅音与10多个元音组合就会出现单词"rad""raid""red""rid""ride""rude""rod""reed""road"以及不是单词的字母组合"roid""rould"等。

可以出现在单词末尾的辅音（包括辅音组合，例如"rt""lk"等）超过40个，这意味着至少有20000（50×10×40）种单音节组合。即使我们限制每个单词中只能含有两个音节，也会得到4亿多个单词。

为什么鸟和蝙蝠的栖息方式不同？

这是因为鸟习惯站立，而蝙蝠习惯倒挂，还是有其他原因？

人们对蝙蝠可能有误解，误认为它们无法站着起飞，因为为了实现更高效的起飞，它们的后肢骨骼和肌肉已经严重退化。实际上，蝙蝠可以通过拍打尾膜实现站立起飞。假设蝙蝠在地面上筑巢，以这种笨拙的方式起飞非常容易遭到捕食者的攻击，所以，为了实现从巢穴倒挂着起飞，蝙蝠需要找到更合适的地方筑巢。

躲避捕食者只是解释鸟和蝙蝠栖息方式不同的原因之一。蝙蝠具有非常优越的特技飞行能力。蝙蝠在飞行过程中可以上下翻转，伺机从下面抓住一些物体进入接近静止的状态。这意味着蝙蝠可以垄断洞穴的顶棚以及其他一些鸟类无法栖息的地方。假设鸟和蝙蝠重量差不多，但是蝙蝠的膜翼比鸟的翅膀大很多，所以行动更加灵活。虽然鸟的翅膀和蝙蝠的膜翼都是由手臂进化而来的，但是骨骼只存在于鸟类翅膀的前端，而蝙蝠的指骨向外延伸直至膜翼末端，可以实现更灵活地控制。

鸟不及蝙蝠灵活，所以只能选择一些相对容易进入的地方筑巢。这也解释了为什么鸟不会像人类一样睡觉，为了时刻对捕食者保持警惕，并尽可能避免从树上掉下来，它们会让大脑轮流休息。

不过，有些鸟会像蝙蝠一样倒挂在树上，例如短尾鹦鹉。由于特殊的身体构造，这种动物在静止休息时，足踝距离爪子非常近，所以能够尽可能地保存体力。即使蝙蝠在睡眠状态发生死亡，也不会自动跌落下来。

为什么当铝箔接触牙齿填充物时会让人感到疼痛？

如果你有一口好牙，恭喜你不必经历这种不太好的体验。不过有些人曾因牙齿损伤而填充过金属汞，他们肯定能明白这种感觉。

当口腔中产生大量唾液时，取一点铝箔并置于龋齿的填充物上，接着咬住铝箔，你可能会瞬间疼到跳起来。当铝箔与牙齿填充物接触时，你会先感到有点儿刺痛，接着会觉得真的很痛。

这是因为两种不同的金属在导电液体的作用下，电流会在金属之间发生流动，与此同时会刺激神经。这里两种不同的金属分别为牙齿中的填充物汞和铝箔，而汞和铝箔之间薄薄的一层唾液含有多种盐，是名副其实的电解质，作为导电液体，它导致牙齿和填充物之间发生电流流动。填充物通常距离牙齿神经较近，所以在电流的刺激下引发疼痛。

路易吉·伽伐尼于 1762 年首次发现了两种不同金属、电解质之间发生的反应，他将不同金属的探针插入青蛙腿后，青蛙腿会发生抽动，利用青蛙腿中的神经验证反应的存在。通过唾液和牙齿填充物验证是一种更人道的方式，不过当事人应该不会同意。

用全宇宙的水能把太阳熄灭吗？

燃烧是一种化学反应，要想促成燃烧反应的发生必须具备三大条件：第一，热能源（比如用来点燃蜡烛的火柴）；第二，可燃物（蜡烛中的蜡）；第三，氧气（空气中含大量氧气）。倘若缺少任何一个条件，火焰就会熄灭。

用水灭火行之有效，水不仅可以带走热量，而且可以起到隔绝空气的作用。不过太阳燃烧不似蜡烛燃烧那般简单，不能把太阳理解为大号的蜡烛。太阳是一颗巨大的等离子球体，用燃烧描述太阳发生的反应并不确切。实际上，太阳一直在发生核聚变反应，太阳核心有高压高热，促使氢原子核融合成为更大的氦原子核，释放大量能量，地球获得了适宜的温度。

用厚厚的一层水盖住太阳对熄灭太阳没有太大帮助，水虽然会立刻带走一些热量，但是会增加太阳的质量，从而加剧太阳内核的压力，加快核聚变的反应速率。甚至水分子（由氢原子和氧原子组成）可能在高温的作用下分裂成原子核，变成聚变燃料加剧核聚变。因此，太阳的反应会变得更加猛烈。

假设把全宇宙的水都倒在太阳上呢？严格来说，倒的是冰，不是水，因为宇宙空间温度低，水几乎都以固态存在。从理论上讲，如果可以倾倒与太阳质量相同的冰块，太阳将很快耗尽所有燃料，发生毁灭性的大爆炸，爆炸程度不逊于超新星爆炸，爆炸将会摧毁地球，只剩下一个密度极大的中子星，甚至黑洞，我觉得这也算是某种程度熄灭了太阳吧。总而言之，向太阳泼水会严重干扰我们的太阳系。

Aero 气泡巧克力中为什么有气泡?

Aero(知名巧克力品牌)巧克力*的基质中大约有 2200 个气泡,雀巢朗特里公司一直严防死守,阻止这种独特的气泡生成工艺被泄露。虽然世人无法确切知晓秘密工艺的细节,但是我们能从 1935 年朗特里在英国申请的专利 GB 459583 中找到些许线索。

巧克力经加热呈液体或者接近液体的状态时会出现很多气泡,与此类似,用搅拌器搅动巧克力也会产生大量微小的气泡。将巧克力液倒入模具,随着巧克力逐渐冷却,气压会降低,低气压会促使微小的气泡生成并留下痕迹。在模具中先放入用于给巧克力棒涂层的固体巧克力,再倒入有气泡的巧克力液。

我们从专利中无法知晓在生产过程中如何防止气泡上升至巧克力表面,不过通过控制巧克力液的黏度和冷却速率大概可以实现。

专利文件中含有大量技术信息,所以有人提议在专利文件中应公开 80% 的技术参数。你可以在英国专利局(现为英国知识产权局)的网站上浏览并打印 GB 459583,你也可以通过网站上的接口进入欧洲专利局的数据库进行搜索。《新科学家》的两位读者发现了另外一个专利 GB 459582,与上文所述专利都由朗特里公司在同一天提交,在这个专利中包含关于 Aero 概念的论述。巧克力生产商清楚地知道其中的内容,哈奇基扬曾表示在提交专利前 8 天它们注册了商标 Aero。英国专利自提交之日起有效期为 20 年,专利可能会到期,不过 Aero 作为注册商标依旧具有法律效力。

---

* Aero 是雀巢旗下的气泡巧克力品牌,用充气工艺的方式赋予巧克力更丰富的口感。为了能让消费者一眼明白这款巧克力的与众不同,Aero 在包装上画上了大小不一的气泡。Aero 气泡巧克力有焦糖、橘子、薄荷等多种口味,并针对不同消费场景推出了巧克力棒、分享袋、礼品装等包装。(出版者注)

在失重状态下生活会怎样？

在空间站上生活恐怕对身体没有好处。根据爱因斯坦的理论可知，在失重状态下我们的移动速度会有所提升，并得益于时间延缓效应，不过6个月的时间将变成7微秒，这种变化不利于对抗肌肉萎缩和骨质疏松——两大衰老信号。如果冒险穿过范艾仑辐射带或进入范艾仑辐射带之外的轨道，将会遭遇宇宙射线和太阳风带来的大量电离辐射。

在失重状态下有一点可能会引起大家的兴趣，我们可能会摆脱皱纹的困扰。重力作用消失，身体生长在方向上不再受到制约，四肢和头部特征不再明显，身体最终发育成由脂肪、水、多孔骨骼构成的集合体。

地球上低纬度地区的人长期暴露在太阳光下，即使年轻人也会有皱纹，不过没必要去太空摆脱皱纹，因为地球上的重力并不是导致皱纹的主要原因。为了适应脂肪的堆积或肌肉组织的生长，皮下纤维会出现损伤，支撑力不足，皮肤自然会发生下陷。重力仅仅对我们的身体结构产生影响，不能将身体长期经历的组织损伤归咎于重力作用，就好像我们不能将肥胖都归咎于食物一样。

为什么蜂蜜会结晶？

养蜂人都知道，不同的蜂蜜具有不同的性状。蜂蜜是由多种比例不一的糖混合而成的高饱和溶液，其中含有蜂蜜的鳞片、花粉颗粒和有机分子，这些成分或有利于或不利于结晶。葡萄糖容易结晶，果糖喜欢待在溶液里。芦荟蜜富含葡萄糖和颗粒物质，所以易结晶，而一些桉树蜜可以长年保持液体状态，甜味也不会发生改变。

结晶可以自发形成，大量分子聚集在一起就会形成结晶核。有些糖的分子容易聚集，有些糖反之。结晶也可以由其他因素导致，通常在微生物、局部干燥，以及氧化等其他化学反应的作用下形成结晶核。

如果将晶体置入蜂蜜，或者猛烈摇晃蜂蜜，让大量空气混入，可以人为地让蜂蜜结晶。以此工艺制成的蜂蜜称为微晶蜂蜜。微晶蜂蜜中的糖浆比原始的蜂蜜流动性好，不那么甜，这是因为糖分集中分布在晶体中。用微波炉慢慢加热微晶蜂蜜直至溶解，你会惊讶地发现溶解之后的蜂蜜比之前甜好多。

为什么我们喜欢闪闪发光的东西？

用来解答这个问题的论据难免会带有推测的成分，不过有一点非常明显，我们客观地表达对某件物品的喜爱之情时，通常从光泽度、清洁度和清晰的轮廓等方面着手。我们赞美伙伴、伴侣和对手时，会用明眸皓齿、富有光泽的皮肤或秀发表现他们拥有健康的体魄和良好的身体素质。我们小时候都会喜欢看颜色鲜艳、对比强烈的物体以及明亮的光线。

艺术创作可以被视作一种游戏行为，艺术创作得益于我们的身心发育，成年人的感官会捕捉更多能对心理系统造成刺激的表现形式，而创造力表现在能对心理系统造成强烈刺激的多个方面。

闪闪发光的东西是一种强烈且独特的刺激，甚至可以作为社交信号或交流信号，看不懂艺术的生物也可以接收到这种信号。这种强烈的信号在解剖学或生物学上有所体现，比如孔雀的尾巴，或者人类会收集孔雀的羽毛制成装饰品。而我们之所以喜欢演讲，是因为我们享受在更广阔的环境中语言交流带来的强烈刺激。

为什么锻炼之后的几天里会感到肌肉酸痛？

在健身时我们需要循序渐进地进行肌肉锻炼，以达到我们预期的效果。持续的超负荷运动（通常采取增加推举负重或连续几天增加跑步距离的方式）会撕裂肌纤维。在逐步超负荷运动／修复的周期中，锻炼第二天我们会感到肌肉有点儿酸痛。

延迟性肌肉酸痛一般发生在运动强度突然增加之后，更多肌纤维发生撕裂，并非撕裂程度加大。在这种情况下，发生撕裂的组织需要更长的时间进行修复，因为组织以垂直的方式修补受损伤的部位。新生的组织形成后，我们重新激活并拉伸柔韧性相对较差的新肌肉时，会发生延迟性肌肉酸痛，直到新生的肌肉具备一定的力量和灵活性，酸痛才会消失。

酸痛感通常在运动后的 24 小时发生，两天内达到峰值，接下来会逐渐消失。所以在运动后 24 ~ 48 小时内肌肉会发生肿胀变得酸痛僵硬，从而限制活动范围，甚至会感到肌无力。

∽ 4月12日 ∽

被困流沙中该怎么办？

沙滩上厚厚的沙子具有膨胀特性，你在其中动得越猛烈陷得越深，你静止不动反而会好。不过这种令人费解的材料曾深受电影导演的喜爱，可以用来拍摄陷入流沙的场景。人挣扎得越剧烈，沙子会越紧地困住他。现在我们只用玉米面粉和水就能模拟好莱坞大制作的场景。

在中等大小的金属碗中将300克玉米面粉和250毫升水混合，充分搅拌。搅拌停止后你会发现混合物变回液体并具有流动性。再用力搅拌，液体会再次变稠。缓慢将手指或勺子伸入混合物中，如果手法足够轻，不会对液体产生太大影响，不过当你快速抽出手指或拿走勺子的一瞬间，液体会立刻变稠。用手指快速搅动混合物，你能从中挖出一个小球。如果松开手指，停止搅动，小球很快就会变回液体。接着用小锤敲击金属碗（这就是准备金属碗的理由），如果敲击恰到好处，混合物会分散开，甚至会发生液化并汇集起来，这让我们不禁会联想到《终结者2：审判日》*中液体机器人变身的场景。或许你可以取一些混合物并投掷在室外的墙上，你也可以见证这一过程，当然，这样做会弄脏墙面。

你刚才制备的混合物是一种胀流型流体，或称剪切增稠液。流体的表观黏度随剪切速度或外力的增加而增加。想必你已经注意到，施加的力越大，变形的阻力越大，这是因为混合物在力的作用下形成了更加稳定的结构。在正常状态下，液体中的颗粒物以松散的结构排列，而外力会促使其组织方式发生改变，聚集在一起。当外力消失时，会重新恢复成松散的结构。

随着对剪切增稠液的研究逐渐深入，一种新型的智能材料得以开发，智能材料可以响应周围环境的变化。比如军队的科研人员尝试用多种剪切增稠液处理布料，当子弹击中制服时，在子弹的冲击力作用下布料会立刻变硬挺，阻止子弹击穿制服。当恢复正常状态时，制服的布料又会像其他衣服布料一样柔软。

所以，如果你陷入流沙中，切记一定要不慌不忙地采取慢动作，就好像放慢的蛙泳动作一样，而不是快速蹬腿和摆臂，这样一定会成功脱险。

---

* 《终结者2：审判日》是由詹姆斯·卡梅隆执导的科幻动作片，阿诺·施瓦辛格领衔主演。其中邪恶派的液体机器人能够快速自由恢复，很难被消灭。（出版者注）

苍蝇为什么撞到玻璃上而不受伤?

虽然苍蝇在撞上玻璃时在我们看来它飞得很快,实际上这是由于它体形小导致我们出现了视觉错觉。家蝇的飞行速度最快约 2 米 / 秒,绿头苍蝇的飞行速度约 2.5 米 / 秒,假设家蝇重 12 毫克,绿头苍蝇重 50 毫克,它们撞击窗户玻璃时产生的冲击力比体重 70 千克步行速度 5 千米每小时(约 1.4 米每秒)的人对玻璃推拉门产生的冲击力低 6 个数量级。

撞击时的动能与质量和速度的平方成正比,所以人类头部撞击玻璃的冲击力是苍蝇身体质量的 40 万 ~ 300 万倍。如果昆虫想要达到步行的人对玻璃造成的冲击力,其飞行速度必须达到 0.6 万 ~ 1.2 万千米 / 时,如果想要达到跑步的人对玻璃造成的冲击力,那么飞行速度需要达到更高的水平。

另外,苍蝇的甲壳质外壳坚硬,不易受损,起到保护身体的作用。苍蝇全身各个部位以及关节中的甲壳质可以将身体的冲击力转移至关节,自身可以排解冲击力。

甲壳质的化学属性和机械属性与人类指甲中的角蛋白相似,所以苍蝇撞击玻璃不会受伤的原理与我们快速弹指球时指甲不会受伤的原理一样。

不过,如果是撞到快速运动的玻璃上则是另外一回事了。汽车以适当的速度在高速公路上向前行进,挡风玻璃运动的速度比苍蝇快 30 倍。苍蝇的质量与汽车的速度相比可以忽略不计,利用上文提到的关系式可得,撞击时的动能会达到 1000 倍左右,实际上苍蝇吸收所有动能,在挡风玻璃上留下一道红色印迹。

铁能爆炸吗?

如果想将泰坦尼克号*从4千米深的海底打捞上来时,一定要十分小心,因为船体的铸铁残片在离开水面时可能会发生爆炸。这是为什么呢?

第一,铸铁表面之下有大量小气孔;第二,铸铁的延展性较差,它一般不会发生变形,而是直接断裂;第三,铸铁是一种非均质的材料,其中含有4.5%的碳、许多硅和锰,以及硫和磷等,主要组成相是石墨、辉银矿、铁素体。这三点与爆炸密切相关。

铸铁浸于海水中,海水中的电解质开始腐蚀铸铁表面,会产生离子或原子态的氢,氢离子或氢原子会通过铁素体的晶体结构扩散,并聚集在小气孔中形成氢分子,小气孔中的压力变大。

这种电解过程发生于海底压力较大的环境下,所以小气孔中气体的压力也很大,与小气孔外海水的压力可以达到平衡状态。从海里将铸铁捞起时,铸铁外部的压力消失,小气孔中的气体压力相对较大。所以铸铁轻则出现裂缝,重则直接爆炸成碎片。

---

* 泰坦尼克号,1909年开始动工建造,1911年5月31日下水,1912年4月2日完工试航,是当时世界上体积最庞大、内部设施最豪华的客运轮船,有"永不沉没"的美誉。然而不幸的是,1912年4月14日在它的处女航中,泰坦尼克号与冰山相撞后沉入大西洋底,1517人丧生,其残骸直至1985年才被发现。(出版者注)

为什么鸟类喜欢在黎明时分鸣叫？

在某些人听来云雀的歌声是叫醒清晨的美妙音乐，而对于想再睡一会儿懒觉的人来说，这实在是一种恼人的声音。

鸟类鸣叫主要是为了实现远距离交流，用于提醒对方领地范围，或进行社交沟通。鸣叫是同种鸟之间进行交流的主要方式，比如一只乌鸫通过鸣叫会吸引其他乌鸫，并不是为了吸引鸦。当鸟类协调集体活动时，比如在短途飞行或觅食期间，为了安排夜间停留或准备集体飞行时，鸟类通过鸣叫来进行沟通。

与其他任何形式的交流一样，鸟类在鸣叫需要消耗大量的能量，而且需要有一定的频率范围。鸟类的鸣叫主要受到背景噪声和传播介质的影响，在这里传播介质是指空气。在清晨和傍晚时分，空气中的扰动较少，噪声较小。低纬度地区温度相对较低，有利于清晰地传播声音。有些鸟类通常会在黄昏觅食，所以选择在这个时间段交流更节省体力。

一些鸟的领地相对固定，所以每种鸟会在不同的时间段鸣叫，这样可以避免在没有同类鸟在场或是属于其他物种的时段浪费精力。在理想情况下，雄鸟鸣叫时大概在说："如果你是雄鸟，请勿靠近！如果你是雌鸟，那请到我这里来吧！"而当其他种类的鸟开始鸣叫时，这只雄鸟就已经飞走去捉虫子去了，虫子肯定听不懂鸟类的歌声，这点毋庸置疑。

人为什么会产生幻觉？

人类主要通过视觉和听觉捕捉环境信息，将所有信息汇聚于大脑。通常大脑对信息的处理发生于感官捕捉信息之后，不过，当你遭遇危险时两者会迅速处理完成，人类在进化过程中已经能够快速定位获取信息的感官，并整合处理信息确保对危险做出迅速反应。

瑞典斯德哥尔摩卡罗林斯卡研究院的研究人员使用大脑扫描仪研究了源于身体之外的一些幻觉。他们发现大脑的后扣带皮层可以将某个部位的感觉与身体联系起来，这解释了为什么你会认为所有感觉都汇集在大脑里，而感觉匮乏会让你改变想法。人们失去对感觉的察觉能力时仍旧能意识到感觉错乱的发生，仿佛可以获得一种超脱身体之外的感受，所思所想不再受到大脑的控制。滥用药物或酷刑会导致人们产生这样的幻觉。

地球上所有地方接收到的太阳辐射量都一样吗?

看起来地球上所有地点都应该接收到相同的太阳辐射量,因为都是夏季接收到的辐射量大,冬季接收到的辐射量小,所以一年接收到的太阳总辐射量应保持一致。但实际上这种情况只会发生在围绕太阳在圆形轨道运动的球形天体上。

首先,地球的公转轨道并非是标准的圆形。由开普勒第三定律 * 可知,地球靠近太阳时运行速度加快,远离太阳时运行速度减慢。地球在 1 月通过近日点,所以当北半球处于冬季时,地球的移动速度加快。除此之外,从秋分到春分比从春分到秋分少 3 天,这一点也证明了北半球的冬季要相对短一些,夏季则会长一些。

这样一来,北半球因为夏季持续的时间略长,接收的太阳辐射量也略多于南半球,北纬 50° 每年会增加 6 小时的辐射量,高纬度则获取更多的太阳光照。

其次,太阳光线通过大气时会发生折射,在太阳落山时我们仍然能看到太阳光线就是因为这一点。更确切地讲,当太阳处于地平线之下且与地平线成 0.5° 角时才算是日落。在赤道地区,当日照时长超过 12 小时时,每天会产生约 4 分钟的太阳辐射量差异。

这给地球上的人们带来更多的光照,尤其在太阳轨迹与地平线所成小交角范围内。小交角的存在意味着太阳需要花费更长的时间才能与地平线成 0.5°。因此北半球和南半球的高纬度地区会获得更多的太阳辐射。在南北纬 50° 的地区,当日照时长超过 12 小时时,每天会导致多增加 8 分钟的太阳辐射量,平均每年会增加 36 小时的太阳辐射量。

---

* 开普勒第三定律也叫行星运动定律。其常见表述是:绕以太阳为焦点的椭圆轨道运行的所有行星,其各自椭圆轨道半长轴的立方与周期的平方之比是一个常量。开普勒第三定律为经典力学的建立、牛顿的万有引力定律的发现,都做出重要的提示。(出版者注)

如何计算植物开花的时间？

众所周知，植物的生长离不开光的作用，大多数植物在一年中的不同时间段以不同的方式不停生长，尤其是分布在温带地区的植物。这被称为光周期现象，温带地区的植物以此可以控制长出新叶子的时间，并选择在秋季何时让树叶凋落。

实际上，起到关键作用的不是日照时长，而是连续无光的时长，即夜晚的时长。植物会在夜间产生一种名为光敏色素的感光蛋白复合物，光敏色素的含量直接影响植物秋季休眠和春季萌芽的时间。夜间即使昏暗的电灯光线也会扰乱植物的生物钟。我们可以观察一下在路灯旁边栽种的树木，当秋季树木开始进入休眠期时，越靠近路灯的叶子越晚掉落。

早在 20 世纪 20 年代，植物学家怀特曼·威尔斯·加纳和哈里·阿德尔·阿拉德提出了日照时长是影响植物光周期现象的主要因素。而当人们发现连续的无光时长才是主要因素时，植物已经被打上了"长日照植物""短日照植物""中日照植物"的标签。比如菊花是一种短日照植物，只有当夜间无光时长达到某一临界值时才能开花。以前园艺师为了推迟开花的时间，会保持温室内整夜灯火通明。后来发现只要给予植物短暂的光照，植物就能开花。

在植物的种子中也能发现光敏色素，这有助于种子通过光照感知生根、发芽的正确方向。种子能够通过光线强度计算埋在土里的深度，甚至能够察觉枝头上有多少叶子来推迟发芽时间。

海拔高度是多少的地方最适宜举办田径赛？

海拔高度对跑步的影响主要体现在两方面。一方面，不过多考虑其他限制条件，对抗空气阻力所需的能量与速度的立方相关，而且与空气密度正相关。在高速状态下，空气阻力的作用十分明显，高纬度地区空气稀薄，空气密度小，空气阻力也相应减小。

另一方面，海拔高度对跑步选手吸入氧气量的多寡有影响，空气稀薄会导致氧气摄入量减少。在最后不到 20 秒的不间断冲刺过程中，大部分能量源于不需要氧参与反应的糖酵解，肌肉分解碳水化合物无须大量氧气参与。所以在高纬度地区，跑步选手在冲刺阶段的速度会更快。时长超过 1 分钟，高纬度的优势将不再明显，此时跑步选手主要依靠有氧呼吸维持速度。

400 米田径比赛介于短跑和长跑之间。一项发表于 1991 年《应用生理学杂志》的研究指出，举办 400 米田径比赛的场地最好处于 2400 ~ 2500 米的海拔高度。实际上，长时间未被打破的一项世界纪录是李·埃文斯于 1968 年墨西哥城奥运会中创造的 400 米跑步世界纪录 *。墨西哥城的海拔高度约为 2250 米，空气密度小，大气压力小，约为 77.326 千帕，一般海平面的大气压力为 101.325 千帕。在这样的地方你虽然无法按照常规操作煮茶，因为水的沸点是 92℃，不是 100℃，但是可以跑得更快。

---

* 李·埃文斯在 1968 年墨西哥城奥运会上获得了男子 400 米的金牌，当时的夺冠成绩是 43 秒 86，打破了世界纪录。（出版者注）

为什么切洋葱时会流眼泪？

洋葱和大蒜中都能含有多种含硫氨基的衍生物。当我们切洋葱时，其中的 S-1- 丙烯基 -L- 半胱氨酸化合物在酶的作用下分解成具有挥发性的硫代丙醛 -S- 氧化物，这种刺激性物质具有催泪的作用。

当硫代丙醛 -S- 氧化物遇水，更具体地说是眼睛中的水时，这种具有刺激性作用的物质会水解成丙醇、硫酸和氯化氢，于是眼睛分泌泪水试图起到稀释作用，也正是这些物质在加热的作用下，比如炒洋葱的时候，能够挥发出好闻的气味。

如何防止在切洋葱的时候流眼泪呢？最显而易见的方法是尽可能远离洋葱挥发出来的刺激物，或者利用嘴呼吸，减少刺激物与眼睛接触的机会。吸气时，刺激物随气流直接进入肺部；呼气时，刺激物随气流远离脸部，由此可以避免刺激物随气流向上到达鼻子和眼睛。

你可以轻轻咬住一个金属勺，方便用嘴呼吸，当我们张开嘴时，方便气流进出，身体机制自动会选择用嘴呼吸，而不是用鼻子呼吸。你也可以尝试戴护目镜，不过看起来稍微有点儿好笑。

为什么从远处看物体会觉得颜色变了？

这种视觉现象源于空气透视，这是风景画家压箱底的作画技巧之一。将白色颜料混入其他颜色，调和色彩强度，营造远处物体在大气影响下呈现的朦胧效果，比如远山通常带有些许蓝色或紫色。在风景画中，明快的颜色，如红色和黄色，最好应用于近景，而蓝灰色等其他色度较弱的颜色适合用于远景以营造空间纵深感。当然，野兽派画家并没有根据这些规则作画，与现实主义画派相比，野兽派更喜欢用浓烈的色彩，画作的视觉效果同样令人赞叹。

另一个让人感觉远处物体发生颜色改变的原因是，我们视野中心有一小块蓝色盲区。当远处的物体较小时，比如从网球场一端看另外一端的网球时，觉得网球好像一个小圆点，此时我们能否辨认出不同的颜色取决于其所含蓝色是否可以辨认。在这种情况下，白色和黄色差异不明显，红色和品红色、蓝色和黑色亦不明显。

过去人们可能不了解这些科学知识，其实很多流传下来的惯例早已对此进行了应用，比如海军信号旗*，设计者根据一定色彩规则设计信号旗，以便不会给从远处观察旗语的人造成困扰。与此类似的还有纹章的色彩搭配，一般前景和背景不会采用黄白的组合或蓝黑的组合，等等。

---

* 信号旗是海军用于视觉通信的旗帜，是国际间共同的通信旗帜，由各种不同颜色的旗纱缝制而成。有长方形、燕尾形、三角形和梯形等 4 种形状，分红、黄、蓝、白、黑 5 种颜色，每面旗子以不同形状、颜色和图案构成。（出版者注）

最大的雨滴能有多大？

　　水滴内分子之间各个方向受力均等，分子之间的吸引力会促使水滴从液体中分离出来并呈球形。表面的分子同时受到内部分子和周围分子的作用，从而形成表面张力，足以支撑从上面爬过的昆虫。

　　当水滴变大时，本来就微弱的表面张力逐渐无法维持水滴球形的形态，水滴的形状发生改变。这意味着直径小于 2 毫米的雨滴呈球形，而再大一些的雨滴会像汉堡一样，顶圆底平。雨滴在下落过程中受到空气阻力的影响，加之黏度较低，于是雨滴一般会在直径 5 毫米时发生分离。

　　根据记录显示，直径 8.8 ~ 10 毫米的雨滴于前几年出现了两次。一次是研究机在巴西上空的浓积云中测定的，在大量上升气流的影响下大气对流运动剧烈。据悉，当时地表森林发生火灾，于是水附着在烟尘粒子上构成水滴。另一次出现在密克罗尼西亚马绍尔群岛上空，海上空气清新，随着大量雨滴在云层的狭小区域中积聚且发生相互作用，因此形成了大雨滴。不过，大雨滴不会完好无损地降落到地面，在空气阻力的作用下，大雨滴会随时分解成小雨滴。

为什么飞机上是圆形的小窗户？

飞机上的窗户之所以设计得又圆又小是出于对安全因素的考量。第一批以喷射引擎为动力的民用飞机——德哈维兰彗星客机配置有巨大的矩形景观窗，窗外景色可尽收眼底。不过投入使用没几年，飞机在航行过程中发生了解体。

德·哈维兰为了弄清楚飞机解体的原因，将飞机置入大型水箱中，通过反复加压减压模拟飞行环境对飞机造成的影响。在水箱中的几周时间内，通过压力循环实验模拟了飞机飞行两年所遭受的压力损伤，发现一扇大型玻璃顶角处的损伤引发了严重的机身解体。因此必须重新设计窗户，在飞机底部配置圆形的小窗户可避免飞机解体，这种窗户一直沿用到今天。

应力集中可以解释这一现象，用胶带和剪刀可以亲自验证。如果想直接撕下一块胶带，会很费劲，倘若用剪子的尖端在胶带上划一下，会变得容易很多。当物体存在裂缝时，所有应力会集中分布于裂缝周围，若裂缝处有尖角，则尖角处所受应力较大。因此，即使施加的力不大，裂缝也能将力向周围传导。如果你在胶带中间打一个孔，你会发现并不会变得好撕，因为圆孔可以向四周均匀地分解受力。

睡眠可以补回来吗？

睡眠主要受到两种机制的影响，其一为睡眠驱动，也称为睡眠压力，清醒状态持续时间越长，睡眠压力越大。如果前一天一夜未眠，第二天会产生迫不及待想睡觉的生理需求。只要打个盹儿，睡眠驱动就会得到缓解。

从醒来的那一刻起，疲惫感并不会逐渐加剧，比如人们通常会感觉晚上 8 点比下午 4 点清醒，这是因为睡眠 / 清醒模式同样受到大脑中生物钟的影响。大脑中的生物钟会释放警报信号，白天的时候信号强烈，以抵消睡眠驱动。当逐渐临近睡眠时间时，信号失灵，睡眠驱动向我们袭来。

当我们处于睡眠状态时，睡眠驱动消失，醒来时我们可以感到神清气爽。在理想状态下，我们可以自然醒，不需要闹钟叫醒。被闹钟叫醒，意味着睡眠不足，困意逐渐累积，会让人感到越来越疲乏。据统计，睡眠严重不足会引发体重增加、记忆损伤，甚至心脏病、中风等不良后果。

所以我们要争取尽早补足睡眠。在一项研究中，研究人员连续 6 天跟踪调查了每天仅睡 4 小时的学生，发现学生体内有胰岛素抵抗分泌，血压增高，压力激素皮质醇增多，而这种激素的抗体在数量上仅为平时的一半。而当学生补足之前缺失的几小时睡眠时，所有负面影响得到了缓解。即便如此，部分人始终认为这种短时的修复性睡眠无法缓解因长期规律性的睡眠不足引起的长期累积的健康问题。

有时候我们在晚上不得不保持清醒，比如倒班和倒时差，这会严重破坏体内的生物钟，也会危害身体健康。虽然睡眠很规律，但是时间段不对，同样会引发过度肥胖，甚至糖尿病和癌症等其他疾病。假后返工时差，也就是假期结束返回工作岗位时出现的睡眠不足现象，同样会引发身体健康损伤，和倒班一样。对健康最有益的解决办法始终是早睡。

～ 4 月 25 日 ～

马铃薯有毒吗？

小时候大人告诉我们，马铃薯放置时间久了，千万不要食用表面出现的绿色斑点，这是为什么呢？实际上，绿色源于叶绿素，叶绿素是无毒的，不过这可以提示马铃薯中茄碱含量有所激增。如果马铃薯表面都呈绿色，最好不要食用。与此类似，马铃薯得了晚疫病，表面出现黑色纹理，或者发芽，最好也不要食用。

马铃薯与番茄、灯笼椒、茄子、烟草和颠茄都属于茄科植物。茄科植物的特点是能够在叶子、根和果实中产生有毒的生物碱，如茄碱。由于茄碱不溶于水，因此无法通过浸泡马铃薯将其除去，也无法通过烹饪手段将其破坏。

马铃薯暴露于太阳光下，为了保护自身，谨防被前来觅食的动物吃掉，其茄碱含量会有所增加，形成一种天然的保护机制，促进植物繁衍和新生。茄碱赋予马铃薯苦味，并抑制神经递质乙酰胆碱的作用。这会导致口干、口渴和心悸。倘若茄碱含量高，可引起谵妄、幻觉和瘫痪。

在可食用的植物中，高浓度的糖苷生物碱出现在叶子、芽和果实中不可食用。马铃薯块茎应始终储存在阴凉、干燥和黑暗的地方，因为暴露在光线下的马铃薯可能会产生人类无法承受的高浓度糖苷生物碱，表现为陈年马铃薯表面呈绿色。

有人提出假设，如果马铃薯今天被引入欧洲，而不是在 16 世纪，欧盟会根据的新食品法规（EC）258197 禁止马铃薯进入。新食品法规要求，所有在 1997 年 5 月之前在欧盟地区没有食用历史的食品都必须接受上市前的安全检查。检查的重要性在美国得到了戏剧性的证明，一名男子几乎死于 1964 年引入的品种，而当时没有进行糖苷生物碱筛查。

为什么皮肤长时间泡在水中会起皱?

如果你刚游完泳,或泡了很长时间的澡,手指指尖皮肤会起皱,这到底是怎么回事呢?

手指和脚趾的指尖处皮肤较厚且粗糙,经长时间浸泡后,因吸收水分而膨胀,不过膨胀空间不足,所以皮肤会起皱。

其他部位的皮肤不会起皱,是因为皮肤表面有一层防水角蛋白,既可防止水分流失,又可抑制水分吸收。而手和脚的皮肤,尤其是手指和脚趾处的皮肤,因长时间的摩擦,角蛋白发生磨损,于是水渗透穿过角蛋白细胞,引发皮肤膨胀。

2011年的一项研究表明,指尖褶皱会形成一定的纹路,这些纹路有助于水从指尖流走,类似于轮胎上的纹路。科学家认为这可能是一种适应性反应,以便我们在水下有更好的抓地能力。

1 光年外的相机能记录过去吗？

如果将一台相机放置在距离地球 1 光年的地方，而且清晰度足够好，可以用来查看 1 年前地球上发生的事吗？如果可以的话，将一系列相机置于适当的位置，是否可以记录我们的过去，捕捉地球历史上的重大事件呢？

这个想法很酷，从理论上讲，是的，一台距离地球 1 光年的相机确实可以记录 1 年前地球上发生的事件。当然，由于它需要通过无线电波将信息传回地球，无线电波以光速传播，因此需要 1 年的时间图像才能传回地球。

真正的问题是如何将相机摆放在距离地球 1 光年的位置，将相机发射到指定位置的最快速度不及光速。即使以光速发射相机，相机也永远不会捕捉到早已离开地球的光线，相机只能捕捉在其发射后地球上的图像。换句话说，这相当于采用一种精心设计且价值不菲的技术手段记录现在所发生的事，不过这在某种程度上意味着 1 年后才能查看结果，而用地球上的相机记录现在更方便，无须等待 1 年再查看。

我们无法用相机捕捉过去任何时候离开地球的光线，假设 50 光年之外存在一个黑洞，周围毫无气体和尘埃，那么原则上我们可以看到来自地球的光线在黑洞周围发生扭曲。这是因为黑洞的引力将光线扭曲 180° 后再传送给我们，我们由此看到过去一百年所发生的事，恐怕这很难实现。

除此之外，生产一台分辨率符合要求的相机绝非易事。研发一款具有百万像素的传感器，或者一卷颗粒足够小的胶片不容易，最棘手的要数镜头。镜头可以达到的最大分辨率受其尺寸的限制。从距离 1 光年的地方识别直径 1 厘米的物体，需要一个太阳系几百倍大小的透镜。

为什么要用不锈钢刀来切菠菜?

你大概总用不锈钢菜刀切割菠菜吧?其中的原因很有趣,用铁菜刀切菠菜不利于菠菜中的铁元素被人体吸收。不要忘了,缺铁是全世界最常见的营养缺乏病。

当用普通的铁菜刀切菠菜时,菠菜中的多酚物质和刀刃发生反应,会造成两者变色。如果你想复刻这戏剧性的一幕,不妨准备一杯茶,再加入一些可溶性铁盐,如硫酸亚铁。但这杯茶千万不要喝。

你看到的变色是由茶中的多酚(又称为单宁)和铁发生反应引起的,生成的黑色化合物不溶于水。以这种形式存在的铁无法被身体吸收,极大地阻碍了铁元素的摄入。顺便说一句,我们都知道大力水手吃菠菜补充体力,虽然不清楚是菠菜中的哪种元素发挥了作用,但恐怕不是铁。

为什么将冥王星从行星中除名？

要想弄明白为什么将冥王星排除在行星之外，我们需要追溯到天文学的起源。

行星一词首见于古希腊语，指游荡的天体。在望远镜发明之前的早期文明中已经记载了宇宙中有 7 个不固定的天体：太阳、月亮、水星、金星、火星、木星和土星。随着哥白尼提出具有革命意义的理论，天文学家才认识到地球围绕太阳转，并非太阳围绕地球转，于是地球取代太阳，加入行星之列。

天文学家借助望远镜先后发现了谷神星、智神星、婚神星和灶神星，后于 1781 年发现了一个新的行星，名为天王星。除天王星之外，大家可能对其他几颗星感到有些陌生，那是因为如今我们已将它们归入小行星之列——它们大多是体积很小的块状太空岩石，在火星和木星之间运行，直至 19 世纪上半叶，它们与体积较大的行星同为行星，总计 11 个行星。后来天文学家相继发现了 10 多个小型天体，直至 1846 年海王星才被发现。这一系列发现迫使天文学家重新思考行星的定义，很明显小行星有别于行星。

1930 年，天文学家发现了冥王星，在发现之初天文学家便察觉到了它的异样之处。冥王星呈一定角度围绕其他行星转，且偶尔与海王星的运行轨道交叉。不过，当时仍将冥王星列为行星，由此太阳系的九大行星齐全了。

但是到了 20 世纪 90 年代，冥王星的行星地位有所动摇，因为天文学家逐渐发现了许多外海王星天体，其所在的位置或运行轨道超出了海王星轨道范围，是一系列较小天体，又名柯伊伯带行星。在 2005 年，将冥王星彻底从行星除名的导火索被点燃了：天文学家发现了阋神星，它是一个体积比冥王星大的外海王星天体。

这给整个天文界带来了一场认知危机，能否将阋神星列为太阳系的第十颗行星？假设以后再发现其他行星，发现一颗行星，就撕一次教科书吗？国际天文学联合会被迫对此做出回应，在 2006 年 8 月的一次会议上，决定将冥王星降级为矮行星[*]。

行星和矮行星都是围绕太阳运行的圆球状天体，矮行星无法清空其所在轨道附近的其他较小天体，因此与行星有所区别。冥王星因其轨道上还有其他外海王星天体而被归入矮行星，而谷神星作为其所处小行星带中的唯一一颗圆球状天体，而从不起眼的小行星升级成为矮行星。根据矮行星的定义，明确将卫星排除在外，否则地球的卫星月球以及太阳系中的许多其他卫星具备成为矮行星的条件。

---

* 矮行星，又称中行星、准行星、侏儒行星，是具有行星级质量，但既不是行星，也不是卫星的天体。也就是说，它是直接环绕着恒星，并且自身的重力足以达成流体静力平衡的形状（通常是球体），但未能清除邻近轨道上的其他小天体和物质。（出版者注）

月球会对体重造成影响吗?

地球上的潮汐受到月球引力作用的影响,我们人类自己也是如此。宇宙中任何地方的任何物体的重量都受到该物体与宇宙中所有其他物体之间的吸引力的影响,只是因质量和位置而异。

这增大了测量工作的难度。18世纪法国天文学家尼古拉斯·路易斯·德·拉卡耶前往南非,对南半球的形状进行了一系列测量,得出的结论是南半球是平的。他当时没有意识到应该在一片开阔的平原上进行测量,他测量所得的各种读数严重受到桌山和皮凯特贝赫山脉引力质量的影响,过了一段时间才有人指出他计算得出的形状有误。

当月球从我们上方经过向西运动,相对处于下方和东方的我们体重会变轻,而当相对位置改变时,体重会增加。由于距离太过遥远,这种影响带来的变化微乎其微,恐怕一根针对体重的影响都比月球带来的影响更明显。

5 月

我们自己就可以测声速吗？

　　确实可以，实验对技术的要求不高，需要一块非常空旷的场地，比如海滩或公园，需要你和你的帮手共同完成。

　　你的帮手每秒用锤子击打一个坚硬的（不会锤坏的）物体，可以借助秒表保持有规律的击打节奏。你逐渐远离你的帮手，不时回头看一看。当你们相距几百米时，如有必要，可以使用双筒望远镜观察。

　　随着你们之间的距离逐渐拉大，撞击硬物的声响和你听到的声响之间的延迟会变长，当你的帮手第二次敲击硬物时，你可能才听到第一次敲击硬物发出的声响。声音在空气中的传播速度相对较慢，在20℃的干燥空气中，声音以344米每秒的速度传播。温度差异对声速的影响不明显，所以实验地点对实验结果的影响不显著。

　　当你的帮手敲击硬物发出声响，而你刚好听到上一次敲击的声响时，你可以开始测量声速了，停下脚步测量你们之间的距离，应该非常接近344米。

　　如果外界环境的噪声干扰你听到敲击硬物的声响，可以要求你的帮手以1/2秒的频率进行敲击，这样你会发现当你听到敲击的声响与他再次敲击的动作发生在同一时间时，你们应该相距大约172米。如果敲击的频率为1/4秒，你们应该相距大约86米。

为什么只有人类如厕后使用卫生纸？

人类似乎是唯一如厕后使用卫生纸的动物，这是不是有点儿奇怪？

虽然人类与类人猿的 DNA 有很大的相似性，但在解剖学上两者存在巨大的差异，人类直立的姿态是两者之间最显著的差别。人类无须双手辅助就可以直立行走，不过引发了其他后果：背部和关节承受了巨大的压力，排便更加困难。根本问题在于尿道口和肛门位于大腿与臀部的连接处，因此我们比其他动物更容易弄脏自己。

人类对于排泄物的态度与其他动物不同，人类往往会十分厌恶排泄物。这种态度似乎是由于人类在定居点群居而产生的，而其他动物往往过着在森林里四处迁徙的生活，不必考虑处理排泄物的事情。与其他灵长类动物不同，人类可以约定上厕所的时间和地点。厌恶是人类对排泄物中存在的病原体威胁应有的态度，假设不建立某种卫生系统，人类文明可能不会存在。人类已经通过自我约束自然而然地养成了厌恶排泄物的习惯，彻底清理粪便不仅对个人卫生有益，而且具有深远的社会影响。

野生动物，特别是食肉动物的粪便中的某些物质容易滋生病原体，不过野生动物已经进化到能够自我清洁，就像猫可以熟练地把自己的后背打理干净。动物的幼崽自己无法完成清洁时，它们的父母会帮助清洁。成年动物之间会互相帮助清洁，同时形成社会联系。

人类凭借自身的聪明才智，发明了厕纸和湿厕纸，还有具有自动清洗和烘干功能的马桶。早在 16 世纪，法国作家弗朗西斯·拉伯雷甚至提出用鹅脖子上的软毛清洁的想法，以获得极致的舒适感。

为什么梨的形状很特殊？

苹果、梨、欧楂、榅桲、火棘等都被称为梨果，即由合生心皮、下位子房和花筒共同发育而成的一种肉质果实。

生长素作为一类植物激素，其分布受到遗传因素的控制，主要生理作用是促进所有植物细胞伸长和成形，包括果实的形状。只要植物正常生长，果实的外观形状基本相似。

那么梨长成"长脖子"的形状是有什么特别目的或功能吗？答案可能是否定的。事实上，某些野生品种的苹果和梨的形状十分相似。或许根据一些梨的特殊形状，可以推测出背后的原因。一些老品种的梨树得益于明显挂在枝头的"长脖子"果实，由于果实成熟之前不会轻易从树上掉下来，所以梨比沙果长得大，口感软。而且"长脖子"果实或许更便于一些传播种子的鸟类或蝙蝠远距离携带。

为什么强光能让人打喷嚏？

　　因为光子会进入鼻子！开玩笑。答案可能相当简单：当太阳照射到一个特定的区域，特别是一个用玻璃封闭的空间时，局部温度会明显上升，导致空气变暖上升，数百万个灰尘颗粒和头发纤维随之上升，几秒钟内进入鼻子，引发了喷嚏。

　　除此之外，还有另外一种猜测。只有部分人会在明亮的光线下打喷嚏，这表明这是一种遗传行为，被称为"光喷嚏"，它似乎影响了 18% ~ 35% 的人。打喷嚏被认为是一种鼻子为保护与之靠近的眼睛而产生的反射性反应，比如在遇到强光时。同样，当打喷嚏时，我们会闭上眼睛，甚至会流泪。"光喷嚏"对于开战斗机的飞行员来说是非常危险的，尤其是当白天置身于太阳光的照射下或夜间暴露于防空利器照明弹之下时。

为什么足癣容易出现在三趾和四趾之间？

　　足癣本身无法智能地感知生长的位置。由真菌、须癣毛癣菌引起的感染常常发生在三趾和四趾之间，这是因为死皮细胞多聚集于此处，营造了温暖、阴暗和潮湿的理想环境。

　　足部关节相对灵活，可以实现多个角度的运动。除三趾和四趾之外，其余脚趾之间的空间受到足部运动和用力的影响较大，通风良好，脱落死皮细胞的机会较多。与此同时，三趾和四趾移动性较差，两趾之间的阴暗凹陷处成了须癣毛癣菌的培养皿。

能否阻止地球旋转?

究竟需要多大的力量才能阻止地球旋转?假设使用航天飞机的引擎执行此项操作,需要多长时间呢?又会对地球造成什么影响呢?特别是天气和潮汐方面。

通过简单计算就能解答这个问题,只需要一些基本的力学知识。

将数值简化一些更方便计算,地球质量(M)为 6×10^{24} 千克,半径(R)为 6.6×10^{6} 米。假设地球是一个均质实心球体,其转动惯量(J)$= 0.4 \times M \times R^{2}$,得到 1×10^{38} 千克·米^{2}。

地球每 24 小时(86400 秒)自转一周,角速度(ω)为 4.16×10^{-3} 度每秒,或者更准确地说,弧度为 7×10^{-5} 每秒。

地球的角动量(h)是转动惯量和角速度的乘积($J \times \omega$),得到 7×10^{33} 牛·米·秒。这是航天飞机引擎必须具备的动量。

航天飞机起飞时引擎的推力(F)约为 4×10^{7} 牛,如果与地球表面相切,则围绕地球中心的力矩(T)为 $F \times R$,得到 3×10^{14} 牛·米。这种随时间变化的力矩(t)将以 $T \times t$ 改变地球的角动量,最后可得所需时间为 h/T,即 3×10^{19} 秒,或 8400 亿年。这大约是宇宙年龄的 60 倍,在航天飞机完成任务后,地球上可能将无法出现天气或潮汐变化。不过存在一个问题:如果航天飞机所需的燃料来自地球,那么地球将变得越来越轻,在停止旋转之前很久地球早已消耗殆尽。

干草真的会自燃吗？

干草似乎看起来十分干燥，但只有当水分含量低于 15% 时，它才被认为是真正意义上的干草。当水分含量高于 30% 时，植物细胞组织中仍存在呼吸，产生热量和水，以水蒸气的形式从叶片上的管孔溢出。将干草扎成捆，在毛细作用下水蒸气凝结成水并扩散，促使细菌和真菌滋生，增加呼吸的生物量。

刚刚收割的干草在 5 ~ 7 天内温度会达到峰值 60℃，这是自限性的表现之一，高温会杀死大多数微生物并带走水分。伴随着真菌菌落的增减，会经历几次升温降温的循环，但温度峰值逐渐降低，干草的温度逐渐与环境温度不相上下。

如果刚刚收割的干草遭遇潮湿的天气，或者被雨水或露水打湿，可以将干草堆叠起来，长时间保持温暖的环境，促进喜热的微生物繁殖，它们在 45℃ 左右开始滋生，在 80℃ 左右死亡。微生物本身并不可怕，但随着温度升高，它们可以引发放热化学反应，加速温度上升。随着生物反应消失，化学反应起主导作用，温度可以上升至 280℃。

成捆的干草烧焦后，温度不再上升。但是当温度超过 231℃ 时，干草可以与空气发生自燃反应。这一系列反应发生的情况因捆包形状和大小、与空气的接触面积、放置方式（堆在室外还是储藏在仓库中）而异。

堆放在室外的成捆干草（多种草本植物）或稻草（脱谷后所剩的秸秆）很可能因为一个废弃的空玻璃瓶燃烧起来。所以，农民都知道定期检查草垛的必要性。

为什么噪声会刺耳？

尖锐刺耳的噪声非常恼人，比如麦克风的声反馈（啸叫）、玻璃瓶相互碰撞发出的声音，这一切源于音量和不和谐的频率。耳蜗内的微小毛细胞具有机械敏感性，能够将声波引起的振动转换为电信号，经由听觉神经发送至大脑。不同部位的毛细胞分别对不同频率的声音做出反应，耳蜗螺旋管一端的毛细胞可以检测到低音，而另一端的毛细胞可以检测到高音。音量过大会造成听力损伤，主要破坏细胞信号的传导过程以及细胞的机械敏感性。

我们只有找到引发痛苦或不悦的破坏性刺激物，才能尽量远离它们。两个距离太近的音符听起来也非常的不和谐——想想钢琴上两个相邻半音*就没有其他两个不相邻的音符听着悦耳。这可能是因为两个半音的频率非常接近，对声音做出反应的毛细胞也有重合，从而对毛细胞造成了过度的刺激。手推车中的玻璃瓶相互碰撞会同时发出许多不和谐音。玻璃破碎产生的高音听起来更糟糕，随着音调变高，前后音调之间的差异变小，受到刺激的毛细胞增多。所以，高音可能更容易引发我们情绪上的不悦，当你听到婴儿号啕大哭时，不免想要逃得远远的。不要感到内疚，这是正常的情绪反馈。

---

* 相邻的两个琴键之间的最小距离称为半音，大多数的半音都是由白键与黑键构成。两个相邻的半音就构成了全音，可以把全音想象成两个相邻的琴键中间又夹了一个琴键。（出版者注）

为什么火烈鸟是粉色的?

在回答这个问题之前,我们先来回答另一个问题:为什么龙虾在被煮熟时会变红? 这是不是有点儿出乎意料?

某些水生有壳动物,如龙虾,被煮熟后之所以会变红是因为它们从始至终就是红色的,只是我们一开始看不到红色而已。在这些生物体内的虾青素本会引起外壳出现红色色素沉淀,但是由于虾青素可与不同种类的蛋白质和其他色素相结合,呈现出暗淡的伪装色,因此甲壳亚门的动物能轻而易举地融入环境中。

当龙虾或虾被煮熟时,外壳中的蛋白质变性并脱离,释放出附着的色素。当其他色素在高温条件下发生分解时,虾青素仍具有稳定性,反射位于光谱一端的红色光线。让人不解的是,虾青素属于类胡萝卜素,从字面意思理解,类胡萝卜素应该是一种黄色色素。虾青素不仅存在于煮熟的甲壳亚门动物中,而且存在于红鲑鱼中。

虾青素被用作养殖鲑鱼的食品添加剂,其肉质呈色会更接近于捕捞的鲑鱼。虾青素还被喂给集中饲养的母鸡,其蛋黄呈现更鲜亮的橙色。这种做法引起了争议,因为这会误导消费者,他们会认为正在食用有机产品,或者可以说是"更健康"的产品。

虽然至今没有证据表明饲养的母鸡摄入虾青素会导致羽毛变成粉红色,但这种色素可以通过食物链在某些鸟类的羽毛中沉淀。最广为人知的例子就是火烈鸟,火烈鸟以盐水池中的虾为食,因虾壳中含有花青素,所以火烈鸟染上了红润的颜色。

为什么回力镖会飞回来？

回力镖的两端像飞机的机翼一样，将回力镖垂直地投掷出去，上翼获得的飞行速度比下翼快，接着回力镖上下翻转，上翼一侧受到的推力（类似于飞机机翼受到的升力）比下翼大，导致回力镖发生倾斜，就像有人推你的肩膀一样，飞行路线发生改变。同理，当你骑自行车时，上半身倾斜会导致自行车转弯，最终骑行轨迹呈圆弧形，回力镖的运动轨迹也不例外。

澳大利亚土著人制作回力镖的目的是辅助狩猎和战斗，并非运动和游戏，因此所谓能飞回来的回力镖并没有在澳大利亚大陆得到推广和普及。对他们来说，投掷回力镖的现实意义在于获取新鲜食物或击败敌人。澳大利亚土著人投掷回力镖可以击中百米外的目标，投掷高手可以轻而易举地对投掷目标造成生命威胁。他们专门制作造型像数字 7 一样的回力镖用于作战。纵观澳大利亚，并非所有地区的人们都需要制造回力镖用于狩猎，但是大部分地区的人都会将回力镖作为打节奏的乐器，在仪式和庆典中使用。回力镖的这种用途在遥远的澳大利亚大陆上仍延续至今。

双黄蛋是如何产生的？

我们买鸡蛋时会买到双黄蛋，双黄蛋听起来好像有点儿人工合成的意味，确实，它的生产工艺并不复杂。

先来说说双黄蛋是如何产生的。一般情况下，当母鸡前后排出两个未受精的卵细胞的时间非常接近时，两个卵细胞在输卵管中会被置于同一个蛋壳中。母鸡一次排卵的数量受到遗传基因的影响，所以有些品种的母鸡可以产出更多的双黄蛋。

某些杂交品种的母鸡排卵速率很快，因此大多数鸡蛋都是双黄的（顺便说一下，双黄蛋很少能孵出小鸡）。有些人很喜欢双黄蛋，认为双黄蛋能带来好运。从营养的角度来看，双黄蛋的营养价值的确更高，因为鸡蛋的大部分营养都集中分布在蛋黄中，当然，胆固醇含量也很高。

不同地区的人喜好有所不同，有些地区双黄蛋销量好，有些地区普通鸡蛋销量好，鸡蛋厂商会根据当地消费者的喜好销售不同种类的鸡蛋，而且分别给鸡蛋定价。将鸡蛋置于灯光下，可以透过蛋壳观察到鸡蛋内部的情况，检查是否存在异常情况，是否有血斑，是一个蛋黄还是两个蛋黄，等等。

为什么有些痣上会长毛？

实际上好多毛发是人肉眼无法观察到的，毛发的实际数量也比肉眼观察到的多得多。即使微不足道的睫毛，它的弯曲程度、质地、颜色、粗细、长度，甚至生长和脱落的时间周期都是经过人体精密计算的。这会不会让你大吃一惊？再者说，无论从宏观角度还是微观角度来看，豪猪身上的毛都是自然选择的结果，是大自然的杰作。人身上的毛发都从毛囊中生长出来，位于毛囊底部的乳头组织与周围细胞、身体激素相互作用，精准地控制着毛发生长的方方面面。

如果痣上有一根较长的毛，它和短毫毛以及普通的体毛一样都是从真皮乳头发育出来的。痣是皮肤细胞，主要是黑色素细胞的增生组织，是由DNA所携带基因发生改变或发生表观遗传变异导致皮肤细胞发育异常引起的。痣与周围其他组织的发育情况不同，较少受到限制因素的影响，与此同时其细胞组织结构和生理产物会影响相邻的细胞，尤其可以破坏乳头组织的正常运行，产生过多的毛发，由此产生的发毛通常较正常生长的毛发更粗一些，结构也更简单一些。

相比之下，正常生长的毛发生长周期较短，会适时停止生长，在几个月或几年后会发生脱落。

哪些动物可以轻松打败长跑冠军？

有好几种陆生动物可以在马拉松比赛中打败人类，比如哈士奇、骆驼、叉角羚和鸵鸟。

相传现代马拉松源于斐迪庇第斯的故事，当时波斯人在希腊的马拉松海湾登陆，斐迪庇第斯接受任务到斯巴达求援，两天跑了240千米，时至今日已经无法考证这个距离是否准确了。后来，他又从马拉松跑了40千米到达雅典，用最后一口气将希腊胜利的消息传达给雅典同胞。

有些人可能会觉得，派人骑马来传递消息岂不是更明智的选择？毕竟，在威尔士小镇拉努蒂德韦斯尔举行的33次人与马对战的马拉松比赛中，人只胜出过两次。但这个比赛全程是35千米多，而奥运会马拉松比赛全程是42千米多。

长跑这项运动很可能与200多万年前人类祖先的狩猎行为密切相关。人类在长距离行动中所能达到的水平取决于散热能力，散热主要通过将汗液排出体外以及人体无毛的身体特征得以实现。一些善于奔跑的捕食者短距离行动速度不快，但耐力较强，比如人类，只要跑得比猎物的最慢速度快即可，猎物最快速度奔跑不了太长时间，就会因为身体过热而中暑晕倒。

在大约半程马拉松的距离内，马奔跑的速度是明显优于人的。在1862年引入电报技术之前，美国当地就利用马匹来传递信件，邮差策马疾驰大约1小时，接着会在站点更换马匹，站点之间的平均距离为24千米。而希腊人当年派斐迪庇第斯跑步前去传递消息，而非派人骑马传递消息，大概是考虑到马匹无法承受希腊夏季炎热的天气，以及无法适应多山的地形吧。

每年在阿拉斯加举行艾迪塔罗德狗拉雪橇比赛中，狗拉雪橇的时速可以达到约24千米，并最长持续6小时。如果阿拉斯加雪橇犬以同样的时速跑马拉松，不到一个半小时就能穿过终点线，至少比人类的世界纪录快半小时。

为什么大蒜会导致口气不清新？

我们在切蒜瓣或捣蒜时，大蒜会释放一种有效的抗真菌、细菌的化合物，名为大蒜素，这源于蒜氨酸酶与蒜氨酸化合物之间的反应。食用生蒜时会有一种灼烧感，同样源于大蒜素的作用。

大蒜素性状不稳定，可以生成许多含硫化合物，通常伴有刺鼻性气味。当人们食用大蒜后，大蒜素及其分解产物经消化系统进入血液后，可以自由地通过人体呼出的气体和排出的汗水挥发出来。这是大蒜对身体产生的影响之一。

此外，大蒜中的化学成分还会改变身体的新陈代谢，降低血液中脂肪酸和胆固醇的水平，这会产生甲基烯丙基硫化物、二甲基硫化物和丙酮。这些物质都具有挥发性，伴随着呼气，你可以闻到一股大蒜味。即使不吃大蒜，也能沾染上大蒜的气味，大蒜素可以通过皮肤吸收，只要在皮肤表面反复摩擦大蒜，就能呼出带有大蒜味的气息，因为大蒜素可以通过肺部的呼吸作用挥发出来。

我们所有人都食用大蒜，恐怕是解决大蒜臭气的唯一方法了，所有人都呼出臭气，可能就没那么尴尬了。

为什么大自然没有进化出轮状结构？

　　轮子可以有效地辅助运动，那么在进化过程中为什么没有多少生物获得轮状的构造呢？本质上，进化的症结在于进化不是一个超前思考的过程，它只是一个长久以来自然对偶然突发结果的选择过程。只有在进化的每个步骤有机体都展现出竞争优势，或者至少没有劣势时，才能最终诞生新的生命或运动结构。

　　由此可知，翅膀之所以能够进化，是因为之前的部分翅膀为在树枝之间跳跃的动物提供了便利，我们可以用空气动力学的知识解释翅膀的优势。同理，坚硬的外壳之所以能够进化，是因为之前的部分外壳起到了一定的保护作用。然而很难想象的是，在轮状结构的进化过程中，部分轮状结构可以提供何种竞争优势，想来都是不必要的负担吧。

　　即使在不远的将来，我们恐怕也不会见到长着四个轮子的猫，但有一种有机体已经拖着轮子四处运动了数百万年，那就是细菌。轮子是细菌鞭毛运动的基础，细菌鞭毛看起来有点儿像开瓶器，并且不断旋转以驱动细菌前进。目前已知占总数约一半的细菌至少有一个鞭毛。

　　鞭毛从细胞膜上的一个轮子结构生长出来，在非常微弱的电子传递系统的作用下，轮子每秒钟旋转数百次。电能源与周围细胞膜上蛋白质环中的电荷快速交换。在化学能的作用下，带正电荷的氢离子离开细胞表面，随着电荷交换形成回路，为轮子旋转提供了能量。

　　实际上这体现了一种非常复杂的纳米技术，轮子上甚至有一个倒挡，可以帮助细菌找到食物。由此看来，并非大自然没有进化出轮状结构，轮状结构可能比其他运动结构更普遍存在于世，看看大量存在的细菌就是很好的证明。

风力发电机的工作原理是什么？

在我们的电力供应系统中并非采用单一、稳定的直流电，而是采用电流方向随时间做周期性变化的交流电。过去在设计风力发电机时会强调叶片应以恒定的速度旋转，以实现电力及时供应，因为这可以将交换运动产生的机械能在最大程度上转化为电能，供应全国电网。

为了将风能转化为电能，我们允许叶片在风力的作用下自由地做旋转运动，再利用制动器尽可能多地获取能量。在风力发电机中不会使用机械制动器，而使用电动制动器。我们在汽车和自行车中可以发现机械制动器，机械制动器作用于旋转的轮子时会产生大量能量损耗，而电动制动器不影响发电机获取风能，同时可以将风能转化为电能，避免造成热损耗。使用制动器的目的并不是让发电机彻底停下来，而是为了保障叶片做匀速运动，以应对强风。

以自行车为例，为了让自行车以稳定的速度从缓坡上滑行下来，我们一路上要轻轻捏闸，当我们到达山脚时，会发现制动器变热了。假设山坡很陡，为了实现以相同的速度滑行下来，我们会更用力地捏闸，制动器会比刚才更热，因为更多的机械能转化为热能，此时最好不要用手直接触摸制动器。

同理可知，在徐徐微风的天气条件下，为了让叶片以 39 转每分的速度旋转，我们稍稍运行一下电动制动器，消耗的电能较少。而在大风天，为了保证叶片保持相同的转速，我们可以直接运行制动器，消耗的电能肯定比刚才多。

为什么啤酒瓶多是棕色的？

啤酒瓶通常都是棕色的，可以避免阳光影响啤酒的味道。几乎所有的啤酒都含有啤酒花，啤酒花不仅用于给啤酒提味，而且具有防腐的作用。在一些天然的除臭剂中也可以发现啤酒花，因为啤酒花可以抑制微生物的繁殖。

啤酒花中的某些微苦的成分，经紫外线照射会发生分解，生成的自由基会与含硫氨基酸反应，得到的产物是一种硫醇，并伴随一股难闻的气味。

不妨将一杯啤酒在阳光下静置 10 分钟，然后品尝一下味道，再喝一口没暴露于阳光下的啤酒，对比一下两者的味道，你就能明白那股怪味究竟是什么味了。

为什么有些动物会变色？

除了变色龙，你还知道其他会变色的动物吗？

许多动物都会改变皮肤的色调，甚至有些动物可以通体变成其他颜色。乌贼体内有墨囊，通过肌肉控制，乌贼可以改变自身颜色和图案，这种生存技能真是太棒了。

硬骨鱼纲中的很多种鱼都可以变色，比如米诺鱼（多种小型鱼的总称），会随着环境的整体光线反射情况而变色，它们会对比从上方照射下来直接进入视网膜的光线与从水底反射回来的光线。

肾上腺素能使体表色素细胞的色素颗粒聚集，就像打印机有多种颜色的墨盒一样，硬骨鱼的鱼皮中含多种颜色的色素细胞：黑色素细胞、红色素细胞、黄色素细胞，甚至彩虹色细胞。

一些扁平的鱼种，如比目鱼，不仅可以反射周围环境的光线，而且会变换体表图案，融入周围环境之中，更不易被察觉。变换体表图案涉及在不同的皮肤区域调用不同种类的色素细胞，黑色斑块的形成无疑源自黑色素细胞，浅色的斑块则会用到彩虹色细胞，倘若鱼漂浮在一个棋盘上方，它会呈现出类似于棋盘格的图案。

假设蒙上鱼的眼睛，它们还能改变体表的颜色吗？由于变色源于鱼的视觉反应，所以蒙住眼睛后它们会对所有颜色刺激产生差不多的反馈，于是它们会呈现与夜色差不多的黑灰色。如果鱼长时间接收到相似的视觉信号，其伪装色将持续更长时间，所以，在英国有时候可以买到黑色的鲽鱼（一种可食用的比目海鱼），它们大多来自冰岛附近有暗色火山岩分布的海域。

悠悠球是如何悠起来的呢？

为什么悠悠球的玩法这么多样呢？不如亲自上手玩玩悠悠球，没准就能找到答案。

以常规的方式抛出悠悠球，当球快到达绳子末端时，提一下绳子，会感到绳子一紧，接着悠悠球会向上弹回来。

悠悠球由两个圆盘组成，圆盘之间由轴连接，绳子简单地缠绕在轴上。当你用右手抛出悠悠球时，左手手指捏住绳子，让绳子呈 U 形，悠悠球会向下运动，再弹回来。

当抛出悠悠球时，它的初始势能会转化为角动能。它像陀螺仪一样，将大部分能量存储在角动量中。旋转物体的角动量，或在其他外力的作用下，都可以保障物体继续绕轴旋转。制作好的悠悠球通常很轻盈，其重量主要分布在圆盘的外圈，圆盘内圈质量较轻，这样可以最大限度地提高角动量。

悠悠球旋转下降到绳子的末端时，由于绳子松散地缠绕着中心的轴，悠悠球可以毫无阻碍地自由旋转，不过绳子与轴之间的摩擦力不大，悠悠球无法向上回旋。如果轻轻向上提一下绳子，绳子一紧增加了绳子与轴之间的摩擦力，于是绳子会重新缠绕在轴上。

随着绳子一圈一圈地缠绕在轴上，悠悠球也会向上回旋，动能转化为势能。

有没有科学的进球方法？

是否存在一些科学的方法可以提高点球的射中概率？是否可以消除内心的恐惧心理、临场的情绪波动以及人为的失误，以确保进球万无一失？

恐怕要令你失望了，因为谁也无法保证一击即中。不过根据博弈论可知，假设我们可以事先预判球员和守门员的行动轨迹，那么胜算就会大一些，但这并不能保证百发百中，只是提高进球的概率，或者提高扑救的概率。

为了防止对动作的预判，唯一的解决办法是让球员和守门员分别随机选择行动的方向，这是个艰难的抉择。对于守门员来说，他们需要学会看懂球员的一些小动作。

为了保证随机，也许教练可以掷硬币，然后明确规定球员或守门员接下来的行动方向。在这样的实验中，球员不需要刻意将球踢到守门员无法照顾到的地方，由此可知50%的球会被阻挡，50%的球会进入球门，这是理论上的统计数据。虽然每场点球大战中球员和守门员的行为都是完全随机的，但是始终还会决出一个赢家，在成功背后可能隐藏着很多不为人知的理由，其实去问问彩票获奖者，他们也能讲出好多获奖的理由。

有什么方法可以阻止奶酪发霉？

霉菌对忠实的奶酪爱好者来说是一个极大的威胁，不过的确有一个简单的方法可以阻止霉菌破坏你的午餐计划：在奶酪盖子下放一块糖，奶酪将保持无霉状态。

那么，这应用了什么科学知识呢？这是因为方糖吸收水分，降低相对湿度，奶酪表面就不会再出现霉菌。除了糖，盐也可以，甚至糖或盐的饱和溶液也可以，饱和溶液中仍含有一些无法继续溶解的溶质。

采用这种方法同样可以控制博物馆展示柜的湿度。如果湿度太高，有害的霉菌就会滋生，但如果湿度太低，木材和皮革就会开裂。不同种类的盐饱和溶液可以将相对湿度固定在 10% ~ 90% 之间。例如，氯化锂的饱和溶液可将相对湿度保持在 11%，而普通盐的饱和溶液将相对湿度保持在 70% 左右。

关节有时发出声响，对健康有害吗？

至于为什么关节会发出声响，有好几种解释。

人们普遍认为声响是由掌指关节和趾骨关节滑膜囊内的气体引起的。当关节受力时，空腔形成，而随着关节受力情况发生改变，空腔消失，伴随发出声响。这一过程所释放的能量约为 0.07 毫焦耳每三次方毫米，只有达到 1 毫焦耳每三次方毫米时，才会对关节造成损伤，不过损伤是可以积累的。

除此之外，也有人认为声响源自关节囊本身突发的变形，关节囊纤维突然拍打关节积液而发出声响，这可能会导致微损伤并持续数年。

无论持以上哪种观点，几乎没有证据表明关节声响会诱发关节炎，关节是否发出声响与关节炎的发病率无关。曾经有一位美国医生用了 50 年的时间频繁掰响一只手的指关节，想验证一下两只手会有何区别，直到最后也没发现。

话虽如此，导致关节发出声响的压力还是可能引发严重的损伤，不知道大家对这样的回答是否满意呢？

泡泡都是圆的吗？

取一些肥皂水，吹出一个泡泡，只见浑圆的泡泡轻盈地飘起来。不过要是综合各种受力分析，泡泡会是什么形状的呢？比方说水中的泡泡。

泡泡可以呈现出多种不同的形状，这取决于泡泡的大小、速度和水的密度。空气和水接触时表面会形成张力，静态气泡呈现球形，以最小化其表面积，但是当泡泡在水中浮动时，阻力导致泡泡的形状发生改变。

在你的想象中，泡泡可能会变成流线型吧？事实并非如此。由伯努利原理可知，流体经过泡泡周围时，流动速度增加，会压扁泡泡。在泡泡上升过程中，体积会不断增大，肉眼可见的直径 1 毫米或更大的泡泡会像光盘一样被压得扁扁的。

随着气泡不断增大，湍流会导致泡泡震荡，产生额外的阻力并减慢速度。当直径超过 20 毫米时，加速的湍流会导致气泡呈蘑菇形。泡泡的上半部分呈半球形，湍流涡会导致泡泡底部出现一系列相互碰撞结合的小泡泡，这些小泡泡会一直尾随着泡泡半球形的上半部分向水面移动。

当泡泡逐渐上升至水面时，上方的压力逐渐变小，泡泡上半部分膨胀得更大，蘑菇形更加明显。如果水足够深，泡泡在上升过程中会与更多的泡泡碰撞结合，而且快速上升的大泡泡会赶上并吞没上方的小泡泡，直至蘑菇形无法再维持下去。

只喝啤酒能让人活下去吗？

自古以来啤酒就被视为饮食的重要组成部分，甚至被誉为"液体面包"。在古埃及，啤酒会作为薪酬的一部分发放给工人。无独有偶，英格兰女王伊丽莎白一世的侍女也会得到啤酒作为赏赐。1492 年，亨利七世麾下的水手每天可以领到大约 4.5 升的啤酒。

历史上啤酒之所以声名远播，主要得益于其酿制原料——大麦芽，大麦芽富含多种维生素。时至今日，人们依旧使用大麦芽酿制啤酒。我们可以大致研究一下啤酒中所含的营养元素，以大约 570 毫升啤酒为例，其中所含的叶酸、维生素 B_2 和 B_6 可以至少达到每日推荐摄入量的 5%。当然，如果想要补充维生素（A、C 和 D），喝啤酒是不管用的。

如果想通过一项实验来验证啤酒是否能够让人维持生命，这当然是非常不人道的做法。不过在 1756—1763 年英法 7 年战争期间，英国舰队的医生约翰·克莱凡有机会进行了一次临床试验。约翰·克莱凡跟随三艘船从英格兰出发，目的地是北美。其中一艘船——格兰普斯号上装载了大量啤酒供饮用，另外两艘船——代达罗斯号和托尔托伊斯号上只有普通的烈酒。变幻莫测的天气导致登陆的日期不断推迟，长时间的海上航行致使船上的许多人出现了健康问题。克莱凡作为随船医生经过诊断指出，代达罗斯号和托尔托伊斯号分别有 112 人和 62 名男子需要住院接受治疗，而格兰普斯号上只有 13 人需要接受相同的治疗，这样的对比结果似乎可以推断出饮用啤酒对人的作用。

在今天看来，水手每天 4.5 升的饮酒量已经达到过度饮酒的程度了，他们的肝脏状态可想而知。也许有些人会非常享受以喝啤酒为生的状态，但是毕竟健康更重要。

人体内的水究竟储存在哪里?

以体重 70 千克的人为例,他体内约有 45.5 千克的水,占体重的 65%。那么,如此大量的水都储存在哪里了呢?绝大多数的水分布在人体内的数万亿个细胞中,而少部分水环绕在细胞周围,还有些水存在于血浆中,参与血液循环。人体内水的多寡会引起体重的波动,比如同一枚戒指,平时戴着正好,而有时候戴起来会感到有点儿紧,有时候则感到有点儿松。再比如有时候晚上会觉得腿疼或者鞋子变小了,这些都与体内液体循环有关。

尿液是水分经肾脏的作用而暂时储存在膀胱中的液体。当膀胱中的尿液达到 200 ~ 300 毫升时,会产生排尿的生理需求。当膀胱中有足够的液体,或者一整天都没有排空过尿液时,肾脏会减少产尿量。在排空膀胱中的尿液后,肾脏会立即开始工作,试图恢复血液中电解质的平衡状态,不久尿液会再一次充满膀胱。

肾脏的工作时间在某种程度上受到人体生物钟的影响,例如夜间的产尿量会明显减少。大多数人在白天通常会进行几次排尿,而夜间处于睡眠状态时则不必起夜。如果你想打破这种规律,可以乘飞机到昼夜刚好相反的地方,那么白天就不必排尿,反而夜间会频繁起夜找厕所了。

为什么飞机能倒置飞行？

飞机在上下颠倒的状态下仍旧可以继续飞行似乎让人感到费解。当飞机处于正常的水平航行状态时，机翼可以为机身提供升力，这也是设计机翼的初衷。那么，当飞机上下翻转时，为什么这股升力的作用方向没有发生改变呢？为什么不会改变飞机的行进方向向地面运动呢？

其实这是一个非常典型的错误推论。虽然机翼的特殊翼型会在飞机正常飞行的过程中形成升力，但更主要的因素在于迎角——机翼前进方向（气流的方向）与机翼（翼弦）的夹角。

一般而言，飞机的机翼与机身的不同之处在于机翼与水平方向有大约4°的夹角，也可以认为是翼弦的角度。

当机身处于平稳的状态时，4°的迎角会改变迎面而来的气流的运动方向，从而形成升力。我们可以用手掌大致模拟一下，手掌与水平方向保持大约45°的夹角，当快速移动的气流经过手掌时，我们会感到一股升力，加之手掌并不像机翼一样拥有特殊的翼型，因此我们可以认定这股升力主要是由手掌与气流之间的夹角引起的。

我们正好可以运用以上的原理解答为什么飞机可以倒置飞行。机头会比正常飞行时更加向上突出，因为需要补偿翼弦的角度。如果迎角与机翼上方的相对气流相对作用得当，仍会产生升力。也就说，当升力战胜了因机翼翼型产生的力时，飞机仍旧可以在空中飞行。

当飞机倒置飞行时，飞行员更应该关注的较为严峻的问题是发动机会停止运转，因为大多数普通小型飞机中的燃油和燃料系统只有在重力的作用才能正常运转。上下倒置会导致给发动机供给燃料的阀门处于燃料箱的顶部，这会轻而易举地阻断飞机的燃料供应。

氦气球升入太空后会发生什么？

简单地讲，氦气球会同其他升入太空的物体一样，做相似的运动。它们会继续沿着相似的轨迹运动，除非受到其他力的影响。假设放飞地点靠近行星或者其他类似的天体，氦气球会顺利进入天体周围的轨道。

美国最早进行的通信卫星发射实验证实了以上假设，当时发射了回声 1A 号和回声 2 号两颗卫星。人们习惯于将回声 1A 号称为回声 1 号，而真正的回声 1 号早已于 1960 年 5 月 13 日随着德尔塔 2 运载火箭的发射失败而毁于一旦。

美国国家航空航天局将这两颗卫星称为气球卫星，在完全充气的状态下直径为 30.5 米，所采用的材料是带有金属涂层的聚酯薄膜。这两颗卫星主要用于反射无线电传输信号，尤其是洲际电话和电视信号。实际上，它们在信号传输上的运行模式是极其被动的，无线电波接触到其反光的表面后只会发生反射。由于运行轨道距离地球 1519 ~ 1687 千米，所以从地球上可以清楚地观察到它们。

这两颗气球卫星拥有十分出色的反照率，看起来似乎比一等星 * 还要亮，而一等星本身代表的是恒星亮度的最高等级。在筹拍电影《2001 太空漫游》之前，原著作者亚瑟·克拉克与导演斯坦利·库布里克曾就电影剧本交换意见。克拉克刚刚说服导演不要加入不明飞行物的剧情，然而接下来发生的事情令二人目瞪口呆，就在库布里克纽约公寓上方的天空中出现了一个飞碟，二人静静地目睹飞碟从头顶飞过，当下克拉克倍感尴尬。这个飞碟就是回声 1A 号卫星。

这两颗气球卫星还应用于对大气密度、太阳辐射压力、全球几何大地测量学的研究中。回声卫星计划当时具有非常现实的意义。美国国家航空航天局于 1966 年发射的第三颗气球卫星名为帕吉奥斯，是一颗极轨卫星，仅仅应用于大地测量学的研究中。

气球卫星的成功运行表明，它可以在太空中安全地保持充气的状态，尽管需要注意一些特殊事项。而当太阳直射气球卫星的表皮时，面朝太阳一侧的气体会迅速膨胀，导致气球卫星发生转动，随着一侧的气体逐渐向其他方向运动，会引发更大的推力。世界上没有哪种材料是完全不透气的，当气球卫星内填充的是氢气或氦气时，膨胀的气体会拉扯表皮，会进一步加剧气体的逸出。

随着时间的流逝，所有气体都会从气球的表皮逸出来，不过气球依旧会保持球状的外观形态，不会像大家想的那样变得干瘪。这是因为太空环境与地球不同，没有大气层，所以气球不会在外力的作用下迅速萎缩。

---

* 一等星，天文学术语，指恒星亮度类别。恒星的亮度和它的温度有着密切的关系，用肉眼我们就能区分出恒星间的不同亮度，古希腊人喜帕恰斯按照这种光亮程度的不同，将星光分为 6 个等级，一等星最亮，而六等星最暗。每等星间亮度相差 2.512 倍。（出版者注）

为什么性别只有两种？

实际上，有些物种的性别不止两种，单细胞纤毛虫的性别多达百种，而蘑菇甚至有数万种。但是大多数生物——即使是单细胞生物——也只有两种性别。

那么，为什么大多数物种只有两种性别呢？在所有物种中，无论有多少种性别，繁殖只需要两种细胞就能实现，一种细胞可以与另外一种与之不同的细胞进行结合。由此看来，大多数物种中只有两种性别似乎不合乎情理，因为只有拥有更多种的细胞，才能最大限度地提高找到配偶的概率。

针对这个问题，我们得到的解释是，两种细胞最适合细胞质 DNA 中的遗传物质相互配对——细胞的遗传物质不完全分布在细胞核中。但是，这也会产生一些缺陷，比如在细胞结合的过程中会面临细胞遭到破坏的风险。

多种性别的物种中的细胞交配更加复杂，假设有三种细胞，在配对的过程中更容易出现问题，甚至多种细胞可能无法相互结合。所以最终自然选择了两种细胞，形成了两种性别。

降落伞的最高安全高度是多少？

美国空军约瑟夫·基廷格于 1960 年 8 月 16 日搭乘热气球从距地面 31,333 米的高度跳下来，他在空中的自由落体持续了 4 分 36 秒，预计时速达到 1150 千米，他选择在 5500 米的高度打开降落伞，由此创造了开伞的最高高度。

在通常情况下，人们会选择从低于 4200 米的高度跳伞，超过这个高度，跳伞员可能会面临缺氧的风险，大脑和身体可能会因氧气供给不足出现不适反应。除此之外，当从更高的高度下落时，逐渐增大的空气密度会对跳伞员的下落过程造成威胁。

当选择在较低的高度跳伞时，跳伞员会加速下落约 10 秒钟，接着不断增大的阻力会逐渐适应重力的作用，此时终端速度可达 55 米每秒左右。随着空气密度不断增大，终端速度会逐渐变小，对于大多数自由落体的跳伞员来说，这是一个在不断减速的过程。

而当选择从更高的高度跳伞时，所处高度的空气十分稀薄，在下落过程中阻力达到峰值时的终端速度会更大。实际上，跳伞员会与大气不断发生碰撞。基廷格在 1960 年的一跳中，到达大约 23 000 米的高度时他曾体验到一种接近于窒息的感觉，峰值时的冲击力可达 1.2 克左右。

假设从 75 000 米的高度落下，在大约 31 000 米的高度会产生 3 克的冲击力，此时会有大约 20 秒的时间是最难熬的，接下来会变得十分平稳。当跳伞员进入低空时，可以根据空气气流的方向改变身体姿态，延长与大气发生碰撞的时间，可以将冲击力降至 3 克以下，不过温度会急剧升高。

基廷格当时身着全套压力服，以应对平流层低压所带来的危险。在自由落体的过程中时刻保持身体稳定是重中之重，所以他事先准备了另外一个便于维持稳定性的小型降落伞，但是当他第一次试图打开小型降落伞时，并没有成功，这导致他在下落的过程中以 120 转每分的转速不停旋转。接着他失去了知觉，幸好后来降落伞自动打开，才使得这次高空跳伞大获成功。

你能通过观察来判断云中水量吗？

云中的水量与周围干净空气中的水量没有太大差别，只是温度的差异导致了水以不同的状态存在。干净空气中富含水蒸气，而干净空气中的水蒸气遇冷凝结后形成了云。

云的颜色也没有太大的差别。在较高的云层中，水以冰晶的形式存在；在较低的云层中，水以冰水混合物的形式存在。云的颜色主要取决于冰水混合物和水滴的尺寸，并非取决于水量。

我们可以通过降水量推算云中的水量。假设大气中所含全部水分转化成稳定的降水，降水量可达 35 毫米左右，实际上最厚的云层只会产生 20 毫米左右的降水。骤然发生强降水会形成 50 毫米或更多的降水，不过这还需要得到周围大气中的水分供给，所以强降水只会发生在局部地区。

遇到强降水时，我们可以采用这个公式大致计算出降水量：降水量 = 降水时间 ^{2} × 6.5，降水量以毫米计，降水时间以分钟计。常见的普通阵雨会产生几毫米的降水量，速度可能为 0.1 毫米每分钟。通常 1 毫米的降水量相当于在每立方千米云中有 1000 立方米的水，重达 1000 吨，而厚云层中的含水量可增至 20 倍。

我们还可以根据云的体积推算降水量。水的体积大约是云的体积的百万分之一，即 0.0001%。云的横截面积可以通过测量其阴影得出。假设云的体积大约是 500 米 × 500 米 × 100 米 =2500 万立方米，则水的体积大约是 25 立方米，即重约 25 吨。

为什么鞭子会开裂？

鞭子上的裂缝实际上源于声爆现象，因为在鞭子的末端突破了声障。当挥鞭子时，能量会从手柄向下传递至末端，随着鞭子从手柄到末端逐渐变细，横截面和质量也逐渐变小。

这股能量与质量和速度密切相关，我们知道能量是守恒的，因此在传播过程中，随着质量逐渐减小，那么速度必定会增加。随着速度变得越来越快，在末端时会达到声速。

当能量抵达鞭子末端时，一部分会消失在空气中，另一部分会返回向鞭子手柄的方向传播。当能量抵达鞭子末端并即将返回时，会承受短暂却巨大的加速度，最终速度会远远超过声速。

6月

蚂蚁是如何大量聚集起来的？

蚂蚁会四处觅食，它们行动的方向是非常随性的，不过蚂蚁在搬运食物返回巢穴的路上会留下痕迹，当其他蚂蚁偶然发现这种痕迹时，会根据痕迹上的信息确定食物的来源。

食物越多，信息就越多，被吸引来的蚂蚁就会越多。这是一种神秘又简单的机制，蚂蚁采用这种机制进行觅食已有数百万年之久。蚂蚁沿着信息痕迹爬行，并进一步增加信息，当消耗掉所有食物时，它们将不再留下任何信息。信息痕迹将随着时间的推移而消失，以免引发大量聚集或觅食混乱。研究人员已经在多项实验中对蚂蚁觅食行为进行了模拟，虽然有些实验令人难以理解，但是有些实验的确趣味性十足。

我们非常不希望自己家里出现蚂蚁，它们最好可以跟随群体回到它们固有的巢穴。为了预防蚂蚁入户，也可以用沸水喷洒家周围大约 1 平方米的范围，再撒上少量的蚂蚁药。蚂蚁可能不会像蜜蜂那样会飞，但这不能说它们之间不存在交流。事实上，它们在经过同一条路线时会互相致意。

～ 6月2日 ～

为什么冰箱里的香蕉会迅速变黑？

通常我们会认定冷藏可以延缓食物的腐败，不过香蕉在冷藏状态下会迅速发生腐败，这到底是出了什么问题？下面用一个简单的实验来验证事实真相。

将一根香蕉放入冰箱，再将另一根香蕉放置于20℃左右的室内环境中。一天后我们发现，冰箱中的香蕉比冰箱外的香蕉变褐或变黑的程度更加严重。

虽然许多水果可以在低温环境下延缓腐败，但大多数热带和亚热带水果，特别是香蕉，在冷藏环境中会出现冻伤。实验表明，香蕉的理想储存温度是13.3℃。当低于10℃时，香蕉会迅速变质，此时细胞内膜受损会释放酶和其他物质。

细胞内将不同物质区隔开的膜，本质上是两层滑溜溜的脂肪分子或脂质。当这些膜遭到冷却时，膜的柔韧性降低，分子会变得更加黏稠，此时香蕉将调整膜的成分，根据其正常生长温度适当改变膜的流动性，比如通过改变膜脂质中不饱和脂肪酸的量来实现，不饱和脂肪酸越多，膜在指定温度下的流动性就越强。如果冷藏温度过低，膜会变得过于黏稠，将失去区隔多种物质的能力。最终，酶和其他物质在膜塌陷后发生混合，并加速了果肉的软化。

香蕉表皮变黑与果肉软化分别是在不同种酶的作用下发生的。多酚氧化酶会将香蕉表皮中天然存在的酚分解成结构类似于在人类晒黑的皮肤中发现的黑色素的物质。由此看来，在冷藏状态下香蕉表皮的褐变会更早发生，低温造成的膜损所引发的腐败仍需要一定时间。低温本身不会加速表皮发生褐变及部分果肉的软化反应。如果把冰箱中已经遭受冻害的香蕉拿出来，由于香蕉表皮已经开始发生褐变，加之室温高于冷藏温度，这样只会加快香蕉腐败的速度。

我们可以把香蕉皮放入冰箱中几小时来验证。将冷藏后的香蕉皮取出，我们会发现香蕉皮底层仍是乳白色的，尽管膜遭到低温冻害，但氧化酶无法在如此低的温度下发挥作用。接着将香蕉皮置于室温环境中，经过一晚上温度的回升，第二天早上我们发现香蕉皮底层已经变黑。由此得出，并非低温使香蕉果肉变黑，因为我们刚把香蕉从冰箱中取出来时，香蕉皮底层还没有变黑。

∽ 6月3日 ∽
我们的大脑如何识别出背景噪声？

假设播放一段在餐馆里录的对话，背景的噪声——比如餐具碰撞盘子发出的声音，其他客人喋喋不休的说话声，偶尔开关门的声音——会特别明显。不过，我们的大脑可以完全过滤掉背景噪声，这到底是为什么？

传声器作为一种可以非常客观地记录各种声响的设备，不仅能够检测特定轴上绝对压力或压力梯度的变化，而且能够如实地将其转换成电信号。相比之下，我们人类的耳朵特别智能，具有主观筛选的功能，旨在解析声环境，并非简单记录声响。

我们的耳朵本身就是简单的压力传感器，而且我们另有办法弄清楚声音的来源，比如利用声音的相对电平、相位和到达时间*。除此之外，我们的头形使得局部声频场发生变形，从而以熟悉的方式更容易捕捉声源的位置，况且我们还可以灵活地转头，让这一切变得更加容易。

我们能够同时感知直达声和混响声。我们所处的环境中不仅色彩万千，而且声音丰富，比较常听到的是因各种随机反射而形成的延迟噪声。如果人类的大脑无法解析这种声学环境，声音将变得非常模糊，甚至听不清。好在大脑可以计算出噪声的到达时间、来源的位置，甚至可以在很大程度上进行降噪处理。

当用单个扬声器或立体声系统设备重播由传声器记录的声响时，本应遍布我们周围的随机混响声就出现在我们跟前。此时，通常用于辨别方向和判断时间的大脑功能则出现紊乱，所以无法正确解析声响。

---

* 声音是由物体的振动产生的。振动就是物质粒子相互碰撞并以向前移的脉冲或波的形式传递能量的快速运动。声波是一种周期运动，声波在周期运动中所达到的精确位置就叫作相位。（出版者注）

大海中有昆虫吗？

海洋昆虫当然存在，但只占昆虫物种总数的一小部分，既包括生活在半咸水中的物种，例如生活在处于飞溅区上限的咸水湖和盐渍化岩石池中，又包括生活在海面上下的物种。

一份关于爱尔兰地区咸水湖的调查报告共记录了 77 种昆虫，其中大多数物种的分布范围不局限于一处。苍蝇（双翅目）、甲虫（鞘翅目）和真虫（异翅亚目）最常见。苍蝇通常处于幼虫阶段，其他两种则处于幼虫和成虫阶段。

真正意义上的海洋昆虫包括在海面上度过一生的物种，例如五种海黾，常作为海洋昆虫中最极端的例子，也包括成年或幼虫可以承受海水浸泡的物种。海黾的确从不主动冒险进入陆地区域，只是生活在海面上，它与黾蝽科、大宽黾蝽科等这些是水黾科家族的淡水昆虫一样，不会浸泡在海水中。海黾将卵产在南北纬度约 40° 之间的海面上。

再如真虫这样的物种，分布在西欧和北非范围内的大西洋岩石海岸，可以定期和长时间在海水中生存。在涨潮时，成虫和幼虫栖息在岩石缝隙或软体动物遗留的岩石孔洞中，待退潮后再出来觅食，在海藻中寻找猎物。真虫常见于海岸的底部，无论是涨潮还是退潮时都生活在海水中，因此海洋生物学家比昆虫学家更常看到它们。

撒哈拉沙漠中有多少沙子？

撒哈拉沙漠占地超过 900 万平方千米，是世界上面积最大的沙漠，且地质条件复杂。大约 15% 的地区是沙丘，大约 70% 的地区是石漠，分布着裸露的岩石和巨砾石，其余地区分布着绿洲和山脉。

沙丘下分布着不同类型的岩石。虽然在阿尔及利亚和利比亚发现了石油和天然气矿床，但是因为交通不便影响了其开发的进程。

在撒哈拉沙漠中，并非所有区域都覆盖着沙子，但是无论出于何种原因，沙子在风力的作用下都会聚集到一处形成沙丘，这些沙丘的运动轨迹和成因极其复杂。

沙丘的高度至多超出地表层或基岩层几百米，部分古老的山谷或湖泊也被沙丘所掩埋，深层沙子和海绵砂岩构成了重要的地下水储层。毫无疑问，沙子的确会不断形成和再次形成，在水蚀、风蚀和霜冻的作用下岩石颗粒会逐渐剥落。此外，潮湿的深层沙子将黏合形成砂岩，谁也无法预料，数百万年后是否会发生似曾相识的循环。

更深层的沙子分布在海底碎屑扇中，这些碎屑扇堆积在河口。有趣的是，地中海在过去数千万年中曾多次干涸。每当这种情况发生时，流经盆地的河流都会将碎屑扇侵蚀成巨大的峡谷，每当海水回流时，这些峡谷会再次淤积。尼罗河下游的河床由淤泥堆积而成，或多或少已被压实，深达数千米。河流的侵蚀作用足以在地下形成峡谷，当然规模要小得多。

6月6日

我们能通过建造技术改变银河系吗？

预测遥远的未来似乎不太现实，因此人类通常会非常保守地回答：除了已知物理学知识无法实现的事情之外，其他都能实现。不过我们要事先完成两项发明：一是具有自我修复功能的人工智能监理，可以指导持续数千年的建造项目；二是时速接近光速的车辆，可以借由激光束或微型黑洞驱动。

如此一来，人类可以从现在的太阳系到达另一个太阳系，在1000万年左右的时间里让足迹遍布整个星系，然后进入本超星系团。潜在的施工场地相当多，如此的建造文明会消耗大量的能量，不过这也可能成为最引人注目的地方。为了解决能源问题，可选择接入当地的电源，例如沿轨道运行的太阳能发电站可捕捉星光进行发电。随着对电力需求的增长，发电站最终可能会完全遮挡住一颗恒星，形成一个封闭的"戴森球"，以物理学家弗里曼·戴森的名字命名，他指出技术文明将伴随着不断的能源升级。

假设"戴森球"最终得以建成，太阳将会变暗，当人类不再存在于世时，会遗留下一个巨大的考古废墟。如今的天文学家正在寻找这种规模巨大的外星工程所投射的阴影。倘若真的掌握了这种技术，我们可以移动恒星，尽管速度会很慢。最简单的方法是在恒星的一侧放置一面镜子，通过反射光束产生反方向的推力。或者来自戴森球的能量可以为离子发动机提供动力，使恒星移动得更快一些。

或许以上这些关于恒星的讨论有点儿小试牛刀，那么建造终极粒子加速器怎么样？它能够通过聚集所有力量形成巨大的能量，并且能揭示时空的基本属性。为了能够获取所需的能量，这台加速器的作用距离必须至少达到从太阳到冥王星距离的100倍。

如果恒星和超大黑洞不能满足我们对能量的需求，那么我们可能会学会创造微观黑洞并为其供应尘埃。这可以释放惰性物质的巨大能量，将其转化为热的霍金辐射，能够推动我们的星际事业，很可能会改变未来的一切。随着这类建造文明以接近光速的速度在太空中传播，余热将作用于宇宙，并改变宇宙的物理性质。从物质向射线的转换甚至会稍微减缓太空膨胀的进程，同时人类对地球的多重干预将会实现。

最长的吸管有多长？

在大气压强为 101325 帕的条件下，在非挥发性液体上方施加绝对真空，通过垂直吸管的液体高度可达最大值。液体压强 = 液体密度 × 重力加速度 × 液体深度，其中重力加速度为 9.81 米每秒，其液体深度以米为单位。例如液体密度为 1000 千克每立方米的水，向上送水高度的极限值是 10.3 米左右。

然而在 27℃的条件下，水面上承受的蒸汽压力为 3536 帕，水面在达到完美真空状态之前会开始沸腾。因此所能施加的最大真空压力为 101325-3536=97789 帕，并得出最大高度为 9.97 米。

换作软饮料，情况将变得更加复杂，因为饮料中溶解的二氧化碳会在真空下开始溢出。假设你吸得非常慢，起初只会吸上来二氧化碳，待所有二氧化碳溢出后，才会喝到饮料。假设你吸得很快，那么在二氧化碳形成之前，整体提升了饮料的高度，所以大概率会吸到液体和二氧化碳气泡形成泡沫，因为泡沫混合物的有效密度低于液态纯水。假设以常规的速度吸饮料，泡沫气泡会聚集，所以吸上来的饮料柱的高度不会太高。

所以吸管的长度与你希望饮料中二氧化碳的含量和吮吸的速度有密切的关系。或许在一定的真空压力的作用，你还需要多准备几种吸管，塑料吸管恐怕无法承受这种压力。

为什么美国牛仔会给马钉马掌，
而美洲原住民却不会？

马本来生活在草原地区，气候条件普遍干燥。大约 7600 年前，马在北美地区濒临灭绝，可能由于气候变化，也可能由于美洲原住民的狩猎行为导致。16 世纪时西班牙人将马匹带入美洲，后来马匹遍布美洲各处。

大约在 1540 年，本来生活在北美平原地区以及如今美国西南部的部落在躲避欧洲人的途中遇到了马，或者至少是野马的后代。马群遍布密西西比河的河谷，定居在周围的大多数部落依靠农作物为生。平原地区的印第安人过着游牧生活，他们虽然过去从未见过骑着马或搭乘其他交通工具的欧洲人，但是充分意识到了马在移动方面具备强大的潜力。于是，马在短短不到两个世纪的时间内彻底改变了美洲原住民的社会形态。

马掌的发明和使用可能源于欧洲西北部，当地气候和地理环境不佳，马掌可以用来保护家马的马蹄。从考古学的取证来看，马掌可能最早出现在 5 世纪，由高卢人或法兰克人制造而成。欧洲人使用马蹄铁出于气候、地形的原因，欧洲的气候通常较为湿润，土壤质地柔软黏稠，因此会软化在马蹄底部形成的老茧。而马匹是长途旅行和战争中不可或缺的重要工具。当马匹驮着重物以相当高的速度奔跑时，马蹄承受了巨大的压力，如果没有马掌马蹄会出现不均匀的磨损，甚至断裂，直接会导致马匹无法再继续奔跑。

而平原地区印第安人所饲养的马匹仍旧采用过去北美地区盛行的放养的方式，它们无须以极其快的速度奔跑，而是大量聚集在平坦开阔、气候干燥的草原上，所以马蹄底部更加结实，也更加均匀。此外，美洲原住民拥有众多马匹，比如一队 2000 人的科曼奇勇士们就拥有 15000 匹马。对于平原地区的印第安勇士而言，马匹是他们财富的象征和生计的来源，照顾马匹实际上是在维护财富。

当失去知觉时会发生什么？

知觉并非一直存在，而是断断续续的，要么你能感受到周围的现实世界，要么感受不到。对于我们而言，似乎很难找到控制知觉的开关，很难随时随地在有无知觉的状态之间做切换。

一般而言，当进入无梦的睡眠状态时，知觉便会离我们而去，而当醒来时，知觉又恢复了。也有人认为知觉消失类似麻醉的状态：你或许听到他人的声音，却无法回应；你或许在做梦，却听不到他人的声音；甚至你可能什么也听不到或感受不到。那么，大脑的运行模式与知觉（意识）有何关联呢？

我们知道，如果大脑中特定的区域受损或受到刺激，会直接导致知觉丧失。屏状核——存在于脑内部的薄片状灰质——就属于其中之一。不过许多关于知觉的主流理论都并非提到单一某个解剖学意义上的部位。

全局工作空间理论*指出，外界的信息会分散我们的注意力。我们只会注意到某些特定的信息，比如铃声，我们的大脑只能捕捉到铃声，而忽略了其他信息。

信息整合理论**指出，意识并非信息数据的简单叠加，而是信息数据经过整合而得出的结论。最近一项关于大脑在逐渐麻醉过程中的活动情况的研究似乎证实了这一理论。研究指出，诸如氯胺酮这类有效的镇静剂实际上可以刺激脑内部分区域的活动变得更加频繁并处于一种意识清醒的状态，但最终会阻止脑内不同区域之间的信息交换。

---

* 全局工作空间理论，简称 GNW，是美国心理学家伯纳德·J. 巴尔斯（Bernard J. Baars）和神经科学家斯坦尼斯拉斯·德阿纳（Stanislas Dehaene）与让－皮埃尔·尚热（Jean-Pierre Changeux）提出的意识模型。GNW 理论认为，意识源自一类特殊的信息处理过程，大脑记录的感官信息会被多个认知系统使用，如语言、形成或提取记忆、执行动作等。在数据被传播至整个大脑的多个认知系统时，意识开始逐步产生。（出版者注）

** 信息整合理论是朱利奥·托诺尼（Giulio Tononi）运用神经科学脑成像等技术对神经疾病患者进行反复的观察与实验提出的理论。托诺尼认为，从意识自身出发，通过确定其基本属性，然后探寻什么样的物理机制大概能够对这些属性做出解释。信息整合理论与全局工作空间理论并列，是目前对意识的科学研究中的两大主流理论。（出版者注）

6月10日

蝴蝶能飞多高？

蝴蝶与人类不同，不追求最高海拔纪录。所以实际情况是，蝴蝶的飞行高度能够满足其日常生存所需即可，比如寻找配偶、食物、产卵的地点，以及躲避捕食者，远离捕食者的活动范围。

全世界有成千上万种蝴蝶，每种蝴蝶都能找到适合自己生存并满足生存条件的特定栖息地。有些蝴蝶会选择在滨海草原上生活一辈子，幼虫以低矮的植物为食或生活在蚂蚁的巢穴中，成虫从不飞离地面超过 3 米。一些在高山上发现的蝴蝶，它们的飞行高度实际上并没有距离地面很远，不过在秘鲁山区发现的一种蝴蝶，一辈子都生活在海拔约 6000 米的地方。

一般来说，迁徙性蝴蝶会飞得相对高一些。黑斑金斑蝶是比较知名的迁徙性蝴蝶，它们每年都会离开墨西哥或美国的加利福尼亚州，向北飞往加拿大或美国北部地区，实际上它们会在迁徙途中产卵，经过几代的努力才能最终抵达目的地。曾经有滑翔机的飞行员见到过迁徙途中的黑斑金斑蝶，它们的飞行高度达 1200 米。令人感到有趣的是，黑斑金斑蝶与滑翔机一样，都凭借上升气流来实现足够的飞行高度，可以在相当长距离的滑行过程中储备能量，为提升飞行高度做好充足的准备。

欧洲也分布着很多迁徙性蝴蝶。色彩斑斓的小红蛱蝶会从北非地区飞往法国南部，不过它们必须在寒冬将至之前离开欧洲，否则霜冻带来的低温足以威胁它们的生命。在飞往法国的途中，其中一部分蝴蝶会飞跃比利牛斯山脉*，比利牛斯山脉的海拔大约为 2500 米。在迁徙途中如果遇到高楼，它们会直接飞跃高楼；如果遇到高山，它们同样会飞跃高山。

不过普遍来说，蝴蝶是怕冷的物种，如果温度过低，则无法飞行。蝴蝶能够通过拍打翅膀来维持自身的温度，如果在气候条件不适宜的情况下飞得过高，它们恐怕无法维持自身的温度。一般而言，海拔高度不足 8000 米时空气温度已达冰点，蝴蝶自身的生物局限导致其飞行高度无法超越这个极限值。

---

* 比利牛斯山脉是欧洲西南部最大的山脉，也是法国和西班牙两国界山。（出版者注）

为什么饼干会变软，而面包会变硬？

　　将一袋饼干敞口放置一晚上，第二天早上会发现饼干变软了；将一个法棍面包同样敞口放置一晚上，第二天早上会发现面包变硬了，甚至特别硬，足以把人打晕。到底是什么因素导致了这两种完全不同结果呢？

　　一般而言，饼干的含糖量和含盐量远远超出面包。小颗粒的糖和盐具有较强的吸湿性，能够吸收空气中的水分，而且甜度较高的饼干的渗透压也相对较高。在毛细管效应的作用下饼干内部的细密质地可以更好地储存水分。我们可以做个小实验，准备尝试一系列不同的饼干，从含糖量高、质地细腻的甜饼干到含糖量较低、质地轻盈蓬松的水泡饼干，经过一夜敞口放置后，你会发现，湿度指数与饼干质地细腻程度和含糖 / 盐量成正相关。

　　与饼干不同的是，法棍面包的含糖 / 盐量非常低，并且其内部结构较为松散开放。既然糖分较低，也就没有任何能够吸收水蒸气的物质。随着面包内的水蒸气逐渐蒸发掉，面包会变得越来越硬。这个过程也与温度有关，在略高于冰点时速度最快，在冰点以下速度缓慢。研究表明，在 7℃（冰箱冷藏的温度）和 30℃ 的环境中，面包变质的速率不会有太大变化。由此可知，将面包放入冰箱并不能达到长时间保鲜的目的。

为什么动物会舔伤口？

就哺乳动物而言，舔伤口是极其常见的治疗方式。动物不仅会舔自己的伤口，还会帮助其他动物舔伤口，而且我们认为早期的哺乳动物就已经拥有这项技能。唾液通常具有杀菌的作用，对伤口的组织有益，不仅不会对活组织造成伤害，而且会促使坏死组织脱落，甚至回收坏死组织。

毫无疑问的是，这种习惯源于对疼痛的自卫防御反应，也源于对体液和腐蚀质的进食反应。实际上，许多物种的雌性动物都会舔舐生病中的幼崽，倘若幼崽的病情不见好转，雌性动物可能会吃掉幼崽。更令人难以接受的是，雌性动物甚至会吃掉过世幼崽腐败的尸体。

由此看来，只有人类才会成立正规的卫生医疗机构，对疾病和身体损伤进行治疗，尤其是进行互助性的治疗。不同的物种对治疗有不同的理解，比如鸟类平时会注意防尘，生病时会隐藏起来休息，也会寻找蚂蚁洞和蚂蚁，用蚂蚁摩擦羽毛，由此分泌出具有抗菌功能的化学物质。

多种鸟类和哺乳动物会通过摄入黏土来中和食物中的毒素，一些品种的黑猩猩在生病时会咀嚼某些带有刺激性气味的叶子。这种"药物"可以起到抑制体内寄生虫的作用。各个地区分布的植被各不相同，各个地区动物的生活习性也千差万别。显然，动物只有通过经验的积累才能掌握治疗的方法，甚至养成治疗的习惯。

终有一日，我们会说同一种语言吗？

随着科技的稳步发展，以及世界各地的文化和经济体系日益关联，少数几种语言的优势地位明显，国际影响力将得到进一步提升，与此同时，其他一些语言的受关注度呈下降趋势。

从全球范围来看，其中有超过10亿人的母语是汉语，这意味着汉语的使用人数是最多的。若以语言的使用人数继续排名，西班牙语排在第二位，英语排在第三位。英语与汉语和西班牙语的不同之处在于，汉语和西班牙语分别在30多个国家使用，而有100多个国家都在使用英语，其中有3.35亿人将英语作为第一语言，还有5.5亿人将英语作为第二语言，英语在国际关系、商业和科学领域发挥着重要作用。由此看来，英语非常有可能将来成为地球人的通用语言，或许与英语母语者所讲英语会有些许不同。

遍布世界各地的几亿人在将英语作为第二语言的同时，将其母语和本地文化中的一些元素融入英语，于是形成了中式英语、巴西式英语、尼日利亚式英语等多种不同形式的英语表达。总而言之，这些不同形式的英语表达，虽然与英式英语和美式英语有些许差异，但是未来的发展潜力不可估量，会进一步拓宽英语的使用范围。

即使未来中国、印度和尼日利亚发展成为具有全球影响力的超级大国，英语也很可能仍然作为国际对话的首选语言，原因很简单，英语早早实现了在全球范围内的普及。说奇怪也真奇怪，这对于以英语为母语的人来说，反而不是一件好事。当全世界的人都具备讲英语的能力时，英语语言能力不再被视为一项特长，英语母语者的语言优势也不复存在。

随着时间的推移，各种不同形式的英语表达可能会突破国家之间的界限，实现进一步的融合。随着国际贸易和地区交流的加强，也可能会产生新形式的英语表达，无论到时候我们是否还将这种语言称为英语，但结果是有目共睹的，即通用语得到了进一步的优化。与此同时，其他语言还会并行使用，并不会彻底消失。在德国境内，德语仍是德国人的首选语言，而爱沙尼亚语，即便只有大约100万人使用，也仍然没有消失，即使是只有100万人说的爱沙尼亚语也是安全的。同样，莎士比亚式英语至今日仍然影响着英国人和美国人的英语表达方式。不过英语的传播像踢出去的皮球一样，很快就会不受控制，当英语传播至世界其他地区时，必将会融入许多新元素。

鼻涕吸进肚子里，会危害身体健康吗？

实际上鼻涕吸进肚子里，不会危害身体健康，不过可能会对自身的形象有所影响，尤其是被他人不经意间察觉到的话。

从生理学上讲，鼻涕和鼻屎都不会对健康产生太大威胁。鼻涕会顺着咽部流淌下来，很容易被吞咽下去，只要注意及时用手帕或纸巾及时擤鼻涕，就可以避免这类事情的发生。

在一般情况下，鼻涕或鼻屎内所含的微生物和细菌几乎都能被人体代谢掉，或者直接在消化道中失去活性。但凡事都有例外，有些细菌的确会通过鼻子引发感染，而一些有毒的灰尘颗粒也会在痰液中逐渐聚集起来，这些会对身体健康造成伤害。出于对健康的考虑，最好远离这些细菌和灰尘，还是不要把鼻涕吸进肚子里。

鼻毛具有阻止鼻涕、鼻屎及灰尘进入肺部甚至消化道的作用，即使擤鼻涕时发生意外，也不会导致大量鼻涕进肚。

为什么白炽灯泡会爆炸？

白炽灯泡的爆炸通常发生在开灯的一瞬间，很少发生在长时间使用之后，这一点让人觉得有点儿奇怪。

白炽灯在通电的情况下，金属材料的灯丝会发生一系列的反应。随着温度的升高，金属灯丝的电阻会增大。开灯的瞬间，也就是白炽灯刚刚接电时，灯丝温度低，电阻值仅为正常工作时的 1/10，因此超过额定值 10 倍的初始电流会通过灯丝，灯丝会因短时间内温度过热而产生热应力。

如果金属灯丝中的某一段较细，则此段灯丝会迅速升温。随着温度的升高，每毫米灯丝所产生的电阻会变大，所聚集的热能越来越多，热应力也越来越大。

加之金属灯丝会以线圈的形式存在于灯泡中，与电磁铁类似。在通电的状态下，有电流通过的线圈具有磁性，线圈之间会相互影响，所以在接电的一瞬间，电流通过较细的灯丝，出现机械应力缺陷。

所以，在没有任何心理准备的时候正常开灯，接着灯泡发生爆炸，也不是什么稀奇的事情。

能徒手推动一艘船吗?

假如是一艘浮在水上的船,在不受到其他限制因素的影响下,既不受到风力的影响,也不受到洋流的影响,仅凭一己之力推动它的确相当容易,即使是一艘豪华邮轮,比如伊丽莎白女王二号[*],也不在话下。我们可以利用动能和动量的关系来解释这一切。

假设船的质量为 20 000 吨,也就是 2×10^7 千克,船速为 1 厘米每秒,即 10^{-2} 米每秒,根据动能 =1/2 × 质量 × 速度^2 的公式可得,$1/2 \times 2 \times 10^7 \times (10^{-2})^2$ = 1000 焦。1000 焦相当于体重 51 千克的人爬 2 米高的楼梯所消耗的能量,所以动能不大。

假设速度为 1 厘米每秒,根据动量 = 质量 × 速度可得,船的动量 $=2 \times 10^7 \times 10^{-2} = 2 \times 10^5$ 千克·米/秒。当体重达 51 千克的人作用于船只时,时间为 400 秒,重力加速度为 9.8 米每二次方秒,可得 $51 \times 9.8 \times 400 \approx 2 \times 10^5$ 牛·秒。假设他通过一条系泊缆绳来移动船只,那么当船以 1 厘米每秒的速度移动时,他将会下降 2 米。

实际上船在行进过程中,与船只质量相同的水同样以差不多的速度在行进。由此看来,上面计算动能和动量忽视了水的作用。不过结论还是一样的,一个人在不借助其他帮助的情况下,凭借一己之力即可轻松地移动一艘船。

只要用力推,船就会动,祝你好运!

---

[*] 伊丽莎白女王二号是世界上商业运营时间最长的古典豪华邮轮,建造于 20 世纪 60 年代末,运营已近 40 年。伊丽莎白女王二号船身长为 293.52 米,有近 3 个足球场的那么长,船高为 54 米,有 18 层楼那么高,船上有 950 个套房,还有游泳池、高尔夫球场、图书馆等设施。(出版者注)

花粉症是什么引起的？

当发生花粉过敏时，身体会做出反应，与尝试破坏并排除寄生物的反应机制类似。花粉本身是一种无害物质，为什么会促使身体做出相似的反应呢？可以肯定的是，致敏过程通常早就启动了，潜伏期可达几个月，甚至几年，在此期间不会出现任何症状，不过会逐渐形成针对特定致敏原的免疫细胞网，防止它们在未来的某个时刻进行攻击。

越来越多的人容易过敏。过敏性鼻炎影响着世界各地的人们。在英国，现在有 30% 的成年人有过敏性鼻炎，这一患病概率已达 20 世纪 70 年代的 3 倍。同样，在美国、澳大利亚、新西兰以及其他一些西方国家，过敏性鼻炎的患病率也呈现了类似的增长趋势。过敏性鼻炎全球平均患病率约为 16%，这意味着至少有 10 亿人对花粉过敏。

过敏症状可以随时突然发作，无论年纪大小。饮酒和吸烟会提升患花粉症的风险，甚至会加剧过敏症状。虽然人们逐渐意识到过敏症状的大流行趋势，但是没办法阻止，近几十年来，数不胜数的过敏症状变得越来越常见。

研究学者们提出了一些假说，用于解释过敏症状的大流行趋势，其中一种认为，儿童在早期生长环境中所接触到的细菌感染和寄生物较少，阻碍了免疫系统的正常形成，从而会对无害物质的入侵产生防御反应。在农场长大的小孩似乎就不会染上花粉症和哮喘，从小饮用未经超高温灭菌处理的牛奶的小孩似乎也是如此。

不过这种从卫生条件角度提出的假说并不能彻底解释花粉病在世界范围内患病概率不同的现象。比如日本，在很多方面与欧美社会具有相似性，但是过敏的概率非常低，这大概可以用遗传学的知识解释。假设与你有血缘关系的家庭成员患有花粉症，那么你患病的概率将超过 50%。

近期有研究学者发现，与自然环境接触较少，可能会降低存活在我们体内和身上的微生物的多样性，这可能会导致免疫系统陷入易过敏的状态。芬兰赫尔辛基大学的伊尔卡·汉斯基发现，与健康个体相比，易患过敏症的人群有可能生活在建筑分布更密集的地区，而且皮肤上细菌的多样性较低。

不动杆菌属*的一系列细菌值得引起注意，因为它们似乎可以诱导免疫细胞产生一种名为 IL-10 的抗炎物质。在森林和农田周围长大的孩子不易过敏，因为他们的皮肤上往往存在大量不动杆菌。此外，假设在儿童时期过多地使用抗生素，维生素 D 含量较低，或较少暴露于某些化学物质含量高的环境中，都有可能加剧过敏症的易感性。

---

* 　不动杆菌属广泛分布于外界环境中，主要在水体和土壤中，易在潮湿环境中生存，如浴盆、肥皂盒等处。该菌因黏附力极强而可能成为贮菌源。此外，本菌还存在于健康人皮肤（25%）、咽部（7%），也存在于结膜、唾液、胃肠道及阴道分泌物中。（出版者注）

每棵树的沙沙声都不同吗？

树叶引起的气流扰动会从音量、振动及频率三方面影响树木发出的沙沙声，各具特色的沙沙声仿佛构成了树木的演唱曲目，风速、风向以及树叶的类型同样也会影响乐曲的呈现效果。

一阵风过后，形状像针一样的叶子会脱离树枝，旋转着画出下落的螺旋线，与此同时发出专属于针叶树的浪漫的、音调较高的沙沙声。扁平的叶子会像彩旗一样上下翻飞，所发出的沙沙声主要取决于叶子的厚度、硬度、边缘轮廓和表面纹理。柳叶的两头尖尖的，叶片较为狭窄，仿佛会在风中发出阵阵低语声。

叶子在生长过程中会注意避免相互之间接触，因为叶子之间的碰撞会直接造成损伤。不过当一阵猛烈的风袭来，碰撞在所难免，树木便沙沙作响。有些叶子表面光滑，叶片较大，边缘轮廓较为简单，往往会发出音调较低的声音，除非风力过大导致叶片之间的相互拍打较为猛烈。而有些叶子的叶片较小，表面纹理较为突出，边缘轮廓较为复杂，这些叶子毛茸茸的表面和树皮粗糙的表面一样，会发出人耳难以察觉的超声波，是那么的静默。

到了秋天，叶子会变薄变脆，发出唰唰的声响。蚜虫会在叶子表面留下孔洞，蚂蚁会掏空金合欢的刺，会发出口哨一样的声音。枝繁叶茂的树木一般不会发出高音。树叶的生长高度不同，所遇到的风也不同，而且风对叶子的形状和质地也会产生影响。茂密的树叶抑制了高音。高枝上的叶子形状和质地不同，并遇到更高的风。每当微风拂过，灯芯草的叶子仿佛会像管乐器的簧片一样振动发出声响，里面夹杂着一个声音，仿佛就像古希腊神话中所述说的"弥达斯王有对驴耳朵"*。

---

* 弥达斯是希腊神话中的一位国王，贪恋财富，求神赐予点物成金的法术，最后连他的女儿和食物也都因被他手指点到而变成金子。传说他为阿波罗同牧神潘比赛音乐充当裁判，因偏袒潘，遭阿波罗惩罚，将其耳朵变成了驴耳朵。（出版者注）

如果发现了外星人，应该怎么办？

多亏了开普勒太空望远镜的发明，我们才知道星系中可以容纳300多亿颗与地球相似的行星。有些人指出，发现外星人，证明地球不是唯一存在生命的行星，这只是时间的问题。

我们探测到的太空信息在某种程度上严重影响着我们对待外星人的态度。除非我们掌握了切实的信息，比如小绿人在世界杯决赛期间着陆，才会真正解答这么多年所累积的问题，并对这么多年所做的探测做出判断，所以现在我们仍处于一种不知所措的状态，不知如何面对外星人。

系外行星大气中化学物质的失衡可能是微生物活动的迹象，但这种间接结论恐怕站不住脚，经不起长时间的推敲。1996年，美国科学家声称在ALH84001陨石 * 中发现了有关火星细菌的微观化石的证据，获得了广大媒体的关注，甚至美国国会都召开了听证会。随着争议与怀疑与日俱增，科学界最终拒绝承认这个假说。时至今日，大多数科学家依然认为陨石中并不存在古代外星生命的残余物。

而当接收到来自外星智能体的信号时，我们会用一种截然不同的态度对应，经过复杂的解码后，科学家甚至国家必须对信息进行评估，判断是否带有威胁的意味，如果有必要的话，是否会做出回应，回复的内容又是什么。这一系列的发现将会对宗教造成影响，比如有些人可能会把外星智能体视为救世主一样的角色，从而产生全新的宗教。或者有些人会将这些外星智能体视为全新的物种，停下那些带有知识局限性的争吵，继续探索宇宙中的物种。

从长远来看，任何微不足道的证据，只要是与外星生命体有关的，都会引发科学家对生物学普遍原理的探究。我们可能需要找到以下问题的答案：生命体是否只出现在各方面条件适宜的环境中，抑或生命体的出现只是一个源于奇怪的偶发事件？是否存在其他形式的遗传密码？生命体的出现离不开碳和水吗？达尔文提出的自然选择是否具有普遍性，是否存在其他形式的进化？

假设我们真的发现了外星人，由此得出的最重大的结论恐怕是，人类并非宇宙的主宰，而且人类的存在也并不稀奇，这将会对人类以往的认知造成颠覆性的影响。取而代之的是，我们将不得不承认我们赖以生存的地球隶属一棵巨大的银河系生命之树。

---

* ALH84001陨石是1984年12月27日在南极阿兰山发现的火星陨石。ALH指南极洲的阿兰山，84指1984年，001指当年编号的第一块陨石。（出版者注）

在跑步比赛中，如何利用摄像机确认冠军的归属？

在跑步比赛中，只有躯干最先通过终点线的运动员才是冠军，手、膝盖和头部都不算数。

摄像机在短时间内反复对终点线所在平面进行拍照。采集运动员冲刺终点线瞬间的窄缝图像，经数字化处理后与对应时间叠加，再现运动员撞线时的延时图像。

通过这些图像可以确认运动员所处的位置和撞线的时间，不过运动员的姿势会看起来很奇怪。比如运动员的脚落在终点线的一瞬间，多个窄缝图像会使其看起来像在滑雪。

虽然图像本身是摄像机自动生成的，不过裁判负责判断运动员所处的位置并确认时间。裁判会留意每位运动员胸部所处的位置，虽然胸部听起来并不是一个容易判断的点位，但是跑步运动员都知道如何在最后一刻弯腰，让胸部尽早越过终点线。裁判只要定位了运动员的胸部，就能在图像中确认胸部越过终点线时所对应的时间。

为了尽量避免运动员在图像中相互遮挡，摄像头通常被置于高处，并以鸟瞰视角反复对终点线进行拍摄。

假设不以胸部为判定部位，而以手越过终点线为判断冠军的标准，那么在冲刺撞线的一瞬间运动员受伤的概率会有所增加。

为什么气球在完全放气后很难再充气？

有些人很会吹气球，熟练掌握了吹气球的诀窍，而有些人无论如何都吹不进去气。好吧，我们借助一些科学知识来解释为什么会发生吹不进去气的情况，并以此拯救那些不会吹气球的人吧。

我们通过气球可以掌握很多物理学相关的知识。不妨试试下面这个实验：将两个相同的气球吹成不同的大小，并捏住开口，防止空气逸出。使用黏性胶带分别将两个气球的开口固定在塑料或橡胶管的两端。自己一个人恐怕无法完成这个步骤，那就请朋友帮忙吧。待两个气球固定好后，松开开口，让空气在塑料或橡胶管中自由地流通。

也许直觉会告诉你，最终两个气球会大小相同，不过事实并非如此，较小的气球中的气体逐渐减少，待全部气体进入较大的气球后，较小的气球会萎缩至初始的状态。科学家们已经提出了许多理论用于解释为什么会出现这种情况，说的似乎都有道理，几乎都提到了随着空气从较小的气球逐渐进入较大的气球，气球内的压力随着半径的减小而增加。为了更加直观地感受到这种变化，我们可以先吹一个气球，捏住开口，防止空气逸出，接着拉长口并对准哨子的吹气口，开始放气。在气球放气的过程中，哨子会持续发出声音，音调会越来越高，因为空气排出的速度越来越快。由此看来，气球中的压力确实随着气球的萎缩变得越来越大。

我们认可上面的结论后，又出现了新的问题：有些人认为气球之所以会发生这样的变化是因为气球与气泡的变化原理一样，气泡的变化同样体现了压力和半径之间的关系。然而，制成气球的橡胶与肥皂膜是截然不同的两种物质，两者的物理性质也千差万别。橡胶气球具有非线性力学特征，也就是说，并非通过一个简单函数计算公式就能计算出橡胶拉伸了多少，而且我们在吹气球的时候也会深有同感，尤其是在刚开始吹的时候。一开始只有注入大量的气体才能促使气球的体积发生变化。所以只要一开始使劲吹气，气球很快就会鼓起来。这表明气球在由小变大的过程中，压力由大变小，我们以此可以解释为什么较小的气球中的气体会进入较大的气球中。

由此看来，如果你觉得一开始吹气球的时候真的很费力，那就对了。

早餐麦片中真的含铁吗？

很多早餐麦片声称富含铁，既然如此，吃早餐麦片的时候不妨仔细看一看营养成分表和配料表，我们按照如下步骤操作就可以找到铁。

首先，将声称有强化铁的麦片注入塑料杯，大约占塑料杯的2/3，用勺子或杵将麦片碾成粉末，这个步骤需要花费大量的时间，不过非常值得，粉末越细越好。其次，将麦片粉末倒入透明密封袋中，并注入热水，将混合物静置15 ~ 20分钟。最后，慢慢地倾斜密封袋，让麦片粉末集中在一侧，在靠近麦片的一侧移动磁铁，尤其要多次停留在麦片的底部，因为铁容易下沉。时不时晃动一下密封袋，移开麦片，方便磁铁发挥作用。或者干脆直接将密封袋平放在桌面上，并将磁铁置于密封袋的一角。磁铁会吸引铁，一般是一些细小的黑色物质，当移动磁铁至密封袋的其他位置时，这些微小的物质会随着磁铁一起移动。

麦片粉末中的这些黑色物质果真是铁，与制作钉子、制造火车和摩托车的材料相同。而且铁的分量不轻，这就是为什么磁铁要多次在密封袋的底部停留。由此看来，在生产早餐麦片的过程中真的添加了铁，而当我们食用早餐麦片时，真的吃到了铁。

实际上，如果将铁以离子的状态注入早餐麦片中，铁离子更容易与麦片中的其他分子结合，从而容易加速食物的腐败。而以金属铁的形式将铁注入早餐麦片，可以延长食物的保质期。胃中的盐酸及其他化学成分可以溶解部分金属铁，并通过消化道被人体吸收，不过，大部分金属铁是怎么吃进去的就会怎么排出体外。

我们需要铁来维持许多重要的身体机能。红细胞中血红蛋白的主要成分是铁，血红蛋白通过与氧结合形成氧和血红蛋白来把氧气输送到身体各个部位，人体需要补铁促进血红蛋白的合成。由于红细胞有一定的代谢周期，所以我们在日常饮食中应注意铁的摄入，因为铁是人体所必需的微量元素。

6 月 23 日

为什么鸟会一条腿站立？

有些人指出，火烈鸟之所以会用一条腿站着是为了避免鸭子来回在其双腿之间活动。这个观点听起来挺有意思，不过，正确的答案是为了节省体力。

当天气转凉、气温较低时，鸟类会通过腿部失去大量的热量，因为腿上血管非常靠近表皮。为了减少热量损失，许多物种进化出一种复杂的血液流动系统，名为逆流交换系统，当脚部的血液重新流回身体时，它能吸收腿部血管中的热量，以保证返回身体的血液是温暖的。所以除了单腿站立之外，将另外一条腿藏在羽毛中并靠近温暖的身体，也是一种减少热量损失的策略。

当天气变得炎热、气温升高时，从脚部流经至腿部的血液会迅速升温，因此保持单腿站立的姿势，并将另外一条腿靠近身体放置，有助于削弱血液升温的作用，从而保证体温处于较为稳定的状态。

就长腿鸟而言，由于拥有大长腿，所以通过狭窄的毛细血管将血液泵到腿部和脚部可能需要消耗大量的能量。而将腿部靠近心脏放置，甚至处于相近的水平面上，可以减少能量损失。

最后还有一点值得我们关注一下，鸟类的腿部关节与我们人类的腿部关节是完全不同的。鸟类腿上看起来非常像膝盖的部位，实际上拥有与人类脚踝相似的构造。许多鸟本身拥有一项特殊的技能，以锁定腿部直立的状态，所以单腿站立的姿势可以轻易就维持好几个小时。除此之外，单腿起飞和降落对鸟类而言也是小菜一碟。

输血能逆转衰老吗?

16 世纪的欧洲地区流传着这样一个故事，来自匈牙利的伊丽莎白·巴托里伯爵夫人用年轻女孩的鲜血来沐浴，以争取永葆青春。我们肯定不会以任何理由宽恕或原谅巴托里所犯的严重罪行，不过由此引发了一个值得人们思考的问题：假设从婴儿身上提取部分血液样本放置在合适的储存空间中 50 年，然后再将这些血液样本重新注入体内，是否会对成年人的身体产生一些积极的影响？

为了找到这个问题的正确答案，我们先要回答一个问题：衰老的原因是什么？衰老是多种不同情况共同作用下的复杂现象，包括由于氧化应激导致的线粒体功能障碍，DNA 复制和转录错误造成的基因损伤或突变以及失去功能的蛋白质的累积。

接着我们再来回答输血是否会对人体产生积极的影响。可想而知，答案是否定的。用"年轻"的血液替换"老化"的血液绝不会改善任何衰老细胞的状态，反而可能会引发一些负面的后果："年轻"的血液中不含有本身人体过去 50 年中所逐渐积累的循环抗体，所以受血者可能会变得容易生病，很多细菌会突然在人体内循环流动的"年轻"血液中找到突破口，而且换血之前，这些细菌早已没有用武之地。

为什么用望远镜能看到更遥远的星系，
却看不到月球上的足迹？

望远镜所能达到的精度，是指在人们通过望远镜捕捉远距离外的物体时所能看到的最小物体的尺寸，这与透镜的直径成反比。

我们可以观察到更加遥远的星系，却看不到人类在月球表面留下的足迹，因为星系和星系团作为目标物更加明显，不仅在太空中占有一席之地，而且范围更加广泛。星系散发着光芒，相对明亮一些，与太空的黑暗形成鲜明对比。而足迹只是留在月球表面的简单印迹，与月球及周围的环境融为一体，在没有明显光线对比的情况下，只能通过足迹所产生的投影来确认。

我们知道阿波罗 11 号的鹰号登月舱直径约为 4.3 米，假设要从地球上观察到它，即使在地球和月球距离最近的情况下，也需要一个角分辨率为 1/6700°的望远镜。如果来自月球的反射光波长为 550 纳米，即处于可见光范围的中间区域，那么想要看到登月舱，就需要一个直径近 60 米的望远镜。位于西班牙拉帕尔马岛上的加那列大型望远镜，直径仅为 10.4 米 *。

---

*   FAST 超级天眼是目前世界最大的望远镜，FAST 是 Five-hundred-meter Aperture Spherical radio Telescope 的缩写，即指 500 米口径球面射电望远镜。位于中国贵州省黔南布依族苗族自治州境内，是中国自主创新的世界最大的天文望远镜。（出版者注）

感冒时会分泌多少黏液?

感冒的时候,似乎需要擤成百上千次鼻涕,那么,人在感冒时到底会产生多少鼻涕呢?

健康的鼻子平均每天分泌 240 毫升黏液,而在感冒期间,会自动分泌出更多的黏液。其中大部分黏液通常会流至喉咙,并在体内循环。在上呼吸道感染期间,鼻腔会收缩,因此黏液进行体内循环的通道变得不那么通畅,于是需要从鼻孔排出。假设感冒不太严重,平均一天擤出来的鼻涕只有几毫升。假设感冒很严重,一小时恐怕就需要擤 20 次鼻涕,每次的鼻涕量从 2 毫升到 10 毫升不等,也就是说一小时内会至多分泌 200 毫升的鼻涕,因此你必须通过喝水来补充体液。

除了感冒之外,还有一些其他因素可以促进鼻腔黏液的分泌,比如过多的眼泪。眼泪进入鼻腔后,会与鼻涕形成混合物。一般来说,鼻腔黏液夜间的分泌速度会有所放缓,假设晚上鼻涕分泌过多,我们恐怕都没办法入睡,甚至没办法躺着,或许只有坐着,才能避免吞咽过多的痰和唾液。

蜜蜂总能找到回家的路吗?

在大多数情况下,的确如此。蜜蜂通过特有的定向飞行来记忆巢穴近处或远处的标志物。除了借助地表特征之外,它们还会借助太阳的位置来进行定位,蜜蜂体内的生物钟可以计算出太阳在天空中的运动轨迹。

科学家曾做过一个实验,将两只带有标签的大黄蜂工蜂在距离巢穴远近不同的点位分别放飞,最终两只大黄蜂都安全返回了巢穴,最远的点位距离巢穴 6 千米。科学家开车将大黄蜂送至不同的点位,或许这足以扰乱大黄蜂体内的导航系统,就好像人类搭乘火车去往遥远的地方,下车后很难判断出发地的方位一样。实际情况是,蜜蜂体内的生物钟很快计算出太阳的运动轨迹,在对太阳进行定位后蜜蜂开始返程,飞行一段距离后,在视觉可感知的范围内,蜜蜂会通过感知地表特征,最终找到巢穴。

从很远的地方返回巢穴的能力对蜜蜂来说至关重要,因为巢穴和食物可能分别在不同的地方。科学家发现,许多体型较小的蜜蜂,例如西方蜜蜂的工蜂,即使在树木茂盛的乡下环境中,也能够飞到距离巢穴 13 千米的地方进行觅食,而一些分布在新热带区的大型雌性蜜蜂应该可以飞得更远,达 30 千米。

如果一只大黄蜂蜂王迷路了,它也许会潜伏一段时间,时刻保持低调,逐渐吸收当地蜂群所带有的特殊气味,避免遭到蜂群的攻击,慢慢地进入同种蜂群的领地。假设大黄蜂蜂王产卵了,它会具有强烈的攻击倾向,恐怕会杀死现有的蜂王并控制领地。若一只体力不支的大黄蜂误入其他陌生蜂群的领地,很可能会直接被工蜂消灭。我们不妨平时留意一下大黄蜂的相关新闻,能学到更多知识。

当一个黑洞被另一个黑洞吞噬时会发生什么？

乍听起来，这个问题似乎已经超出了现有科学想象的范畴，可能会成为未来人类探究宇宙的方向之一。实际上人类早就得出这个问题的答案了，或许这会让你感到有点儿失落。

假设一个黑洞被另一个黑洞所吞噬，那么两个黑洞将融为一体，形成一个新黑洞，新黑洞的质量等于之前两个黑洞质量的总和。黑洞的表面积与质量关系密切，新黑洞的质量有所增加，所以规模较之前的黑洞有所增大。黑洞通常被名为吸积盘的物质包围着，这些物质会绕着黑洞越转越快，一时半会儿不会掉进黑洞中。由此我们可以推断在两个黑洞融为一体之前，两个吸积盘会发生相互碰撞，从而得到一个更大的吸积盘。由于吸积盘上存在大量的热能，所以伴随着两者的相互碰撞会释放出大量的辐射，待新的吸积盘形成，才会稳定下来。

当两个黑洞彼此靠近时，它们的运动轨迹呈现共用同一焦点的双曲线路径，所以两者最终会分道扬镳，运动轨迹不会重合。如果黑洞周围有恒星，情况就变得复杂一些，黑洞会改变周围恒星的运动轨迹，接着两个黑洞会相互绕行。只有当黑洞周围恒星数量达到一定程度时，黑洞为了摆脱这些恒星会消耗大量的能量，于是两个黑洞越靠越近。一个黑洞也会直接靠近另一个黑洞，也许最终会触及事件视界。在这种情况下，如果可以被观察到的话，会发现两个黑洞之间的距离越来越小，但永远不会看到它们合二为一。接着它们似乎会放慢速度，变得更暗淡，发出的光线变得更红，这是因为它们的时间变慢了，可能导致我们永远观察不到一个黑洞触及另外一个黑洞事件视界的现象，即使两者的融合是必然会发生的事情。

2015年，美国激光干涉引力波天文台（LIGO）首次在时空中探测到引力波。爱因斯坦在广义相对论中谈道，宇宙中物体的质量越大，周围时空扭曲得就越厉害，在扭曲的过程中会产生引力波。所探测到的引力波的波形以及数值似乎与两个黑洞合并后生成新黑洞的过程相符，这与科学家的预测不谋而合。自那以后，类似的探测逐渐多了起来。这让我们更加确信，一个黑洞被另一个黑洞所吞噬并非只是科幻小说中的情节。

为什么红毛猩猩是红色的？

　　热带雨林的主色调是绿色，绿色的动物可以更好地隐藏自己。但是，生活在印度尼西亚婆罗洲和苏门答腊岛热带雨林中的红毛猩猩为什么是红色的？难道是为了一眼认出对方？

　　实际情况是，红毛猩猩能够利用红色融入周围的环境中，它们一般生活在泥炭沼泽森林中，那里的水往往是暗红色的。太阳光线经水面的反射作用，会给周围的树木染上一层橘色，加之森林中光线不是太亮，所以红毛猩猩是不容易被发现的。大多数红毛猩猩会在树上筑巢，甚至栖息在树冠顶上，利用红棕色的枯叶或新生的红色叶片来隐藏自己。

　　在地面栖息的捕食者会将树冠中的红毛猩猩视为简单的阴影，而更容易观察到一些黑色的动物。黑色的动物适合栖息在地面上，这样可以利用地面土壤的颜色隐藏自己的行踪。

　　大猩猩*——东非大猩猩和西非大猩猩以及其他一些体毛灰黑的动物，在地面上停留的时间比红毛猩猩多得多。除了红毛猩猩外，其他一些栖息在树冠上的灵长类动物也拥有与红猩猩相似的红色体毛，比如栗红叶猴，它们与红毛猩猩一样，都栖息在婆罗洲的森林中。

---

* 　不是所有的猩猩都叫大猩猩。大猩猩只是猩猩中的一种，除了大猩猩之外，还有黑猩猩、婆罗洲猩猩等。大猩猩（学名：Gorilla），是灵长目人科大猩猩属类人猿的总称。分两个物种——"东非大猩猩"和"西非大猩猩"，是现存所有灵长类中体型最大的种。英国《自然》杂志刊登论文说，英国桑格研究所等机构研究人员完成了对大猩猩基因组的测序，分析显示它与人类基因组的相似程度为98%。（出版者注）

为什么近处的物体比远处的物体移动快？

当你乘火车出游，或乘车行驶在高速公路上时，不妨做一下观察。

首先，你会发现远处比近处的物体看起来小得多。你可以用两只手比量一下：将一只手靠近脸部放置，伸出另一只手并停在距离脸部较远的位置，你会发现伸出去的那只手似乎看起来更小一些，然而我们都知道两只手的大小是相同的。

其次，你会发现两只手尺寸或许与视觉空间的大小存在某种比例关系，假设伸出去的那只手的宽度看起来只是近处这只手宽度的一半，那么我们捕捉到的远处视觉空间同样是近处视野范围的一半。

最后，我们分别在远处和近处移动一下食指，即使以相同的速度移动手指，移动的实际距离都是手掌的宽度，但是看起来在远处移动的距离只是近处的一半，因此需要花费两倍的时间才能让移动的距离看起来一样。实际上，远处物体的移动速度并不慢，只是看起来慢。

这是因为我们的视野范围是从近处向远处逐渐发散的，当人眼距离物体较近时，视野范围较小，可捕捉到的物体较少，而当人眼距离物体较远时，视野范围较大，可以捕捉到更多物体。所以人眼睛的构造决定了我们观察到的物体会近大远小，形成了透视。

7 月

为什么辣椒引发的灼烧感会持续一阵子，
而芥末并不会？

虽然辣椒和芥末都有辣味，但是我们发现，辣椒于口腔中引发的灼烧感会持续很长时间，而芥末于口腔中引发的灼烧感在几秒钟之内就会消失，持续的时间很短。

这是因为辣椒中含有辣椒素，是一种复杂的有机化合物，口腔感受器和喉咙受到辣椒素的刺激后，会相应产生一种可怕的感觉，即灼烧感。辣椒素具有脂溶性，很难溶于水，这就解释了为什么喝牛奶等含有脂肪成分的液体可以缓解灼烧感，而水样的唾液完全不起作用。

我们再分析一下芥末，芥末（也称辣根、秋葵）的辣味主要来源于一种名为异硫氰酸烯丙酯的化合物。这种化学物质具有微水溶性，所以可以随唾液流入胃中。

另外，芥末中的异硫氰酸烯丙酯比辣椒素具有更强的挥发性，蒸发后会直接进入鼻腔，这就解释了为什么芥末引发的灼烧感往往会发生在鼻腔中。如果感到鼻腔非常不舒服，这里提供一个有效的方法，可以缓解鼻腔的不适：尝试深呼吸，可以快速排出鼻腔中的那股气。

北极熊会感到孤独吗？

　　不同种类的动物或鸟类都拥有独特的生存策略——群居或独居。北极熊、棕熊、老虎等体型大的食肉目哺乳动物都是独居动物，为了避免与同种的其他动物形成竞争关系，会自动保持一定距离。不断扩大分布的范围有助于扩张领地和觅食区域。假设同种的动物相互靠近，一定会爆发一场关乎食物、配偶、领地的争夺大战，老鹰和秃鹰也不例外。

　　动物和鸟类通常会在繁殖季节进行交配，待交配成功或产下幼崽，便会选择分开。在大多数情况下，雌性动物和雌性鸟类负责抚育幼崽。雄性动物和雄性鸟类会杀死部分幼崽，以提高繁殖的成功率。

　　与独居动物不同的是，群居动物通过大规模的群体聚集提高整体实力。在非洲大草原上奔跑的羚羊会相互提醒潜藏在四处的捕食者，避免遭到猛烈的攻击，而栖息在南极洲的企鹅会抱团取暖。群居动物聚集达到一定数量或形成一定的领地时，即使遭到捕食者的攻击，其损失在数量上也可以忽略不计。与此相比，独居动物或许需要承受巨大的损失。

　　有些动物兼具独居和群居的属性，狮子、野狗、狼等会成群狩猎，并表现出不同程度的交流与合作。

　　与动物类似，植物也分为群居植物和独居植物。群居植物通过向土壤释放秘密的化学物质，从而抑制其他邻近植物的生长发育，这称为化感作用，有助于提高本种植物的存活率。

指纹会发生改变吗？

专家指出，指纹是由一种叫作摩擦嵴的脊状突起系列组成的。胎儿的摩擦嵴形成于孕中期，子宫环境有助于摩擦嵴的形成，即使同卵双胞胎也拥有不同的摩擦嵴。除非少数特殊情况发生，摩擦嵴的排列方式不会发生改变，因而人的指纹终身不变。

有些人天生没有指纹。2011 年的调查数据显示，来自 5 个家族的家庭成员患有皮纹病，SMARCAD1 蛋白质的突变影响了指纹的形成。此外，网状色素性皮病、纳尔格利综合征患者因外胚层发育不良而缺少指纹。

物理摩擦或药物可以在短时间内清除指纹，随着年纪的增长，皮肤弹性大不如前，所以老年人的指纹很难恢复。一些犯罪分子会用胶水或指甲油抚平指纹，试图逃避指纹提取与比对，比如活跃于 20 世纪 30 年代的美国黑帮成员约翰·迪林杰企图利用强酸消除指纹。无独有偶，另一名犯罪分子罗伯特·菲利普斯将部分胸部皮肤移植到手指上，以掩盖自己的指纹，警察后来通过他手部其他纹路的比对，最终将其绳之以法。这类恶名昭彰的罪犯不胜枚举。

如今众所周知，在法医学中意义重大的指纹分析并非是万无一失的，查尔斯·达尔文的表弟弗朗西斯·高尔顿在《指纹学》一书中指出，"假阳性"——两个拥有完全相同指纹的人出现概率为 640 亿分之一，这个数据可能是正确的，不过不足以得出指纹分析是一门不那么完美的科学的结论。真正的症结在于指纹分析会依赖于人的主观判断，认知偏差很容易影响人的判断。我们不能简单地将指纹分析视为小时候玩的"找不同"图像游戏的升级版本，在指纹分析过程中，专业人员通常需要先对犯罪现场中已经污损或不完整的指纹进行提取，再比对多达 50 处的指纹特征，比如 50 处脊状突起。

宇航员在太空中如何导航?

导航的前提条件是明确你所处位置与目标位置的相对关系,并以此规划出导航路线。在地球上,假如你想从 A 点出发,并最终到达 B 点,可以在指南针的引导下找到路线。而在太空中,至关重要的是明确你所处航天器的姿态变化,所以先要找到并跟踪太阳及一颗已经发现且可以观察到的遥远恒星的运行轨迹。

天狼星就是一个很好的参照物,美中不足的是它靠近天赤道*,所以太阳会阻碍你追踪天狼星的运行轨迹。由此看来,老人星是更好的参照物,其亮度在恒星中仅次于天狼星,并远离太阳,位于天球的南天极附近。于是根据这些恒星与太阳的位置,你可以计算出你所处航天器的姿态变化,通过任务控制和视觉观测得出数据与雷达共同定位。陀螺仪作为稳定器可以起到减小振动的作用,同时检测姿态的细微变化,多普勒测量系统的数据可以用于计算速度。

在太空中,掌握太阳系中主要天体的运行轨迹,足以让你在数百万千米的范围内进行导航。当你靠近其他天体,并有引发撞击的危险时,才有必要利用自身推力改变运行轨迹。或者当你需要准确进入特定轨道时,才有必要明确自身的位置并纠正运行轨迹。

阿波罗计划的一系列载人登月飞行任务依靠地面雷达确定飞船的位置和运行范围,并利用多普勒测量系统得出径向速度。地面上的研究人员将计算得出的航向变化通过无线电信号发送给飞船中的宇航员,接着船载计算机根据数据控制发动机,从而进行姿态控制。为了以防万一,阿波罗团队事先制定了预案,组织宇航员接受一系列培训,学习如何通过观察恒星的运行轨迹得出航向的变化。除了阿波罗 13 号之外,其他宇宙飞船中的宇航员没有机会进行自我导航。而阿波罗 13 号宇宙飞船在一次航向改变的过程中,宇航员身处船载计算机不可用的窘境中,通过手动控制发动机的燃烧情况,最终成功转危为安。

---

* 天赤道,天球上假想的一个垂直于地球的自转轴的大圆,与地球赤道位于同一平面,也可以说是垂直于地球地轴把天球平分成南北两半的大圆,理论上有无限长的半径。(出版者注)

为什么温水比凉水结冰快？

这似乎与我们掌握的常识矛盾，但实际情况的确如此，着实令人惊讶。不妨在家中做一下实验，以亲眼见证结果。

准备两个平底的塑料容器或托盘，往其中一个容器中注入约 35℃的温水，再往另外一个容器中注入约 5℃的凉水，接着将两个容器放入冰柜。大约 10 分钟后，打开冰柜检查两个容器中水的状态，再将冰柜门关上，接下来以相同的时间间隔检查水的状态。于是我们会发现，温水比冷水结冰快。

这种现象看似不符合常理，不过我们可以用水的垂直温度梯度来充分解释其成因。水表面的热损失速率与温度成正比，由此得出，如果水表面的温度比下方水体的温度高（在实验中，盛有温水的容器就是这种情况），其热损失速率远远大于水温上下差异较小的冷水的热损失速率。假设我们用狭长形的金属罐作为盛水的容器，就不会出现令人不解的情况。因为金属罐侧壁的热损失速率较快，所以不存在明显的温度梯度。

除了垂直温度梯度的影响之外，另外两种因素也影响着结冰的情况。其一是结冰的顺序。凉水的结冰是从水表面开始的，漂浮在水面的冰块会进一步妨碍对流换热。而热水的结冰是从容器底部和侧壁开始的，水表面依旧是液体状态，温度相对较高，表面辐射热损失仍保持着较快的速率。巨大的温差继续驱动强烈的对流循环，水体中即使已经形成较多冰块，热量也会源源不断地输送到水表面。

其二是过冷现象。我们已经知道水在多种温度下都会结冰，温水在完全冷却之前已经部分结冰。至于温水是否会先于凉水进入彻底结冰的状态，需要另当别论。似乎很多种因素都影响着结冰的过程，而且这些因素之间关系紧密、相互关联。尝试设定不同的条件，分别改变水的温度、盛水的容器、储藏环境，我们必将会找到答案，所付出的一切努力都是值得的。

蜡烛复燃的原理是什么？

燃烧的三个条件包括：物质具有可燃性；与氧气接触；温度达到可燃物的着火点。有时我们用火三角来形象地表达燃烧的三要素，可燃物、着火源、助燃物是构成火三角的三条边。

吹灭一支燃烧着的普通蜡烛，实际上是通过带走部分热量降低温度，从而阻止蜡烛继续燃烧。可燃物依旧存在，我们可以观察到棉芯上方冒着的蜡烟或石蜡蒸气，余热未散的棉芯无法提供足够的温度让可燃物继续燃烧下去，所以蜡烛最终会熄灭。

若棉芯中含有镁粉，就另当别论了，棉芯中的余热足以点燃镁粉，因为镁粉可以在相对低的温度下被点燃，甚至不足500℃，镁粉燃烧形成的火焰温度大约在3000℃，足以让蜡烛复燃。当你试图吹灭蜡烛时，仔细观察蜡烛的棉芯，在蜡烛复燃前棉芯中的镁粉会燃烧释放出小火花。

为什么看不到眼睛里的血管?

准备一张卡纸,并在卡纸上戳一个小洞。眼睛凑近卡纸,调整卡纸的位置,足以透过小洞观察物体,比如仰望多云的天空,你就会看到自己视网膜上血管的影像。

这种现象称为浦肯野氏血管像,以捷克生理学家和神经解剖学家杨·伊万杰利斯塔·浦肯野的名字命名。

光线射入人眼,会先经过一系列神经纤维和血管,然后才会被感受器捕捉到,所以血管会在眼睛后部区域形成阴影,这就解释了为什么刚才移动卡纸上的小洞才能让你察觉到毛细血管的存在。这也许是人眼的天生不足之处。反观大自然中的乌贼,其眼睛构造优于人眼的构造,所以部分人工智能设计师指出是否存在这样一种可能性,即头足纲动物是比人类更加高级的生命形式。

我们之所以通常看不到血管阴影,是因为人眼无法察觉完全静止的图像。我们之所以可以看到静止的物体,例如雕像或门,是因为我们的眼球在不断地进行微小的移动,以确保静止的物体在视网膜上的成像不断发生变化,接着在复杂的眼动追踪功能作用下,视网膜上的成像会趋于稳定。而当目光聚焦于某个固定点上 20 秒或者更长时间之后,在该固定点周围,也就是在观察者余光中的其他视觉刺激源将会在观察者的视野中慢慢淡化直至最后消失,这种现象称为特克斯勒消逝效应。假设我们的眼球是完全静止的,恐怕我们将无法看清物体。血管是眼睛的一部分,所以两者会同时处于运动状态,这对感受器而言,两者是相对静止的,所以平时我们无法察觉到眼睛中的血管。

而当移动卡纸时,通过改变光线射入瞳孔的路径,形成血管在运动的假象,于是眼睛后部的视网膜可察觉到血管的存在。在这里推荐一个更好的方法:将笔形手电筒靠近眼白放置,也可以让你看到血管,注意不要戳到眼睛。

为什么鸡蛋是椭圆形的？

在下蛋的过程中，蛋会在输卵管中缓慢移动，输卵管两壁覆盖着一系列环状肌肉，蛋前方的肌肉组织会膨大，接着蛋后方的肌肉会收缩，反复进行膨大—收缩的运动。

鸟类的卵本来是圆球形的，并带有软壳，在输卵管中会逐渐形成带有硬壳的蛋。在收缩力的作用下，蛋的后端会从半球形变得近似锥形，而蛋前端所承受的收缩力相对较小，仍近似半球形。随着蛋壳逐渐钙化，形状趋于固定。与鸟类的蛋形成鲜明对比的是一些爬行动物的蛋，爬行动物的蛋是软壳蛋，所以可以一直呈圆球形。

椭圆形的蛋有多重优点。第一，椭圆形的蛋与巢穴壁更加贴合，排出多余的空气，减少热量损失，提高巢穴空间的利用率。第二，当鸡蛋滚动时，大概会以锥形的一端为轴，沿环形路径移动。即使在相对平坦的表面上移动，也不会滚落出巢穴。大多数椭圆形的蛋滚出环形的路径后，由于两端形状不同，通常会半球形的一端会更近地面，并趋于静止状态。我们可以观察一下栖息在悬崖周围的鸟类，它们的蛋更加趋于椭圆形，滚动出的弧线角度更小。第三，对于鸟类来说，椭圆形的蛋比圆球形或圆柱形的蛋更便于孵化。

顺便说一下，鸡蛋由于其特殊的形状非常适合放在冰箱门一侧的蛋杯和蛋架上，其他形状的物体难以做到这一点。

人类能变成化石吗？

这个想法有点儿奇怪，不过，似乎我们各方面的条件不太理想。一般而言，坚硬的矿化外骨骼构造和海洋生活方式更利于化石的形成。让我们从现有的身体条件——一副内骨架及外层覆盖着的柔软组织出发，分析一下人类能否成为化石。

假如你真的想在漫长的地质年代中生存下来，必须拥有坚硬的牙齿、强壮的身体骨骼，牙齿和身体骨骼需要在额外的矿化作用下才会形成化石，所以放弃周身的软组织吧，你不能输在起跑线上，顺便考虑一下饮食结构，奶酪或牛奶将有助于骨骼中钙元素的积累。

接下来你需要考虑一件非常重要的事情，那就是位置，位置，位置，重要的事情说三遍，你必须找到一个地方度过今生的最后时刻，而且在死后的一段较长时间内不能被任何事物打扰，举个例子，你可以找个洞穴。你或许还有其他选择，并非要举办一场时间非常仓促的葬礼，而是要找到一个可以迅速掩埋遗体的地方，比如找到一个靠近火山的地方，伴随着火山喷发的隆隆声，也许你还没反应过来，就已经被自然界中强大的力量吞噬了。

你也可以环游世界，找到合适的机会。比如在山洪频发的时节扎营在沙漠谷底就是不错的选择，或者在暴雨时节穿行于热带地区河流形成的冲积平原之上。这两种情况都能够满足你的要求：掩埋在细腻的泥沙之下；氧气渐渐不足。再或者，在靠近活火山的地方来一次说走就走的旅行怎么样？但你需要注意观察周围的地质条件，因为你需要找到一个地方便于被火山灰直接掩埋，而不是遭遇高温的熔岩。

我们可以在旅行途中完成最后一次野餐，可以吃得好一点儿，毕竟胃中食物的化石有助于后人研究饮食情况。比萨或汉堡在胃中停留的时间不长，而贝壳类的食物或带有大种子的水果可能会引起未来科学家的兴趣，所以无须多言，把这些食物和水果吞下去。

遗迹化石是指生物遗留在沉积物表面或沉积物内部的各种生命活动的形迹构造形成的化石，十分受到科学家的青睐，所以在最后不妨留下一组整齐的脚印，步距保持均匀，不必垫步，不必跳跃，更不必隐藏自己的移动轨迹。

实际上，中彩票的概率都比成为化石的概率大。假设你真的想成为人类化石标本，可以随时做好准备。因为地质学家一直都在不断地发掘各种有趣的新标本，倘若你真的付诸实践，请提前通知他们。或许他们会安排人手于百年之后将你挖掘出来。

万有引力究竟是什么?

很多科学家都对这个问题感兴趣,比如艾萨克·牛顿,他在《自然哲学的数学原理》一书中对万有引力进行了解释(第一卷,定律33)。根据万有引力定律,假设你处在地心,各个方向上的力相同,毫无疑问你会陷入一种失重状态。当你与地心之间的距离大于地球半径时,你所受到的重力即为你所受到的万有引力,引力与距离的平方成反比。

牛顿指出地球引力与距离的平方成反比,而质量与体积成正比。当你非常勇敢地穿过一个均质行星的内部时,会感到自己逐渐变得轻盈,当你抵达地心时,甚至会感觉不到自身的重量。

实际上,地球的中心部分由密度较大的铁元素组成,因此中心部分的质量远远大于外围部分的质量,所以在穿越行星的过程中,一开始你会感到质量在逐渐变小,穿越地核时你会感到质量骤然消失。

假设沿地球直径放置一根无摩擦阻力的管子,从管子一端进入,到达另一端后再返回起始点,总用时为90分钟,与沿近地轨道绕地球一周的用时一致。

为什么茶包会漂上来？

先将茶包放入杯子里，再注入热水，茶包会立刻浮出水面。在注入热水的过程中，从室温（约 25℃）升至水的沸点温度（100℃），茶包内的空气受热膨胀，于是茶包漂了上来。

根据查理定律可知，气体体积与其绝对温度（开尔文温度）成正比。由此得出，茶包中的空气会膨胀大约 1.25 倍，体积会增加 25%。

除此之外，这也是一种常见的泡核沸腾现象。在大气压的作用下，水的沸点温度是 100℃，实际上大量液体内部很难形成蒸气泡。沸腾现象始于固体表面，因为小裂缝和小缝隙为气泡核的形成创造了有利的条件，随后气泡核与固体表面分离，会向上移动至水面。所以当水开始沸腾时，我们会观察到在水壶的侧壁或底部有大量气泡聚集。

即使液体的温度急剧升高，甚至超过沸点温度，少了与固体的粗糙表面的接触条件，也无法真正沸腾。而茶包中的茶叶恰好为蒸气泡的形成提供了十分理想的粗糙表面条件，促进了茶包的膨胀。

为什么大海是蓝色的?

除了波长较短的蓝色光线外，海水可以吸收其他各种波长的光线，加之蓝色光线的散射作用十分明显，所以海水是蓝色的。水分子，尤其是氧分子会有选择地吸收可见光谱中红色一端的光线，所以极地冰山或浮在海上的巨大冰块看起来都是蓝色的。

公开海域对光的反射作用强烈，所以呈现出饱和度较高的蓝色。相对干净的水域稍微带点儿蓝绿色调，因为只是过滤掉了光线中的红色和橙色部分。部分区域的海水中富含有机物质，对海水的呈色影响非常大。

海水的颜色改变主要取决于浮游生物的类型和分布情况。热带地区的海水看起来十分清澈，因为浮游生物和悬浮的沉积物较少。现实生活中很多人对此有误解，认为热带海域具有丰富的物种，实际情况并非如此，温度较低的温带海域富含多种浮游生物，反而热带海域的海水好像过滤过一样，十分清澈。

澳大利亚南部甘比尔山周围的蓝湖常年都是蓝色的，无论太阳光线是否充足。蓝湖周围分布着大量石灰岩，所以水体中碳酸钙含量丰富，这种非常细小的化合物颗粒对蓝色光线的散射作用极其强烈。

为什么有些动物趴着睡觉，有些动物站着睡觉？

入睡和醒来的难易程度，躺下的难易程度、舒适度，在正常生存环境中面临何种威胁……这些因素都对动物的睡姿有影响。

体型越大的陆地动物，越少改变身体姿态，通常会长时间保持站立的姿态，比如体重高达几吨的大象很少躺下，卧倒的姿势会引发呼吸困难，而且需要消耗大量的体力才能重新站起来。象腿可以在垂直方向上承受体重的荷载，起到支撑作用，所以大象可以长时间保持站立姿势，而且大象觉轻，很容易惊醒，睡觉的时候大象或许会倚靠树木或其他物体。只有处在非常安全的环境中，大象才会躺下进行深度睡眠。

长颈鹿的睡眠质量也无法得到保障，因为它们需要长时间保持警惕，避免遭到其他动物的突袭。猫、猪、山羊在睡觉的时候通常会躺下来或蜷缩起来，因为它们可以快速改变身体姿态，立刻跑起来。牛和马的反应速度适中，当感到疲惫时，它们会适当躺下打个盹儿，不过野外环境会令它们感到紧张，所以很少躺下，时刻警惕周围的捕食性动物。

听障人士是如何学习语言的？

听障人士学习语言的方式各不相同。假设有一对听障夫妇，他们抚养了两个孩子，一个是患有听觉障碍的孩子，另一个是听觉正常的孩子，夫妇与这两个孩子平时通过手语交流，那么这两个孩子也会通过手语与其他孩子进行交流，进而理解其他听觉正常的孩子所说的话。

不过，大多数患有听觉障碍的孩子出生在正常家庭，父母听觉正常，不会手语，在这种家庭环境中长大的孩子与上面谈到的孩子学习语言的方式不尽相同，他们只会简单的手势，便于与父母进行交流，而这些简单的手势并不等同于手语。他们也许会在学校，或者未来什么时间点才有机会接触真正的手语，这显然不利于语言的学习。

语言对认知的发展至关重要，但是使用何种语言，以及语言通过何种感觉形式表达实际上并不重要。人脑中的想法必须以语言文字的形式进行表达是错误的，比如在英语世界中，这种误解尤为常见，也许是因为大多数人都只掌握一门语言。从小掌握多种语言的人指出，他们并非单纯以语言文字的形式进行思考，而是通过概念。只有当想把想法传达给他人，或者与他人进行交流时，才会将想法以语言文字或者手语的形式表达出来。

在家能测光速吗？

在家实际测量作为基础科学知识点之一的光速，是一项多么了不起的实验啊。事先需要准备一条巧克力、一把尺子和一台微波炉。

将微波炉中的旋转托盘取出来，因为巧克力需要在微波炉中保持固定。将巧克力放入微波炉中，用高火加热，待两三个点位开始熔化时，停止加热。这个过程一般需要 40 秒左右的时间，所以为了安全起见，至多加热 60 秒。

由于巧克力位置固定，因此微波炉内的微波在巧克力上下分布不均，只有在微波集中的点位或温度较高的点位才会发生熔化。微波以光速做波状运动，会形成波峰和波谷，以秒为时间单位记录微波的数量作为频率，这是个非常重要的变量。家庭常用微波炉的频率是 2450 兆赫，我们可以在微波炉背面或者使用说明书中找到这个数字。倘若你家微波炉的频率是 2450 兆赫，这意味着微波每秒振荡 24.5 亿次。现在我们已经掌握微波上下运动的频率，只要知道波长，就可以计算出微波运动的速度。

下面我们仍旧借助巧克力计算出波长。微波上下穿过巧克力的点位会发生熔化，两个点位之间的距离是微波炉内微波长度的一半。明确了这一点，我们开始着手测量两个点位之间的距离，再乘 2，得到微波的长度。以《新科学家》杂志社的微波炉为例，两个熔点之间的距离为 6 厘米，由此可知，频率为 2450 兆赫的微波炉内有长达 12 厘米的微波。

用波长乘频率得出光速，即 12 × 2450000000=29400000000 厘米每秒。这个结果十分接近真实的光速 29979245800 厘米每秒或 299792458 米每秒。

待巧克力冷却下来，之前发生熔化的点位更便于观察。不妨用不同种类的巧克力反复进行实验，于是会发现这些稍微熔化的巧克力不仅有助于实验，而且很美味。态度严谨的科学家们都知道反复验证实验结果意义重大。

《侏罗纪公园》的情景可以在现实中实现吗？

《侏罗纪公园》系列电影讲述了科学家在发现含有蚊子的琥珀后，从蚊子体内的恐龙血液中提取出恐龙的遗传基因，并将已绝迹的恐龙复生的故事。

科学家曾在美国蒙大拿州发现一块化石，其中封存了一只蚊子，据推测，这只蚊子生活在 4600 万年前。科学家又在中国某地发现一只生活在 7600 万年前的吸血昆虫，比美国那只蚊子早 3000 万年，这个时间段刚好处于白垩纪。在距今 14200 万 ~ 6400 万年期间，我们熟知的大多数恐龙——例如霸王龙——都存活于世，所以恐龙很有可能与吸血昆虫共存过一段时间。

科学家对吸血昆虫的腹部进行解剖，分析残留的物质，发现其中存在一种含铁物质，即血红素。血红素具有运输氧气的作用，可以合成血红蛋白，血红蛋白是血液中红细胞最重要的成分，也是红细胞着色的来源，因此科学家认定这些吸血昆虫以吸食其他动物的血液为生。吸血昆虫通过叮咬其他动物能够获取红细胞和白细胞，其中红细胞的比重远远大于白细胞。哺乳动物成熟红细胞中没有 DNA，也没有任何遗传物质。而其他所有脊椎动物的红细胞中存在一个细胞核，细胞核内包含完整的基因组。所以吸血昆虫体内所残留的恐龙 DNA 远远多于其他哺乳动物的 DNA。

从已经发现的化石中很难找到完整的红细胞，因为血红细胞遭到了严重的破坏。原因一是血液在吸血昆虫体内经历了消化作用，二是吸血昆虫早已变成了化石，在双重影响下，DNA 早已消失殆尽。此外，DNA 的半衰期是 500 年左右，过了 150 万年，DNA 内不可能存在任何有用的信息。因此，在恐龙化石或以恐龙为食的吸血昆虫化石中找到完整的甚至完好无损的基因组几乎是不可能的。

我们不妨假设一下，一只吸血昆虫在吸食完恐龙的血液后，特别凑巧地陷入琥珀中，并且在极其理想的环境中保存下来。接着提取出恐龙 DNA 的这位科学家又凑巧出色地完成测序工作，并与实例进行比对。现实情况是我们没有任何恐龙基因组可供比对，所以只能尝试一下，看看会发生什么。

为此我们需要准备一个完好无损的细胞核，将恐龙的基因组注入细胞核，再将细胞核植入未受精的青蛙卵中，务必先将青蛙卵中原有的细胞核剔除，到此为止完成了细胞核的移植工作。青蛙卵为细胞核的发育提供所需的一切能量，新植入的细胞核将为生命体提供新的遗传指令。

那么，接下来会发生什么呢？青蛙本身是一种两栖动物，并不会形成坚硬的蛋壳，所以植入的恐龙细胞核能够发育成功吗？即使电影《侏罗纪公园》中的科学家成功复活了早已在地球上绝迹的神奇动物，我也不建议你在家尝试相同的实验。

如何打水漂？

2004 年，法国物理学家利德里克·博克特与合著者在《自然》杂志上发表了一篇文章，详细阐述了打水漂背后隐藏的神秘技巧。他们发现最佳的入水角度是 20°，即使将石头水平掷出，石头前端也应与后端有 20° 夹角。这个角度可以限制石头与水面碰撞的时间，若将时间缩短至最低，石头与水面碰撞损耗的能量也会降至最低，由此得出碰撞时间与碰撞所引发的能量损耗正相关。

此外，在投掷的一瞬间应该给石头加旋转。与陀螺仪的原理一样，增加旋转可以稳定石头的飞行路线，而且有利于石头在弹出水面时仍旧保持初始的入水角度。假设在投掷时不加旋转，水面会增加石头的转矩，因为石头的后端会先与水面接触，这会导致石头向下滚落。

虽然打水漂的物理原理还没彻底搞清楚，但是石头的弹起运动可以理解为动量守恒定律和牛顿第三定律共同作用的结果：当石头对水面施加一个作用力时，水面会对石头施加相同大小的反作用力，促使石头向上弹起的推力与水的密度正相关，石头浸湿的表面积与向前运动的速度的平方正相关。而且石头在撞击水面时会形成头波，从而石头会在水面继续滑行，有助于再次弹起。所以尽可能缩短石头与水面接触的时间，可以最大限度地增加石头弹起的次数。

除了确保石头撞击水面时的最佳角度，投掷石头时施加一定的旋转以稳定飞行路线之外，还有其他一些因素会影响打水漂的质量。比如，尽可能选取一块扁平的石头，在投掷石头时尽可能施加最大的初速度。

打水漂已经有几千年的历史了，而且自古希腊时期以来，打水漂的规则从未改变过，人们从始至终一直都在追求更远的距离与弹出水面的最大次数。由此看来，打水漂也许会成为奥林匹克运动会的比赛项目之一。2007 年 7 月，拉塞尔·拜厄斯在美国宾夕法尼亚州创造了弹起 51 次的世界纪录。

两个星系会发生碰撞吗？

整个宇宙在不断膨胀，但是在引力的作用下，并非所有物质都做离心运动。看看正在围绕太阳公转的地球吧，会花一半的时间远离宇宙的中心（不管宇宙的中心在哪里，宇宙的中心是什么样的），再花另外一半时间靠近宇宙的中心。

宇宙大爆炸不同于一般的爆炸，大量碎片会向四面八方散开，反过来，宇宙大爆炸会为正在膨胀的宇宙释放空间。

在宇宙学中流行这样一种类比观点，假设宇宙是一个正在膨胀的气球，而星系是气球表面上的点，在膨胀过程中，星系会彼此远离对方，因为它们之间的空间增大了。在这个假设中，我们认定星系不会离开气球表面，只能沿着气球表面运动，不能进入气球内部或向外运动。

实际上，星系既可以在气球表面遵循自己的轨迹运动，也可能受到其他星系引力的影响，改变运动轨迹。这种局部运动与正在膨胀的宇宙空间并不矛盾，因此星系之间的碰撞是有可能发生的，比如仙女星系正在逐渐靠近银河系就可以作为可靠的论据。

你拥有多少尼安德特人的基因？

2011 年，一个由多名基因学家组成的研究团队宣称，他们已经破解了尼安德特人[*]的基因密码。他们历尽千辛万苦，从 38000 年前的骨骼中准确提取出微小的 DNA 片段，并复原了尼安德特人的基因组。

这个研究团队决定将尼安德特人的基因组与现代人类的基因组进行比对，于是发现了一个惊人的秘密：两者的基因组存在部分吻合。除了现代人类的 DNA 与黑猩猩的 DNA 存在大量相似之处外，研究团队通过仔细观察，发现现代人类的 DNA 在某种程度上与尼安德特人的 DNA 同源。唯一可以说得通的解释是，数万年前一位尼安德特人与人类结合生下了一个混血宝宝，尼安德特人的 DNA 片段经由这个混血宝宝融入了人类家族遗传谱系中。

时至今日，我们知道，除了非洲人之外，其他人种的 DNA 中存在 2% ~ 4% 尼安德特人的 DNA。这种基因融合发生在智人离开非洲之后，因为拥有纯正血统的非洲人从始至终都不带有任何尼安德特人的 DNA。我们也知道人类并不会继承全部的基因组，只有 30% ~ 40% 尼安德特人的基因组流传至今，如今在数百万人的身上仍旧可以发现尼安德特人的基因组。如果你的肤色偏白，有雀斑，头发发色偏红，这些基因特征很可能来源于尼安德特人。或许你也继承了尼安德特人的免疫系统特征，或者继承其他基因特征，例如视野范围内生理盲点的大小。

当然，我们也可以换个角度提问，比如：我们身上到底有多少属于"真正人类"的基因，也就是我们继承的基因中有多少是尼安德特人不具备的？毫无疑问，答案有很多，不过其中一组基因值得我们深入思考一下，它们都与驯化相关：狗有，而狼没有；家猫有，而野猫没有；被驯化的赤狐俄罗斯远东亚种有，而其他野生赤狐亚种没有。在这组基因的作用下，驯化后的动物的头骨和面部轮廓会缩小，攻击性变弱。因此我们能够断定，虽然很多人都拥有尼安德特人的基因，但是我们与尼安德特人之间的本质区别，甚至我们与过往所有祖先的本质区别在于，我们是已经实现自我驯化的物种。

---

[*]　尼安德特人，是一种在大约 12 万 ~ 3 万年前居住在欧洲及西亚的古人类，属于晚期智人的一种。简称尼人，常作为人类进化史中间阶段的代表性居群的通称。因其化石发现于德国尼安德特山谷而得名。（出版者注）

海洋哺乳动物如何在水下看东西?

假如没有护目镜,人类是无法在水下看清东西的。那么,海洋哺乳动物是如何解决这个难题的呢?

视网膜位于眼球内的底部,是感受外界光信息的重要组织,只有当物体的反射光线在视网膜上聚焦,并保证达到一定亮度时,人类的视觉系统才能正确捕捉到眼前的物体。为此,来自四面八方的光线在进入人眼的过程中会不同程度地改变路径(发生折射),最终汇聚成像。

光从一种透明介质斜射入另一种透明介质时,传播方向一般会发生变化,这种现象叫光的折射。以陆生脊椎动物为例,光线通过角膜弧形的表面时会发生强烈的折射,远远大于空气中物质对光线的折射。人眼的晶状体与周围其他重要组织的折射率相似,晶状体主要起到调节作用,促进聚焦成像,在人眼看清物体的过程中起到至关重要的作用。

在水下环境中,角膜无法发挥作用,因为角膜的折射率与水的折射率非常相近。因为水下光线汇聚在人视网膜后方的位置,就好像得了远视眼一样,所以海底世界变得十分模糊。不过我们可以佩戴潜水面镜或泳镜,通过一层空气将眼睛与周围的水体隔开,促使成像焦点刚好落在视网膜上。

水下的动物的眼睛构造明显与人类有很大不同,否则将一无是处。鱼、头足纲动物、海洋哺乳动物的眼睛晶状体十分凸出,几乎是球状的,拥有较高的折射率,能够克服角膜水下屈光不利的因素,有助于正常成像。下次有机会吃鱼的时候,不妨观察一下鱼眼睛的构造,再与人眼的构造对比一下,你会发现,鱼的眼睛圆溜溜的,简直就像玻璃球。

玻璃会流动吗?

当参观欧洲的教堂时,导游曾提及一些逸闻趣事,其中有一则是中世纪窗玻璃底部变厚了,而且原因在于这几个世纪间玻璃发生了流动。如果真是这样,那玻璃岂不是液体了吗?而事实并非如此,玻璃绝对是固体,而且与其他固体相比,具有一些特殊的属性。既然如此,为什么玻璃底部会变厚呢?我可以告诉你,那是因为中世纪时期熔化玻璃制成玻璃板的工艺不太纯熟,所以玻璃板的厚度不一致。

玻璃是一种无定型的固体,与其他固体不同的是,它没有一个有序的分子结构,但分子结构又不足以不规则到使玻璃成为液体的程度。实际上,一块玻璃中的极少部分原子需要10亿年的时间才能发生移动。

既然如此,我们仍对玻璃知之甚少。例如,玻璃是如何实现从液体到无定型固体的转化的,而且一直保持透明?大多数物质在从液体转化成固体的过程中,分子会立即重组。起初,液体中的分子自由地四处运动,接着刹那间分子会以特定的模式紧密结合成一张网。

而从玻璃吹制机器中流淌出来的炽热液体转化成可以盛装液体的透明固体并非一刹那就能完成。随着温度的降低,液体中分子的运动逐渐变慢,仍旧保持着不规则的结构,与此同时也具备了固体特有的物理属性。所以,当我们观察玻璃时,会有一些不同寻常的发现:液体中分子混乱的排列方式就这样被固定了。

我们至今仍找不到一个确定的答案,用于解释玻璃从液体到固体过程中这些特殊的变化。或许我们可以用能量的消耗来解释所发生的一切。根据热力学定律,热能是组成物质的分子热运动的能量来源,每个分子团会以尽可能消耗最少能量的方式进行排列。但是在特定环境中,一些分子团的排列方式优于其他分子团,这就意味着不同分子团之间的排列方式不同。因此就整体而言,处于一种不具备统一性的杂乱排列状态。

或许用热力学理论能解释得通,但我们仍不清楚到底是什么因素促使玻璃产生如此特殊的变化。或许追求消耗更少的能量是原动力,从而最大限度地实现不规则的排列。虽然这个因素似乎可以很好地解答玻璃特殊的变化,但引发了另一个不好解答的问题,即固体是如何维持其规则排列状态的。

一些研究学者坚信玻璃的组织构成与晶体截然不同,因为晶体内部重复排列的几何结构,研究起来十分容易。鉴于两者的差别,迟早有一天研究学者也会将玻璃彻底研究明白的。

为什么菠萝带刺？

为什么菠萝会进化出大量令人生畏的带刺叶子，从而促使又大又甜水分又足的果实变得似乎坚不可摧？

答案并不复杂，我们平时接触到的观赏菠萝并不能食用，熟透滚落至树林地面上的菠萝是可以食用的。菠萝是一种多年生的草本植物，植株可长到1.5米高，1米宽。基部生吸芽，叶剑状，呈莲座式排列，花序从叶丛中抽出，周围有苞片，花呈紫红色。野生的菠萝可能依靠蜂鸟受粉，而后果实中会产生小而坚硬的种子。

菠萝的果实是肉质可食用的花序轴，由100～200个单独的小果聚合而成。花序轴上的每一朵花都可发育形成一个小果，小果互相聚合成为一个稳定的结构体，因此菠萝被称为聚花果或复果。粗糙、坚硬的外皮包含扎手的苞片和花朵的残留物。

菠萝的植株可以通过种子进行繁育，不过植物本身另有他法实现高效繁殖：生于果实基部或果柄上的托芽、生于果实顶部的冠芽、生于叶腋的吸芽、生于地下茎上的芽。

我们今天在超市买的菠萝与其南美野生亲缘种差别很大。野生菠萝个头小，从具有一定高度的茎上掉下来撞击地面后，在森林地面上经过炽热阳光的照射，会变得非常成熟、非常柔软。因此，当野生菠萝被食用时，果实可能是糊状的，很容易裂开，香甜可口，汁水充足，于是会吸引很多动物前来，而后通过这些动物把菠萝的种子带到各处。

为什么烘干的衣物更加柔软？

一想到要为地球略尽绵薄之力，你也许会考虑少用滚筒烘干机，或者干脆就不买。尽管把刚洗完的衣物挂在室外同样能够晾干，但是你大概会发现，较厚的材质，比如浴巾、袜子之类的，在风干后手感偏硬、粗糙，而通过烘干机烘干的衣物不仅摸起来柔顺，而且非常蓬松。

较厚的织物在滚筒烘干机中到底发生了什么呢？我们可以简单地理解为"毛毡化"。在烘干机滚筒的作用下会产生离心力，会同织物纤维间的毛细吸力将水分排出。织物在洗涤的过程中吸入了大量水分，导致矿物元素析出，而在风干的情况下，会发生纤维粘连。

为了解决风干后的衣服手感不佳的问题，我们需要效仿滚筒烘干机的工作流程，先将织物纤维分散开，再进行干燥处理。在这个领域中真正的专家是海獭（尽管海獭与滚筒烘干机无关），我们可以通过观看一些视频得到启发，比如海獭抖松自己和幼崽的毛发。

为什么手指甲比脚指甲长得快？

根据林登·爱德华兹和拉尔夫·肖特于 1937 年在《俄亥俄科学杂志》（第 37 卷，第 91 页）上发表的论文，脚指甲的生长速度是手指甲的一半。手指甲年均生长不足 4 厘米，这大致与构造板块移动的速度相同。

就指甲的生长速度而言，个体差异非常大，主要取决于遗传因素、性别、年龄以及磨损量。夏季指甲的生长速度会变快。

你不妨想一想为什么手指甲比脚指甲生长速度快，答案十分简单。脚指甲磨损较小，所以不必生长太快。而手的使用要比脚多得多，尤其手指甲可以抠开很多东西。

为什么瘀伤会变色？

当毛细血管在皮下破裂时就会出现瘀伤，渗出血液中血红蛋白促使瘀伤呈典型的红色或紫色。而后体内的白细胞帮助受伤部位修复受损组织，导致红细胞分解，其间产生的物质引发了颜色的变化。

血红蛋白分解后的产物是胆绿素，呈绿色，而后变成胆红素，呈棕黄色。最后瘀伤部位逐渐痊愈，颜色全部褪去。

衰老的红细胞的分解过程与此类似，一种名为巨噬细胞的白细胞会分解脾、肝脏、骨髓以及其他组织中衰老的红细胞。胆红素被肝脏吸收后可转化为胆汁，有助于食物的消化。

在胆红素的作用下粪便会呈现出其特有的颜色。肝炎一般会引起体内胆红素含量升高，使皮肤呈黄色，也就是平时所说的黄疸，有些新生儿就患有黄疸。胆红素刺激皮肤会引起皮肤瘙痒，而瘀伤部位十分脆弱不易触碰。紫外线有助于分解胆红素，所以照射紫外线被作为常规疗法用于治愈新生儿黄疸。

罗马人是如何表示分数的?

一些用希腊语写成的科学文献中记载着罗马人采用六十进制表示分数，角度和时间同样采用六十进制，利用希腊数字和位置顺序来表示。

在日常生活中使用分数时，一些常用的分数通常用词组表示，比如用"三份中的两份"表示 2/3。分数线（分子和分母之间的斜线）或者其他用于分割数字的符号没有被引入。不过在必要的时候常常使用缩写，比如常用 S 或 SK 表示 1/2，用 T 或 TK 表示 1/3，而1½写作 ISK。古代罗马的货币单位赛斯特提的符号之一是 IIS，后来写作 HS，代表它的价值是另一种以青铜为原料的货币的 2.5 倍。F、Z、FZ 用于表示 2/3，而 1/4 则用现代常见的除号÷、G、反向的 C 表示。用水平的横线表示 1/12 或 1/16，并与点等其他符号一起使用。常见的分数则用简单的分数相加表示，例如 9/16=1/2+1/16，用符号写作 S--。

我们可以从维特鲁威所著的《建筑十书》中很好地了解分数的使用方法，在这本书中许多军事器械的制造工艺用到了分数。不过由于一些无知的中世纪（和现代）抄书人不懂得这些符号，因此在现存的手稿中缺失了很多分数记录。虽然在一些碑文上也有分数，但是记录较少，加之古典学者很少关注数字、科学、数学，所以常见的参考文献中很少有关于分数的记载。

罗马人日常使用算盘进行计算，采用十进制计数法，但是分数与此无关，分数常用于有关金钱的计算，利用特殊的珠子排列方式进行计算。

这里还要说明的一点是，当时大写的罗马数字的符号与今天使用的罗马数字的符号不完全相同，今天使用的罗马数字符号更加简单。除了 I、V、X 之外，其他罗马数字并非直接使用字母，而是使用源于伊特鲁里亚语等其他语言的符号表示。后来虽然衍生出了 L、C、D 和 M，但是分数中仍然存在一些不常使用的符号，其中甚至包括希腊字母。当然，在 1/16 中仍可见到 X。

由此看来，除了一些简单分数的符号之外，分数的表示方法没有固定的一套标准。罗马的工程师注重利用图形以及类似的方法进行计算，尽可能避免利用数字直接进行计算，这与现代人的计算方法大相径庭。

为什么狗听到警报声后会叫？

在紧急警报声过后，你可能会发现狗会仰天长啸，反观猫，会呈现出一脸对紧急警报声漠不关心的表情。

狗在紧急警报声过后之所以会仰天长啸，是因为它们将紧急警报声视为其他狗的叫声，所以它会用叫声回应。这种习性可以追溯至它们成群结队地捕食，相互之间通过叫声交流信息的时期。尽管警报声与其他狗的叫声有所不同，但是狗能够辨识出部分警报声。猫与狗的习性大不相同，常常独自狩猎，不会成群结队地出现，因此不会对警报声做出反应。

当阖家欢乐一起唱歌的时候，狗也会跟着叫起来，也是相同的道理。

狗、狼和人类在进化过程中成为一起狩猎的伙伴，如今比较常见的牧羊犬即使和牧羊人隔着一个山头，也能保持联络。牧羊人用约德尔唱法哼出曲调，或吹奏长笛，甚至使用一些发声设备，而牧羊犬会以嚎叫回复牧羊人。警报声虽然是一种人造的声响，但是可以起到增大音量的作用，而且特定的高高低低起伏的旋律可以同时向人类和狗发出警告和提醒。

为什么太阳看起来是黄色的?

太阳之所以看起来是黄色的，是因为天空是蓝色的。太阳光是白色的，太阳光照射地球的大气层时，经大气层中原子、分子和尘埃的作用会发生散射。假设天空中不存在这种散射作用，一切将是黑色的，和太空中一样漆黑。瑞利男爵对天空呈现蓝色的过程首次进行了解答，所以出现了以他名字命名的瑞利散射定律。实际上瑞利男爵只是他承袭的封号，他的本名是约翰·斯特拉特。

蓝色和紫色的光线波长较短，所以散射作用更加明显。蓝色光线散射后遍布整个天空，因此天空整体呈现出蓝色。除此之外，太阳光线中波长较长的黄色和红色光线则在直接照射的作用下得以凸显。当太阳运动至近地点附近时，大量光线穿过大气层，其中大部分光线因散射作用而消失，所以红色光线和橙色光线更加明显。

在多云的情况下，我们看到的一切都笼罩着本来的颜色，因为没有直射光线，在传播的过程中波长相似。人类的眼睛会自动调整适应这种色彩平衡，而摄影用的彩色胶片没有那么智能，如果根据太阳光线调整色彩平衡，在多云天气情况下拍出的照片会偏蓝。

人类的眼睛甚至可以适应钨丝灯发出的光线，为了捕捉这种光线，我们需要针对人造光对胶片进行色彩调整。随着越来越多的人使用数码相机进行摄影，这些问题都可以迎刃而解。

运动员对发令枪的最快反应时间是多少？

当短跑运动员对发令枪的反应时间小于 0.1 秒，就被视为抢跑。那么，究竟通过哪些研究测试了人类的反应时间？运动员对发令枪的最快反应时间就恰好是 0.1 秒吗？

对人类反应时间的科学研究始于 1865 年，由荷兰生理学家弗兰西斯科斯·孔奈尼亚斯·唐德斯领衔，他虽然是一位著名的眼科专家，但是主持了一系列在当时具有先锋意义的研究课题，后来该研究领域被命名为心理时间的测量。

唐德斯通过对受试者的左脚和右脚施加电击来测试反应时间。当他们感受到电击时，以最快的速度按下电子按键，表明哪只脚遭遇了电击。在部分测试中，受试者被分成两组，一组受试者事先会被告知哪只脚将遭遇电击，而另一组受试者事先对此一无所知。通过研究两组受试者对电击的反应时间，唐德斯最终发现差距就锁定在 0.066 秒，这也是他对人类心理反应速度的初次试探性计算。

在使用发令枪的情况下，国际田径联合会所确定的 0.1 秒与唐德斯所测量的反应时间几乎一致，对 0.066 秒四舍五入，保留小数点后一位，便是 0.1 秒。由此可以得出，即使经过反复练习的短跑运动员，对发令枪的最快反应时间也会是 0.1 秒左右。如果反应时间小于 0.1 秒，很明显在发枪之前运动员就启动了。

为什么云体边界分明？

天空中的云看起来似乎是静止的，但实际上一直处在某种运动中。一般而言，云下方有连续不断的上升气流。天空中云体轮廓分明的是积云，主要是由空气对流上升冷却使水汽发生凝结而形成的。积云内部物质分布不均匀，中央为温度较高、密度较小的上升气流，周围空气温度较低，云块之间多不相连。

虽然在气流上升过程中会因凝结而形成云，但是只要气流温度高于周围空气的温度，就会继续上升。只有当气流的温度与周围空气的温度相同时，随着气流之间的相互运动，云体的轮廓线才会逐渐变得模糊。所以在此之前，不同气团之间的边界十分清晰。

一团空气上升，水汽产生凝结的高度是一致的，因此云底十分平坦。而云顶的弧度取决于空气上升的速度，以及在对流运动下潮湿的空气与周围干燥的空气混合的程度。当对流运动停止时，云体则会解体飘散，轮廓变得模糊。

滑翔机的飞行员通过云顶的轮廓来判断热气流的位置，借助热气流，滑翔机可以升至更高的位置。

霓虹灯是如何制作而成的?

如果有机会你不妨找一个霓虹灯,然后凑近观察一下。实际上观察霓虹灯与观察恒星类似,大多数发光的恒星都含有氖,比如日冕层就会释放氖。

地球上的氖大部分来源于地球实体形成之前。如今,随着火山活动和海底板块运动,氖不断被发现。氖相对原子质量较大,无法像氦一样迅速扩散至太空中,而是像氩、氪、氙一样永远停留在地球大气层中。

氖气占地球大气的比例不足 0.002%,相当于 30 层的办公大楼中的一立方米。即便如此,氖气在大气中的含量也排名第六,是含量仅次于氩气的惰性气体。而且分离出氖气并不难,工厂制备数吨氖气的方法与制备其他惰性气体的方法一致,比如分馏。在正常的加工条件下,氖气不会发生液化,是仅次于大气中氢气、氦气的易挥发气体。

将氖气分离出来后,最后利用压力将氖气注入霓虹灯中,你就会看到绚烂的霓虹灯了。

8 月

为什么报纸的一边好撕，另一边不好撕？

事实的确如此，报纸看起来是均质的，不过从上往下撕和从左往右撕有明显的差异。报纸同其他生活中常见的物品一样是有纹理的。

大部分的纸张是由高速运行的机器生产出来的。将调制过的纤维和添加的矿物料稀释成较低浓度，倒在连续且快速移动的合成网上，通过压榨促使纸张拼合后，再利用加热的圆筒进行干燥，最后将纸张制成纸卷。

当纸料稀释液从头箱流到快速移动的合成网上时，大量圆筒形的纤维会沿着合成网的运动方向（机器方向）对齐。所以在纸张纤维方向的作用下，沿着机器方向撕比沿着其他方向撕更容易。

这种造纸工艺会影响纸张的强度，在造纸过程中加入增强剂或加强表面处理可提高纸张的强度。与复印纸和相纸相比，新闻纸沿着机器方向更好撕，因为纤维含量大，纸质较轻。

为什么动物会有器官？

假设有1000个小心脏遍布我们的身体，会比身体中央的一个大心脏更好吗？比如，会让身体变得更强健或消耗的能量更少吗？

昆虫和其他体型较小的生物没有心脏，取而代之的是一条背血管。背血管具有数个让血液进入的开口，伴随着收缩运动，为全身血液循环提供动力。昆虫的血液不参与氧气搬运，呼吸所需的气体交换行为可以简单地通过身体上的小气管或类似的结构实现。而体型较大的生物，甚至包括人类，需要一种更集约的方式进行气体交换。鱼会用鳃呼吸，还有一些动物用肺呼吸，借助一个血液泵将血液输送至全身，遍布全身的血管网络负责运送氧气。

心脏是在进化过程中出现的绝佳的高压泵器官，尤其从功率重量比的角度考虑，明显优于开放式的背血管，不过心脏的构造会引发血液与血管壁之间的摩擦。在这种封闭的血液循环系统中，血压与体重正相关。高大动物体内的血液循环在一定程度上需要克服重力的作用。

拥有多个心脏听起来是个不错的想法，假设真的拥有多个小心脏，在小心脏的功能无法正常实现时，需要打开所有血液泵的瓣膜，才能恢复血液循环。或者为了实现最大血量的供应，所有小心脏必须收缩得十分强烈，最好保持在血压最大值，这远比单个心脏跳动的情况更加复杂。

将指南针带入太空会发生什么？

地球磁场可以近似地看作磁偶极子场，我们可以用一个条形磁铁吸引铁屑来大致模拟磁场的形状，不过由于地球围绕与磁轴相差不大的自转轴旋转，因此磁场呈现一个三维立体的空间形态，深入太空大约6万千米。我们在地面上使用的指南针只能指示二维空间的方位，而在太空中我们可以使用三维的指南针来指示地球磁场，进一步分辨南北。

在6万千米的范围之外我们脱离了地球磁层，在面对太阳的一侧会遭遇太阳风带来的磁场影响。由于太阳一直处于自转运动中，当太阳磁场对地球磁场干扰较小的情况下，太阳磁场呈现螺旋状的形态，就好像转动胶皮管之后从中喷出的旋转水柱一样。

我们利用星际飞船进行磁场测量，了解太阳磁场、太阳风与地球磁场之间的相互作用。另外，极光的出现是在太阳和地球磁场相互作用下由进入地球大气层的太阳风带电高能粒子引发的。

在太阳风的作用下，地球背对太阳一侧的地球磁场被拉长成为磁尾，长达700万千米，甚至更长。处在磁尾区域的指南针会沿着磁尾的方向指示南北，或者指向地球方向，或者指向远离地球的方向。

假设我们远离太阳系进入星际空间，在突破日球层顶后太阳风的作用微乎其微，此时利用指南针测量银河系的磁场会发现一件很有趣的事情，磁场测量仪会指向南天星座之一的罗盘座。

几秒的规则真的有用吗？

食物刚刚掉到地上，你在几秒之内迅速捡起来吃掉，这真的不会有损健康吗？虽然我们小时候大都听过类似的说法，但是从科学的角度如何评价呢？

不过这个说法并没有给大家带来什么惊喜，只不过是个都市传说罢了。2004 年还在高中就读的吉莉安·克拉克凭借对 5 秒规则的研究成了搞笑诺贝尔奖最年轻的获得者。她指出不同事情对应不同时长的时间规则，而且探究了时间规则的起源。根据她的研究，时间规则至少可以追溯至成吉思汗的时代，当时的时间规则限定在 12 小时。

克拉克发现，虽然迅速将食物从地面上捡起来会沾染较少的细菌，但是 5 秒足以沾染到致命剂量的大肠埃希菌。由此可知，这对健康无疑有害。

食物上所沾染的细菌数量主要取决于地板上的细菌密度、食物与地板的接触面积、表面的湿度。毫无疑问，干燥的食物比潮湿的食物沾染到的细菌少。

在微观世界中，食物掉落在地面上会留下印迹，食物的表面和地板表面都不是绝对平坦的，这意味着两个平面无法完全贴合，之间的间隙可以阻止细菌的传播。假设食物和地板两者之中有一个是潮湿的，甚至两者都是潮湿的，水汽会填充两者之间的间隙，细菌也会侵入食物，导致两者的接触面积增大。即使食物和地板两者之中有一个是潮湿的，地面上的灰尘也很容易附着在食物表面。

而吃与不吃取决于你的选择，这是另外一回事。食物与地板表面的接触是既定的事实，而对食物的渴望程度和可承受的细菌污染程度因人而异，每个人在乎的事情不一样。比如，一块巧克力掉到地上 10 秒，有的人会迅速将其投入垃圾箱；还有的人会因为在桌子底下发现了前几天滚到地面上一块巧克力而高兴甚至欢呼，虽然也许会有一瞬间的犹豫，不过最后还是会迅速将巧克力放入口中。

为什么在高速公路上摇下车窗会有很大的噪声？

如果你驾车行驶在高速公路上，摇下车窗的过程中会伴随着非常响的噪声，简直就像直升机发出的声音，而且车开得越快，声音越大。这到底是为什么呢？

我们可以用亥姆霍兹共鸣器来解释打开的天窗或者摇下的窗户所引发的声学现象。同样体现这种声学现象的一个常见的例子，是你在一个空瓶子上方吹气。

车内压力波动所引发的共振与开口的截面积、车外空气流动的速度、车厢内部的容积密切相关。压力的改变引发了类似于敲鼓的声音。想象一下车内和车外的空气之间本来有一层透明的薄膜，如果用什么东西对薄膜向下施力，甚至去掉薄膜，薄膜会像装了橡皮筋一样来回抖动，振幅会逐渐变小。

假设你在薄膜发生抖动的同时对它施力，会出现什么情况呢？此时空气涡流会引发共振。共振会进一步扩大伴随向下施力而产生的振幅，提高车内压力。这就好像大人把握好时间点给孩子推秋千一样，当秋千开始向下回摆的时候用力推一把，可以促使秋千飞得更高。

在开口的横截面变大、容积变小的情况下，共振频率会变快；反之，当开口的横截面变小、容积变大的情况下，共振频率会变慢。由此可知，在半空的瓶子上方吹气比在全空的瓶子上方吹气，共振频率快。

如果地球是空心的，会怎样？

如果地球是空心的，我们将会面临一系列死亡威胁，比如缺氧、缺水、暴晒、食物短缺、低温、溺水。

空心地球的质量不足，无法借助引力稳定大气层，接着地表水将全部蒸发。假设地壳的质量可以弥补空洞地核造成的质量缺陷，地球磁场将不复存在，因为磁场的产生有赖于地球内部的液态铁。随着磁场的消失，指南针将全无用处，一些具有迁徙习性的动物物种将迷失方向。除此之外，我们最担心的应该是来自太阳和外太空的致命辐射将会穿透地表。

假设辐射的问题可以得到解决，甚至人类长出了腮，那么我们可以在水下生存，或许也别无选择。在百万年的时间里，陆地会遭遇侵蚀和风化作用，逐渐萎缩成沙洲，随着河流携带沉积物注入大海，海平面将不断升高。在这样的情况下只有板块俯冲和造山运动才能抬升陆地板块，弥补因侵蚀作用而消失的陆地。两个板块相遇时一个板块下插到另一板块之下，这就是板块俯冲。而造山运动是由地球内部的相对运动引发的，地球内部的相对运动同时也是构成地球磁场的关键因素。

火山喷发在调节大气中二氧化碳的占比方面发挥着重要作用，不过由于地球内部是空心的，因此火山喷发也不复存在。随着碳元素在侵蚀作用下全部流入深海底土中，地球上的全部植物将彻底停止生长。地球上彻底没有了二氧化碳，温室效应更无从谈起，加之食物短缺，地球将进入深度冻结的状态，并持续很长一段时间。

假设地球变成空的，或许也会带来一些便利，如果一个人想从英国前往澳大利亚，不必乘坐飞机，不必购买机票，只需要在两地挖好洞口，穿上防护服，从英国的洞口进入，穿过地球内部，就可以从澳大利亚的洞口出来，全程仅需 7.5 小时。

情绪会引发特定的面部表情吗？

　　人们是否会用特定的表情向他人传达自己对某件事情感到震惊或厌恶的情绪，以及其他内心感受？ 1924 年，明尼苏达大学心理学专业的研究生卡尼·兰迪斯专门为此设计了一个实验。

　　兰迪斯带领受试者进入实验室，用预先烧焦的软木塞在受试者脸上画出线条，由此可以更加明显地捕捉脸部肌肉的运动轨迹。然后他将受试者置于各种能引发强烈情绪反应的刺激情景中，比如闻一闻氨气，听一听爵士乐，看一看照片，甚至把手伸入装有青蛙的桶里。当受试者对每一种刺激做出表情时，兰迪斯迅速拍下照片。

　　在整个实验中最刺激的莫过于兰迪斯要求受试者将托盘上的一只小白鼠的头割下来。大多数人一开始都回绝了他的要求，而且质疑他的态度。兰迪斯向受试者保证这是实验的一环，而且出于对学术研究的严谨态度。而后受试者会不情愿地拿起刀，然后又放回去。部分男性受试者会开始咒骂，而部分女性受试者开始痛哭，即便如此，兰迪斯仍旧继续催促他们。从兰迪斯拍摄的照片中，我们可以看到受试者手里拿着刀，画线的脸上表现出犹豫的神情。

　　最终 2/3 的受试者按照兰迪斯的要求完成了任务，兰迪斯指出其中大部分人下手都不太干脆，鼓励和催促会让这个任务变得十分尴尬，消耗更长时间。如果受试者拒绝完成这项任务，兰迪斯会轻而易举地拿起刀，亲手把啮齿动物了结，终究没有放过一只小白鼠。

　　事后看来，兰迪斯的实验惊人地体现出人们服从命令的意愿，无论要求多么令人不悦。大约 40 年后，斯坦利·米尔格拉姆在耶鲁大学开展了一项测试人们服从性的实验，这项实验招致了大量负面评价，而且实验结果一直遭到质疑。而兰迪斯从未意识到，受试者所体现出的服从性远比他们的面部表情更耐人寻味，他始终一门心思地专注于他的研究课题。即便如此，在受试者处理小白鼠的过程中，他也未能发现一种特定的、具有代表性的面部表情。

为什么橡皮筋拉长的时候会发热？

下次有人向你弹橡皮筋的时候，不要向对方弹橡皮筋，至少，不要立刻向对方弹橡皮筋。不如趁机花点儿时间做个简单的实验，发现常见物品的特殊属性。

用双手尽可能地拉长橡皮筋，将它贴在上嘴唇上，然后令其快速回缩。等一会儿，再将它贴在上嘴唇上，接着快速拉长。于是你会感受到，当橡皮筋收缩时，橡皮筋会变凉，当拉长橡皮筋时，橡皮筋会发热。反复收缩和拉长，将反复感到冷热。

橡胶是一种具有可逆形变的高弹性网状结构的聚合物材料，结构有点儿像皱巴巴的渔网，振动和旋转可以持续一段时间。聚合物的分子结构主要由大量相似的结构单元连接而成。

当橡胶伸长变形时，聚合物的分子链排列变得有规律，距离得以进一步拉近，此时熵减少（最终达到熵的最大状态，也就是系统的最混乱无序状态）。根据热力学定律，为了保持平衡，熵必须以其他方式增加，链中的原子通过更剧烈的振动进行补偿。结果，橡胶升温。

当橡胶收缩时，这个过程就会逆转。链条可以自由地旋转和振动，熵或混乱状态增加。为了保持平衡，链中原子的熵降低，原子振动减少，温度下降。现在，你可以向对方把橡皮筋弹回去了。

彩条牙膏是如何生产出来的？

几十年来这项简单的发明一直有助于牙膏生产商提高销售量。大约 50 年前，伦纳德·劳伦斯·马拉菲诺分别在英国和美国申请了专利，专利号分别为 813514 和 2789731。他将自己发明的彩条牙膏授权给联合利华，而后联合利华首次将彩条牙膏以商品的形式投放至英国市场，名为洁诺，把白色的牙膏从牙膏管里挤出来会带有红色的彩条。

管口后方有一个空心管稍稍深入牙膏管中，白色黏稠质地的牙膏分布在这个空心管中，空心管连着牙膏管漏斗形的颈部，颈部的尽端是管口，空心管上有细微的小口与牙膏管内部相通。当向牙膏管内注入牙膏时，先将红色的牙膏注入至漏斗形的颈部，并与空心管的后入口保持一点儿距离，然后添加白色的牙膏，再将牙膏管末端密封。

当挤压牙膏管的时候，白色的牙膏从空心管内被挤出来的同时挤压红色的牙膏，迫使红色的牙膏通过小口进入空心管形成条纹。如果条纹没有出来，可以尝试用热水加热一下牙膏，彩条就会重新出现了。

1990 年高露洁棕榄公司在美国申请的专利得到批复，专利号为 4969767，在专利文件中阐述了添加两种颜色彩条的生产方案，中间的空心管变得更粗、更短，为两种颜色的彩条预留足够的空间，同样通过空心管上的小口将彩条附着在白色的牙膏表面。

站在大型强子对撞机中会发生什么？

阿纳托利·布戈尔斯基曾经非常不幸地被高能粒子束击中，更确切地说是在 1978 年，一台名为苏联 U-70 同步加速器的粒子加速器所释放的质子束击穿了他的头部。他声称看到了比 1000 个太阳还要亮的光，但当时没有感到疼痛。在接下来的几天里，他的伤势日益凸显，沿着质子束击穿的路径，半张脸的皮肤遭遇严重损伤，随之而来的是一系列并发症。

尽管阿纳托利·布戈尔斯基与各种病症纠缠一生，但是他终究活了下来，着实令医生们惊讶万分。时至今日尚不清楚在事故发生时，质子束是否以 70 千兆电子伏的满负荷运行。据推测，如果一个人被大型强子对撞机所释放的粒子束击穿，光束能量可达 6.5 太电子伏，几乎是之前的 1000 倍，在光束碰撞时甚至会再次翻倍，实在难以计数了。

雷·考克斯也有类似的经历，他是 20 世纪 80 年代臭名昭著的 Therac-25 放射性治疗设备医疗事故的北美地区受害者之一。由于软硬件设计上的失误，他遭遇了比预期剂量高出百倍的电子束。用他的话表述，那就是"强烈的电击"，他痛苦地尖叫着逃离了治疗室。设计有缺陷的设备令一些受害者因辐射过量而死亡，这台机器的光束能量仅 25 兆电子伏。

为什么我们还没有找到治愈癌症的方法？

癌症是一种十分复杂的疾病，所以很难找到治疗方法。

难点之一在于，癌细胞的生长和蔓延在相当长的一段时间内不会引发任何症状。很少有人会死于原发瘤，而原发瘤脱落后会抵达身体其他部位，并继续生长形成新的同样性质的继发瘤，这就是所谓的癌症转移，继发瘤才是置人于死地的关键，许多癌症患者都不清楚他们的体内曾经出现过原发瘤。而当患者察觉到身体症状时，由于继发瘤数量太大，已经无法进行手术治疗了。

难点之二在于，癌症可以在任何人体的任何器官内的任何细胞中产生，个体差异巨大，而且癌细胞的遗传和行为方式仍旧谜团重重，平时原癌基因和抑癌基因发挥正常的作用，一旦发生突变，无法正常调节细胞的增殖，细胞可以不受控制地增殖。这并非是单个细胞或组织出现异常，而是一个将会持续进化的生态系统。

不过令人感到欣慰的是，医学在不断进步，一旦诊断出癌症，最佳的治疗方法是利用手术直接彻底切除患病处。除此之外，患者往往还需要服用化疗药物，与手术不同的是，药物进入人体后通过循环系统可以对还未形成气候的继发瘤进行治疗。

近些年来，研究人员正在开发一种新的治疗方法，旨在启动免疫系统对抗癌症。优势在于免疫系统能够自我进化，甚至可能与癌细胞保持相同的节奏。纳武单抗、帕博利珠单抗等新型药物可以破坏肿瘤具有欺骗性的伪装，进而启动免疫系统清除余下的组织。新型药物对于致命性的皮肤癌和全球最大的癌症杀手——肺癌的治疗产生了深远的影响，在延长寿命方面实现了从几个月到几年的突破，令患者获益良多。虽然不可能通过单一的治疗方法治愈癌症，但是未来是充满希望的。

为什么空气是混合气体?

我们知道氧气的密度略大于氮气。那么,为什么空气是混合气体,其主要成分没有相互分离呢?

假设大气处于静止状态,我们可以估算出氧气与氮气的比例。然而,在真实的大气中两者会持续发生混合,这是由地球自转以及地球表面的热空气与高处的较冷空气之间存在密度差异引起的。

虽然氮气和氧气分别占大气的约 21% 和 78%,但在海拔 80 ~ 120 千米之间,尤其是在均质层内,这种混合会导致氮气和氧气的浓度相当均匀。在海拔 120 千米以上或非均质层中,两种气体会部分分层,因为空气密度远低于地表的空气密度,并且气体混合过程变慢。

在室温下气体分子快速移动,氧气和氮气以 500 米每秒的速度行进,显然两者经常发生碰撞,氧分子和氮分子充分扩散并混合,就像夜店舞池中的人群一样。对流运动促进大气中热量的传递,在气体混合的过程中同样发挥着重要作用。

气体混合是一个自发的过程。比如分别往容器的两个分区中注入纯氮气和纯氧气,一旦将两个分区之间的隔板拿开,两种气体会自发地进行混合。这就像在放暑假前一天,多么希望教室里的男同学和女同学能够安安稳稳地在座位上学习,不过事实并非如此。

为什么降落伞顶部有一个洞？

如果你本来就觉得跳出飞机令人感到十分害怕，当你发现降落伞顶部有一个洞的时候，你是否会害怕得吐出来呢？降落伞顶部的洞起到顶端通风的作用，对于安全着陆至关重要。

如果没有孔口，大量涌入伞内的空气只能从伞的边缘流出，降落伞会倾斜晃动，把跳伞员甩到一侧。

当降落伞发生晃动时，大量空气会从另一侧流出，从而会像钟摆一样有规律地振荡，找来第二次世界大战的纪录片看一看，就能印证这一点。

我们可以想象一下在降落时撞击地面是多么危险，如果遇到大风，就更糟糕了。有了顶端通风口，空气能够从降落伞顶部缓慢溢出，从而缓解剧烈振荡，使跳伞员安全着陆。

另外，顶端通风口可以减缓降落伞打开的速度。如果没有顶端通风口，空气会猛然打开降落伞，甚至会撑破降落伞，这样会吓哭跳伞员。

宇航员如何处理脏衣服?

太空旅行中既鲜为人知又不容忽视的问题之一是如何处理脏衣服。1998年俄罗斯的科学家试着提出了一种解决方案,即设计一种细菌混合物来处理宇航员的棉质和纸质衣物,希望由此产生的甲烷气体可以为航天器提供动力。

航天器上装载的处置装置将能够加工塑料、纤维素和其他有机废物。宇航员认为废物处理是他们面临的严重问题之一。每个宇航员平均每天产生2.5千克的废物。为了尽可能减少废物,宇航员必须同一件衣服穿1周,然后利用地球大气将衣物燃烧掉。

至于航天器中的厕所,1972年研制的航天飞机与同时代的喷气式客机一样,厕所使用起来都不太方便。而从内部结构来看,高速气流足以改善航天飞机中引力不足的问题,直接将宇航员的液体和固体废物分别导入独立的管道中,最终储存在两个罐子中,固体经过真空干燥、消毒和除臭,待航天飞机返回地球后,再将废物处理掉。假设把废物留在轨道中,不仅会遮挡后方的视线,而且会干扰太空中的设备。

为什么碳酸饮料跑气后很难喝？

好味道是在多种因素同时作用下形成的，而且往往具有相对性，比如你对味道的预期与真实感受之间的落差。影响味道的因素有温度、声音、口感，以及气味、口味和对舌头的刺激，温度有冷热之分，而口感有酥脆和绵密之别。一瓶味道不错的碳酸饮料不仅能够让鼻子感觉到有气冲出来，而且嘴巴周围能感受到仿佛一些小气泡破裂带来的刺激。

大多数碳酸饮料都是在高压的条件下将二氧化碳注入饮料中而制成的。二氧化碳在标准大气压下很容易溢出，而在高压条件下大量二氧化碳可以溶于饮料中，并形成碳酸，并赋予饮料一种备受大众喜爱的带气的味道，不过这种特殊的味道并非源自很多人认为的气泡。当碳酸饮料跑气时，大量溶在饮料中的二氧化碳溢出并回归大气，于是碳酸的含量也有所减少。

带气的味道比跑气的味道更受欢迎，正如其名碳酸饮料，必须有碳酸才够味。例如可乐和香槟中，碳酸是调味过程中不可或缺的制备原料之一，必须要带气，因此带着气喝，自然味道更好。溶解的二氧化碳本身有一种独特的味道，略苦又刺鼻，而跑气的饮料不仅已经丧失了这种味道，而且破坏味道与其他刺激的平衡，由此可能会导致饮料尝起来没味或太甜，而且不带气。

为什么大喊大叫后声音会变沙哑？

歌手和演员接受过声音训练，可以毫不费力地发出惊人的音量，并且不会对喉咙造成伤害或引起其他不适。

简单地说，他们通过改变口形以及喉咙的位置，构成一种近似指数曲线的形状，模拟喇叭发声，这是最省力的发声方式。适当与空气的振动相结合，即使不怎么用力，也能发出响亮的声音。

没有接受过声音训练的人不会使用技巧发声，而是通过蛮力放大音量，迫使空气在声带之间发生更加剧烈的振动，所以会对声带造成损伤。此时声带周围的黏液保护层中会分泌出更多、更稠的黏液，利用流体的膨胀性保护声带。反过来这会干扰声带进行正常高效的振动，声带的开合也会变得异常，最终导致声音变得沙哑。

如果你非常幸运，受损组织没有遭遇细菌感染，那么稍微休息一下，也就一两天的工夫，足以让受损组织恢复回来。如果你长时间持续折磨声带，会对声带造成永久性伤害，或许声带会长茧，你的声音会变得更加沙哑。

倘若你所从事的职业需要你长时间大声讲话，那么接受专业声音训练会大有裨益。不仅可以减少对声带造成的损伤，而且可以少费力气出大声。

什么动物以黄蜂为食？

在食物链中肯定有黄蜂的一席之地，这个问题实际上想问的是：以黄蜂为食的动物为何不选择以其他危险系数较低的昆虫为食，偏偏选择黄蜂这么危险的昆虫？

以黄蜂为食的无脊椎动物包括部分种类的蜻蜓（蜻蜓目）、食蚜蝇（双翅目）、甲虫（鞘翅目）、飞蛾（鳞翅目）。

以黄蜂为食的脊椎动物包括臭鼬、熊、獾、蝙蝠、黄鼠狼、狼獾、大鼠、小鼠和一些种类的鸟。《西部古北区鸟类》一书详细记录了多种欧洲鸟类，并列举出133种食用黄蜂的鸟类，其中包括一些非常令人意想不到的物种，如柳莺、斑姬鹟和高山雨燕，另外有两种鸟以食用黄蜂著称：食蜂鸟和蜂鹰。食蜂鸟（蜂虎科）平时以黄蜂为食，习惯在树枝或电线上了结黄蜂。蜂鹰喜欢通过袭击蜂巢而捕获黄蜂。

最后不可避免地要谈谈人类，一些与人类拥有相同祖先的动物也食用黄蜂。你可以尝试品尝几种用黄油炸过的黄蜂幼虫，据说味道相当不错。

一个奥运会跳高运动员会脱离月球的引力吗?

实际上,跳离月球表面(或者跳出非常远的距离)将会顺利进入轨道。只需要一次跳跃就能够进入轨道,而且之后永远不会返回月球,因为月球是球体,你离开月球的速度与月球离开你的速度是一致的。假设要顺利进入月球上方的轨道,跳高运动员跳跃时的速度必须达到 1 千米每秒左右,这远远超出了跳高运动员的极限。

假设你正是一名跳高运动员,那么所有类似月球的星体对你而言都是绝佳的选择,有助于你创造全新的高度纪录,远远超过地球上的跳高纪录。你有必要先找到一个比地球小得多的星体,再在日落时分纵身一跃。即便是在地球上百米跑出 11.4 秒成绩的人,也足以凭借一次跳跃离开托罗小行星,因为托罗小行星的半径不足 6 千米。对于脚力不行的人来说,还可以在几个更小的小行星中进行选择,比如半径仅为 1 千米的地理星,重力场的能量仅为月球的 1/6000。

人体的化学式是什么？

人体的化学式受到许多因素的影响，其中非常值得我们注意的是性别的差异，是他，还是她。男性体内水分的含量远远超过女性体内水分的含量，而女性体内脂肪的含量远远高于男性体内的脂肪。如果根据重量计算，氧约占人体的 2/3，其次碳占 20%，氢占 10%，氮占 3%，其余的元素仅以微量存在。

如果将人体分解成单个原子，那么我们可以得到一个实验式：$H15750$ $N310$ $O6500$ $C2250$ $Ca63$ $P48$ $K15$ $S15$ $Na10$ $Cl6$ $Mg3$ $Fe1$。各元素原子的数量与质量构成是两回事，因为原子的质量各不相同。加之新陈代谢的影响，即在生物体内不断地进行着物质和能量的转化，这意味着人体的化学式是不断发生变化的。

那么，我们就利用化学式记录体内的变化过程，找到所有元素并确定其数学表达，可以确定整个过程，不过这么做的意义不大。自我调节是生命的属性之一，广泛深入地对自己内部的结构秩序进行调节具有强大的适应性，并且具有应激性，对各种不同的刺激反应进行控制。人体通过应激的方式对内部资源进行整合，化学反应确确实实存在，不过这种化学元素的结合完全取决于应激控制系统。由此看来标准的化学式不存在于人体内，也没有存在的必要，甚至尝试写出人体化学式还会引发一定的误解。对生命体而言，化学反应至关重要，相比之下，成分构成没那么重要。

为什么明亮的星星无法照亮整个夜空?

夜空中的星星看起来好似点光源，发出明亮的光线。实际上，我们可以把所有恒星都视为巨型光源，太阳也不例外。倘若试图靠近观察，强光会让人感到头晕目眩。当我们从地球上观察太阳时，太阳能够发出非常耀眼的光芒，而地球和太阳之间的空间却是一片漆黑的，这究竟是为什么呢?

人们凭借肉眼能够看到大约 9000 颗星星，借助中等倍率望远镜，可以观察到多达几百万颗星星，通过现代天文台上的仪器可以观测到数十亿颗星星。我们预估的宇宙中星星的数量之所以会发生变化，或者更确切地说，在我们能观测到的宇宙空间范围内星星的数量之所以会不尽相同，是因为对于星星的观测受制于光速。在一般情况下，我们援引的数据是宇宙中至少存在 10^{22} 颗星星。

既然如此，为什么夜空没有被星星照亮? 这就是著名的奥尔伯斯悖论，以 19 世纪德国天文学家海因里希·奥尔伯斯的名字命名。当时宇宙被认为是静态的，而且存在无数颗恒星，时至今日，我们已对宇宙有了更深入的了解。

在众多假说中，最好理解且得到最多人支持的假说是，部分恒星相距太远，它们所发出的光线还没有抵达地球，或者永远无法抵达地球，或者至少不会以可见光的形式抵达地球。不断膨胀的宇宙会推迟光线抵达地球的时间，甚至起到阻碍作用，或许星系以实际大于光速的速度远离地球。伴随星系远离地球，光辐射的波长会变长，这被称为红移，因为光源的后退表现为朝光谱线红端移动了一段距离。

令人感到惊奇的是，1848 年爱伦·坡在《我发现了》[*]一文中给出了类似的解释。

如果分布在空间的星体无穷无尽，那么整个天幕都应该像银河一样熠熠生辉——因为整个天幕绝对不可能有哪个点上不存在星体。所以，在星体有限的情况下，我们方可理解为什么我们的望远镜会在各个方向都发现空白，解释的唯一方法就是假设空白处的天幕太远，从那里发射出的光迄今还没有到达我们这里。

（曹明伦译）

---

* 《我发现了》（*Eureka*）是美国作家爱伦·坡于 1848 年完成的一部散文诗作。文中主要描述了坡的宇宙观，其中对奥尔伯斯最早地提出了一些较为合理的解释。文章有小部分取自作者的作品《未来之事》。

视力能够得到改善吗？

当然，戴眼镜或接受眼部手术都能改善视力，不过在这里我要分享一个有助于改善视力的小妙招，利用家中现有的东西就足够了。

用别针在卡片上戳一个小孔，接着闭上一只眼睛，用另一只眼睛通过卡片上的小孔进行观察，你会发现远处的文字和物体变清晰很多。假设你是近视眼，而且在观察过程中没有戴眼镜，效果是非常明显的。倘若你的视力很不错，效果就没那么明显。

光线经晶状体弯曲（折射）后聚焦在视网膜上，于是大脑中会生成你所看到的图像。在正常情况下，因为光线来自四面八方，所以穿透晶状体的光线也不会聚集在一处，为了能够得到清晰的图像，眼睛必须将所有光线集中在视网膜的一个点上。

如果眼睛的构造不甚完美，比如患有近视，进入眼睛的最外层光线无法在晶状体弯曲（折射）的作用下正确聚焦于眼睛后部的一点上。而进入眼睛的最内层光线不太需要过度弯曲（折射）即可抵达视网膜的正中间。即使眼睛近视，最内层的光线也会以相对笔直的路线形成清晰的图像。

然而，最外层的光线会混淆和模糊图像。在通过小孔进行观察的过程中，进入眼睛的光线大量减少，小孔只允许内层光线透过晶状体中央部分直接抵达视网膜，将外层光线排除，避免产生模糊的轮廓，最终看到清晰的图像，即使亮度不足。

你也可以尝试用其他方法复刻类似的效果，比如利用梳子齿之间的空隙。阿拉斯加的土著居民历来有戴窄缝眼镜的传统，这与透过梳子齿空隙看东西的效果类似。它还发挥着更重要的作用，由于冰雪会反射大量光线，因此窄缝眼镜有助于减少进入眼睛的光线，有助于保护视力并预防雪盲症。

是否存在单一食物足以让人类赖以生存？

是否存在任何单一食物足以让人类赖以生存，如水或脂肪？答案是：不存在。是否存在任何单一动植物细胞组织让人类赖以生存，如马铃薯？答案仍是不存在。

不过考虑到我们必须要继续喝水和呼吸空气（即使这些也是营养物质），我们可以稍微放开点儿限制。这一点儿也不奇怪，没有任何一种单一饮食可以与均衡的健康饮食相媲美，但有两类食物在一定数量范围内可以维持相对的健康。

其中一类是婴儿食品。一些婴儿食品中含有鸡蛋、牛奶和坚果等，但是不如比萨之类的那么好吃。单一某种婴儿食品并非是完美的饮食选择，而多种婴儿食品才算得上营养均衡。

另一类是肉食品，这可能会令你难以置信。贝类和鱼类可以提供人体所必需的营养成分，如银鱼或沙丁鱼。以正确的方式适量食用易获取的肉类，同样能得到所需的营养物质，比如生活在南非半沙漠地区的农户以食用羊肉和牛肉为主。

蚊子如何在暴雨中生存？

蚊子的世界与人类的世界有很大不同。

在雨滴滴落之前，雨滴下方会产生微小压力波，压力波足以将蚊子推到一旁，以免受到雨滴的攻击。蚊子身体表面有很多空隙，可以减轻压力波对身体的伤害，或者直接飞走远离压力波。

即使雨滴击中蚊子，它仍然可以存活下来，这是因为两者之间的体量差异。我们可以将雨滴和蚊子之间的碰撞类比成，以与雨滴相同的速度行驶的汽车和密度仅为正常人密度 0.1% 的人之间的碰撞。比如相同大小和形状的薄橡胶气球之间发生碰撞，气球很容易被弹开，只有把气球压在墙上才会爆裂。

在飞机上你会膨胀吗?

如果你登机时随身携带了一包薯片,你将注意到它会发生膨胀。当飞机飞至万米(现代客机的巡航高度)高空时,机舱内的气压约为正常海平面气压的 2/3。在压力差的作用下,任何充气的弹性容器内都会发生膨胀。

薯片包装袋所发生的膨胀也同样会在人体内发生。患有重感冒或者鼻腔不通畅的人都可能曾经有所察觉,随着飞机的升降,大脑中的气体会发生膨胀,从而会带来剧烈的疼痛感。

不止大脑中的气体会发生膨胀。消化道中的气体主要集中分布在肠道中,如果肠道中的气体发生膨胀,它只有通过一种方式才能排出体外。甚至有人发现这是乘坐喷气式飞机旅行的惊人乐趣之一。也许在你了解这些知识之后,你可能没有办法再直视与你同乘飞机的其他人。当然,这些也有可能都不是真的。

为什么要对游泳池做氯化处理？

对游泳池进行氯化处理的目的在于完成对池内水体的消毒。在卤族元素中，除了氯可以用于消毒之外，碘和溴同样可以用于消毒。之所以不用氟进行消毒，是因为它太容易发生反应了。而选择氯的理由在于它价格低廉，不仅容易取得，而且操作相对简单。

消毒主要在于破坏有害生物体的新陈代谢或结构，有化学成分参与的氧化反应和非氧化反应都具有消毒的作用，没有化学成分参与的反应也如此，紫外线（如阳光）、X 射线、超声波，以及加热（如巴氏杀菌）、改变 pH，甚至储存都可以促使生物体自然死亡。

氯气由氯元素组成，一个氯气分子由两个氯原子构成，不是氧化物。当将氯气注入水中时，其中一个氯原子形成氯离子，另一个氯原子与水发生反应，生成次氯酸，是氧化物。次氯酸极有可能与细菌细胞壁中存在的分子发生氧化还原反应，这就是消毒反应。当反应次数足够多时，生物体的修复机制会不堪重负并致使生物体死亡。由此看来，消毒剂的浓度、消毒剂与病原体接触的时长是至关重要的条件。

氯有多种不同的化学表现形式，如氯气、次氯酸钠粉末（通常用于家庭游泳池）和氯化石灰或漂白粉。一些含有氯的化学物质不是消毒剂，因为它们中的氯（通常以氯化物的形式）已被完全还原，无法再发生氧化反应。氯化钠就是这样一种化学物质，这就解释了为什么不能用一小撮盐对水进行消毒，以及为什么病原体可以在海水中存活。

为什么会产生雀斑？

雀斑源于大量色素沉积，所以皮肤越白皙，雀斑也看起来越明显。雀斑的形成与16号染色体上黑皮质素受体1（MC1R）的基因变异有关，该受体也与红色或姜红色头发有关。由此我们可以推断，雀斑和红色头发之间存在一定的相关性。

皮肤中的黑色素细胞是产生黑色素的细胞，黑色素产生后会被包含在称为黑素体的特殊细胞器中，接着被运输到附近的角质中形成细胞，这些细胞成为我们皮肤的外部屏障，并会释放一定量的黑色素。出生时肤色较暗沉的人拥有较多黑色素细胞，所以外层皮肤细胞中的黑色素较多。雀斑也与较多的黑色素细胞有关，通常经太阳暴晒雀斑会变得更加明显，因为UVB照射激活了黑色素细胞，导致大量黑色素产生，于是雀斑的颜色会变深，增强对皮肤的保护作用，阻挡太阳光线的照射。有雀斑的地方很快就会被晒黑，而雀斑之间正常的皮肤更容易有灼烧感。

红色头发和雀斑最常见于拥有北欧或西欧血统的人，比如13%的苏格兰人拥有一头红色秀发，大约40%的苏格兰人携带红发基因。

白皙的皮肤和雀斑可能会给生活在高纬度地区的人带来进化上的优势，高纬度地区气候寒冷，光照强度不足，偏白的肤色可以减少热量损失，当然，衣服肯定会更有效地维持人体热量。雀斑之间的皮肤色素沉着较浅，可以吸收太阳光线并合成更多维生素D，从而降低北纬地区佝偻病的发病率。

闪电击中水面会发生什么？

当闪电发生时，最好躲在导体的内部，例如藏在外层有金属板覆盖的船只内部。当然，如果你是一条鱼，可以躲到海底深处。

当一道电光—比如闪电—击中水面时，电流会沿着水表面向多个方向传播。在此过程中电流的传播范围呈半球形，可加速其内部极具破坏性能量的释放。假设闪电直接击中一条鱼，或者击中鱼周围的水面，可想而知，这条鱼将凶多吉少，或遇难，或身受重伤。

除此之外，闪电的温度可达数千摄氏度，击中点周围的水体极易发生汽化现象。于是在水面下方会形成一股冲击波，能将数十米范围内的鱼类置于死地，甚至令正在作业的潜水员永远失去听力。

假如外层有金属板覆盖的船只距离击中点较近，躲在船中的人们虽然能够感受到闪电在放电过程中所释放的巨大破坏力，但是由高温引发的冲击波才会对人们造成严重影响。加之金属船身的导电性能明显优于水，闪电的电流自然会先传播至船身，再传播至水体。

物理学家迈克尔·法拉第于19世纪用一个实验证明了当导体在静电场中处于静电平衡时，导体内部没有宏观电场。他先进入金属笼中，然后在笼体附近人工释放电火花，最终他安然无恙地从金属笼中爬出来。想必任何人都会对此感到讶异，不过法拉利本人并非如此。

为什么肥皂泡是五颜六色的？

吹泡泡是多么快乐的一件事，小孩和大人对此都不会提出异议。只要准备好肥皂水和吹泡泡专用的塑料棒，就可以吹出不同颜色、不同大小的泡泡。如果仔细观察一下，你一定会注意到，泡泡的表面呈现一种颜色，而里面似乎是另一种颜色。明明用了同一管肥皂水，同一根塑料棒，这怎么可能呢？

肥皂泡中蕴含了奇妙的物理学知识。肥皂泡之所以在阳光下呈现斑斓的色彩，是因为光线在气泡上下表面反射且相互干涉。由于肥皂泡壁的厚度不一，光线的波长遭遇不同程度的干涉，因此会形成七彩的肥皂泡。随着水分逐渐蒸发，肥皂泡壁的厚度发生变化，颜色也会发生变化。

在重力作用下肥皂水会向地面方向流动，肥皂泡壁的厚度也上下不等，因此会形成水平色带。往肥皂水中添加一些甘油，能够起到增厚水膜的作用，肥皂泡的色彩会变得更丰富。当肥皂泡壁变得异常薄的时候，无法形成可见光，颜色便会消失。较薄的肥皂泡壁可能是透明无色的，但是在周围颜色的影响下会显得不那么透亮，随着肥皂泡壁变得越来越薄，一般持续不了几秒钟，整个肥皂泡就会爆裂消失。

我们可以往肥皂水中添加染色剂，以丰富肥皂泡的颜色。不过大多数水溶性染色剂都不起作用，因为肥皂泡壁很薄，而且肥皂水会自然而然地聚集在肥皂泡的底部。染色剂需要在生产肥皂的步骤添加，再制成肥皂水。如果你想吹出最绚烂多彩的肥皂泡，需要找到一处类似滑冰场的场地，在温度较低、湿度大的地方，肥皂泡能够维持1分钟，显现出令人难忘的色彩。

为什么会发生幻影交通堵塞?

如果你曾多次行驶于繁忙的高速公路,很可能遇到过莫名其妙的交通停滞。即使没有事故发生,也不处于交叉路口,整个车流也逐渐慢下来,几近停顿,过一会儿车流才又恢复移动,这种现象就是所谓的幻影交通堵塞。

在开放、正常通行的路况条件下,车辆的行驶状态皆由司机自主控制,车辆的行驶速度也全在司机的掌控之中。当机动车道上汇聚了较多车辆时,车辆之间的互动有所增加,比如前面一辆车放慢了速度,那么后面的车辆也必须放慢速度。

当机动车道上的车辆达到特定的临界密度时,一股"冲击波"会自然而然地从车道上的第一辆车蔓延至最后一辆车。前面的司机轻轻地踩下刹车,后面的司机会重一点儿踩下刹车。随着这股"冲击波"影响到排尾的车辆,减速变得越来越明显。与此同时,新汇入的车流也会继续延续减速的态势,加之汇入的车辆无法改变行驶方向,最终会陷入停滞状态。随着前方的拥堵路况得到缓解,后方的车辆可以再次启动,看到的是道路前方空空如也,面对这种情况,司机们也不知道问题出在哪里。

交通拥堵的状况是很难建模的,因为需要利用非线性模型建模,并且受到司机反应时间的影响。如果司机的反应时间为零,能对车流量的变化做出即时反应,那么整条高速公路上的车辆就可以像参加阅兵式上的士兵一样,同时启动和停止。不过根据以往的观察可知,在红灯变绿灯的情况下,车辆启动大约有1秒钟的延迟。引发完全停滞的临界交通流量大约为每秒一辆车,这可能不是巧合。

如果想在拥堵的高速公路上避免受到这股"冲击波"的影响,后车与前车应保持6～8个车长的间距,一旦后车司机注意到前车的刹车灯亮起,就立刻抬起踩油门的那只脚,让车自然向前滑行。接着如果发现前车恢复了速度,后车可以很容易追上前车,这样就避免了大幅度减速。而更后面的车辆在你滑行时只会稍微减速,而在你加速时也可以加速。

能否在没有记录的情况下判定一个人的年龄？

年龄认定是一个需要法医专门技术人员参与的领域。寻求特殊庇护的人们，或持有难民身份的人们经常需要进行年龄认定，因为他们可能真的不知道自己的年龄。年龄认定需要法医专门技术人员尽可能准确地判定年龄，因为特定年龄对应特定的优待条件。

实际年龄和生物年龄的关联在年轻群体中最为明显。我们可以将一个孩子的年龄判定在几岁之内，即便如此，年龄认定也不是一门精确的科学，因为环境和遗传因素会对身体的老化程度产生影响。老年群体的年龄认定要更加困难，误差也更大。

年龄认定都应该从心理评估着手，以确定个人可以记住的信息，或者他们曾经参与的事件。这些可以帮助临床评估员判定当事人的年龄段。除此之外，年龄认定必须以骨骼的相关指标为依据。牙齿对于判定青少年的年龄很有用，但对于判定老年人的年龄帮助很有限。骨龄认定需要使用 X 射线（在某些情况下，这可能会引起道德方面的争议）。平板 X 射线摄影或 CT 图像都是比较理想的选择。

对于老年群体，多种因素的组合有助于构建一个年龄图。这些因素包括颅骨缝合的程度，退行性病变的症状，骨关节炎中的骨变化和软骨损失，具有支持和保护作用的肋软骨、喉部、耻骨联合所发生的变化。

任何单一的特征都无法用来准确判定成年人的年龄，只有综合多种因素，理解不同人群之间存在的差异，才能做好年龄认定。

什么是蓝月亮？

"蓝月亮"一词是源于传统农业对满月[*]的命名。一年中可见 12 次满月，而对满月的命名与春分、夏至、秋分和冬至有密切的关联。在世界各地，满月的名字有所不同，其中广为流传的收获月是指秋分后的第一个满月，而狩猎月是指秋分后的第二个满月，四旬期月即冬季的最后一个满月，而蛋月（或复活节月、圣餐月）即春季的第一个满月，总出现在复活节的前 1 周。

根据这套系统，在春分和夏至之间、夏至和秋分之间、秋分和冬至之间、冬至和春分之间通常有 3 个满月。不过由于月球运行的周期稍短，不可能总是出现 3 个满月，偶尔会出现 4 个满月。当出现 4 个满月时，为了确保满月的命名仍旧对应二分和二至，于是将 4 个满月中的第三个称为蓝月亮。

以 19 年为一个周期，每个周期会出现 7 个蓝月亮，2022 年 8 月 31 日就出现蓝月亮。

如果发生火山爆发或严重的火灾，大量大小均匀且直径约 1 微米的颗粒物分布在大气中，才会出现真正的蓝月亮。这个直径刚好大于红色光线的波长，约为 650 纳米。例如，1883 年喀拉喀托火山爆发所释放的颗粒物导致月球在大约两年的时间内一直呈现蓝色。

---

* 每一个"满月"都有自己的名字，这也反映出月亮从古至今在人们生活中的重要地位。在许多地方，人们根据"满月"的循环来确定时间和季节，因此每个月的"满月"都有不同的名字，通常是和农业活动、生活习惯、天气情况、季节等相关。

9 月

鼹鼠的活动范围有多大?

　　一只成年鼹鼠的活动范围通常在 2000 ~ 7000 平方米之间，雄性鼹鼠的活动范围比雌性鼹鼠的活动范围大。鼹鼠所挖的地道因土壤类型而异，草皮下的地道可能多达 6 层。

　　鼹鼠地道系统的深度和广度存在很大的差异性，受多种因素的影响，例如土壤的类型和当地地下水水位的高度。鼹鼠挖掘的大多数地道，本质上是它们为了捕食众多无脊椎动物所设置的复杂陷阱。蚯蚓等一系列进入地道的无脊椎动物是鼹鼠的主要食物来源。茂盛草地上蚯蚓数量众多，因此鼹鼠没有必要挖掘过多的地道，而在酸性土壤中蚯蚓数量相对较少，鼹鼠需要挖掘更多的地道。

　　浅层地道与深层地道的挖掘方式不同。对于浅层的地道，鼹鼠利用自身身体撑开土层，向前推动土壤，再将土壤挤压成地道的墙壁。对于深层的地道，鼹鼠会动用真正的挖掘技术，在挖掘地道的过程中它们会将土壤置于身后，再利用翻滚的身体优势，将打散的土壤运送至地表，形成我们常见到的那种鼹丘。鼹丘无疑会对景观维护造成持续性的负面影响。

　　鼹鼠构建一个占地范围较广的地道网络需要消耗大量的体力，这也许可以用来解释为什么鼹鼠会对地道网络严防死守。与构建地道网络相比，维护地道网络所消耗的体力是微不足道的。虽然不同鼹鼠的活动范围有所重合，但是鼹鼠会在地道的交会口留下气味信号，以明确活动的范围和边界线。如果建立地道网络的鼹鼠离开太久，随着气味信号的消失，其他敌对的鼹鼠会迅速占领该地道网络。

蘑菇的生命力到底有多顽强？

如果你在走路时注意低头观察一下人行道，也许就会发现有一朵毒蘑菇从人行道的夹缝中顽强生长出来。

实际上，穿透五六厘米厚的沥青混凝土路面对生命力旺盛的蘑菇来说根本就是小菜一碟。在英国英格兰的贝辛斯托克镇，有人曾发现一种名为毛头鬼伞的真菌在大约 48 小时的时间内将一块 75 厘米 × 60 厘米的石板向上抬升了 4 厘米。

纵观历史，在铸造厂内经常出现蘑菇的身影，在新闻报道中也会见到蘑菇举起沉重的铁件之类的奇闻轶事。据推测，这些蘑菇应该是某种特定种类的野蘑菇，属于蘑菇科蘑菇属。不管具体是哪种蘑菇，它们施加作用力的原理应该是一样的，即水压。

向上的作用力源于菌丝的膨压作用。菌丝是一种由细胞壁包被的中空管状结构，随着孢子萌发成芽管，芽管生长成管状菌体，细胞壁可以不断地以相似的长度延伸。

菌丝细胞的主要结构单元是由围绕细胞长轴分布的纤维素组成的。纤维素分布在基底，促使细胞壁发育成形，与碳纤维化合物结构类似。甲壳素是一种极其坚韧的生物聚合物，部分昆虫的外壳中含有甲壳素，赋予真菌细胞壁良好的横向强度，因此内部压力在垂直方向上得以释放。水在渗透作用下进入细胞，由此产生的膨压促进了垂直向上的运动，使蘑菇有能力向上举起铺地石板。

75 年前，雷金纳德·布勒首次对这一现象进行了研究。他先将蘑菇置于玻璃管中，然后将重物置于蘑菇上，从而测量蘑菇向上的升力。他计算得出蘑菇向上的升力约为标准大气压的 2/3。蘑菇的细胞有一个重力感应机制，促使蘑菇恰好保持垂直的生长态势。即使蘑菇被倾斜放置，它也会迅速调整生长方向，保持垂直生长的态势。

正如布勒的发现，精美而脆弱的粪鬼伞仅凭 5 毫米厚的茎便产生了 250 克向上的升力，所以，其他生命力更旺盛的蘑菇能穿透板油马路也不足为奇。

为什么我们会说脏话？

脏话"充分调用了我们的表达能力"，哈佛大学心理学家史蒂芬·平克在他的著作《思想本质》中这样写道。尽管脏话是人类创造力的一种表现形式，但是它仿佛成了人类社会中的禁忌，脏话的主要内容通常是与性行为或排泄行为相关的，这些都是人类维持生命所不可或缺的行为活动。那么，为什么人类社会存在这些污言秽语，又是什么赋予这些特定的词语如此强烈的冲击力呢？

一些学者认为，脏话作为一种语言表达形式，在某种程度上与直接的身体对抗类似。当你对其他人说脏话时，你是在向他传达一种不愉快的想法。在正常情况下，我们不会堵住耳朵，即使尝试反击也显得很无力。好在大多数人都能克制住自己，避免引发语言攻击，或者说，至少在某些时刻能够避免发生冲突。这对于缺乏克制力的人群的研究是很有启发性的。

身患图雷特综合征的人有可以轻易识别的抽动障碍，如眨眼睛和清嗓子，其中有10%～20%的人还表现为不自主地说脏话，也就是使用淫秽词语。抽动症患者大脑中的部分基底神经节——深埋在大脑前半部分的神经元群可以起到抑制不适当行为的作用——遭到破坏。

在平克看来，基底神经节能够将某些词语归类为禁忌词语。当"不可说"的标签不再适用时，对于图雷特综合征患者而言，禁忌词语的表达会再次出现，骂人的冲动会变得难以抑制。有一例图雷特综合征患者，即使他天生失聪，他也可以用手语表达污言秽语。更让人感到震惊的是，他并没有像听众那样竖起手指或做出其他不雅的手势，而是用常规的手语来表达粗鲁的词语。

通过仔细研究词汇量巨大的脏话语库，研究人员对脏话有了更进一步的认识，比如脏话的一些发音规则。除了发音规则之外，同样涉及语义内容。英语中的脏话在其他语种中存在对应的词汇，尽管发音有很大差异。但在与医学有关的内容中，使用表示粪便或与性有关的词语是可以被大众接受的。由此看来，带有某些特定含义的词语或者带有某些特定发音的词语会严重影响他人的情绪。

随着社会禁忌的改变，脏话也在不断发生变化。比如随着卫生条件的改善，一些表示疾病或病症的词语逐渐退出了脏话的行列。尽管现在有些脏话使用范围很广，但仍然会有层出不穷的新词出现。那么，哪个词语会成为下一个流行的脏话呢？虽然大多数专家纷纷拒绝预测是哪个特定的词语，但是他们可以肯定的一点是，不能单纯从语言角度思考，脏话的产生与很多因素有密切的关联。不可能因为你不喜欢奶酪，而"奶酪"就成了脏话。

阑尾有什么作用？

尽管过去人们认为阑尾没有任何功能，只是进化的产物，但现在人们不再这么认为了。阑尾最大的作用体现在，它为发育中的胚胎提供免疫功能，待我们成人后，阑尾继续发挥类似的作用。当然它也不是那么重要，没有了阑尾，我们仍然可以正常生活。

阑尾可以使循环免疫细胞接触到生活在肠道中的细菌和其他生物体的抗原。这有助于免疫系统分辨敌友，并阻止免疫系统对与人体愉快地共存的细菌发起破坏性攻击。

人体内的其他部分似乎也具有相同的作用。肠道中的集合淋巴小结有助于免疫系统接触到肠道中的细菌。当我们成年时，免疫系统似乎已经学会了应对胃肠道中的外来物质，所以阑尾不再那么重要了。但是这种免疫采样区域的缺陷可能会引发免疫性疾病和肠道炎症。

有趣的是，阑尾已被用作手术中的备用品。它可以被切除，其组织可用于膀胱的重建手术，而且不会产生使用另一个人的组织所引发的免疫反应风险。

有负面的安慰剂效应吗？

安慰剂是没有药理作用的物质，如糖或假药。在测试药物效果的试验中，它们被广泛用于对照，并被制成与被测试药物相同的外观和气味。受试者不会被告知他们接受的是真正的药物还是安慰剂。

安慰剂效应是如何起作用的仍有争议，但人们普遍认为这种效应是心理上的，而不是生理上的，好处在于人们相信他们正在服用的药丸会产生好的效果。安慰剂效应也被归因于条件反射：病人期待药物产生某种效果，然后就会体验到这种效果。

以在镇痛药物试验中使用的安慰剂为例。在这种情况下，对安慰剂效应的一种解释是，它涉及大脑中阿片类止痛化学物质的释放。一项研究发现，病人认为是具有止痛效果的安慰剂可以减轻疼痛，但当病人得到一种抵消阿片类药物效果的药物时，这种效应就停止了。

安慰剂的负面作用被称为"负安慰效应"。服用安慰剂的病人有时会伴随出现焦虑和抑郁等情绪，这与人对治疗的不良预期以及条件反射有关。据报道，在一项试验中，认为自己容易患心脏病的妇女死于心脏病的可能性几乎是没有这种想法的具有类似危险因素的妇女的 4 倍。

安慰剂引发了一些有关道德的问题。安慰剂的作用在于，医生可以利用安慰剂欺骗病人，让他们相信他们正在接受一种有效的药物治疗，而实际上却剥夺了病人选择药物的权利。如果病人遭遇"负安慰效应"的影响，病情恐怕会变得更糟糕。

如何堆沙堡?

曾堆过沙堡的人都会告诉你，你需要的是潮湿的沙子，而不是干的沙子，但这不仅仅是因为水使沙子变得黏性更大。

沙子由许多小而硬的颗粒组成，颗粒之间可以相互滑动。当沙子受潮时，每粒沙子上都有一层薄薄的水膜，这些水膜一般聚集在沙子相互接触的地方。表面张力作用于水的表面，结果水被一层拉伸的膜所覆盖，始终富有张力。

当水滴黏附在沙粒上时，张力被施加到所有沙粒上，这将有效地拉近沙粒之间的距离，在沙粒之间产生了相当大的力，即使不考虑沙粒的重量。这与毛细引力有关，足以提供较大的摩擦力，使沙粒聚合在一起。

当你开始向沙子中加水时，由于表面张力和摩擦力在沙粒之间形成了的桥梁，将它们固定在一起。这些力的共同作用可以抵御重力，防止沙堡的墙壁倒塌。这些桥梁的表面是凹陷的，但进一步产生了毛细引力，或吸力，这有助于将沙粒固定在一起。如果你在沙子中加入水，那么桥梁会"下垂"，沙子和水的混合物呈现漏斗的状态，达到以这种力命名的毛细管状态。在这种状态下，凹陷的液体表面继续产生毛细作用，将沙粒固定在一起。

然而，如果你继续加水，就会达到一个点，即液体的表面曲率发生改变，会变得凸起，而不是凹陷，毛细力作用消失。这就是所谓的液滴状态。水不再在颗粒之间产生任何吸引力，城堡的墙壁开始坍塌，并作为液体浆液流动。

显然，你可以在家里试试，但如果在海滩上，在蓝天下，在海浪拍打着你的脚趾时，在享用冰激凌时进行实验，效果也许会更好。

为什么有些食物加热后味道更好?

我们通常所说的味道,更确切地说,是由口味、刺激性和香气组成的。味觉本身只包括舌头可以检测到的 5 种感觉:咸、甜、酸、苦和鲜。这些不受温度的影响,也不受刺激性的影响,比如辣椒所具有的那种刺激性。但是鼻子能嗅到的香气严重受到食物温度的影响,因为香气取决于挥发油的释放。温度越高,释放的挥发物就越多,香气就越浓,从而使对味道的感觉更强烈。

没有什么香气的食物其味道会因加热而得到增强,而香气浓郁的食物在高温的作用下味道可能会变得过于浓烈。例如,红葡萄酒更适合在室温下与味道浓郁的食物一起食用,从而达到食物和饮料相互补充的平衡,而不是相互抵消;而白葡萄酒通常适合与鱼或味道较淡的食物一起食用。

另外,温度对食物的重要影响还体现在温度对用淀粉增稠的酱汁的黏度的影响,由于淀粉对热有反应,因此在较高的温度下黏度会下降。食物的质感对人们来说非常重要,覆盖着用淀粉增稠的酱汁的冰凉的食物是不会激起食欲的,而不用淀粉增稠的酱汁,如蛋黄酱,即使夹在冰凉的三明治中,也会激起人们的食欲。

我们对食物味道的感知同样涉及饮食传统和文化偏好。比如有些地方的人喜欢喝冷汤,但喜欢吃热乎的通心粉。在英国,啤酒是在室温下饮用的,但在其他地方几乎都是冰镇的。有些人喜欢加冰的威士忌,而苏格兰人则认为加冰是一种可憎的行为。热咖啡和冰咖啡对大多数人来说都是可以接受的,至于当下选择哪种,主要取决于环境温度。这一切都与环境、习惯、食物和饮料供应方式有关。

黑匣子是如何工作的？

过去，飞行数据被记录在摄影胶片上，这些胶片必须放在一个光线无法穿透的盒子里，这是关于黑匣子这一名称起源的说法之一。现在，黑匣子包括飞行数据记录器和驾驶舱语音记录器。

还有人呼吁增加一个驾驶舱图像记录器，它将记录仪器的外部读数，从而记录飞行人员实际看到的东西。

1957 年，大卫·沃伦是第一个开发出数据和语音综合记录器原型的人。作为澳大利亚墨尔本航空航海研究实验室（ARL）的研究科学家，他帮助调查了 1953 年和 1954 年涉及德哈维兰 DH106 彗星客机的一系列致命事故。他认识到，获得飞机坠毁前发生的情况的记录将是非常宝贵的。

起初，航空界对黑匣子的反应大体上是非常冷淡的，直到 1960 年一架福克友谊号飞机在澳大利亚昆士兰的麦基坠毁。这促使澳大利亚政府强制要求客机使用黑匣子记录器，后来其他国家的航空公司也纷纷效仿。

根据航空安全网的数据，自从启用黑匣子后，大约已有 2300 架商业客机的机身出现破损。除了坠机和空中相撞外，客机还曾被击落，甚至成为恐怖分子轰炸和劫持的目标。近年来，平均每年出现约 30 起机身破损。

当然，在有些情况下，即使找到了黑匣子，坠机的原因仍然是不能确定的，但调查人员仅在 10 起机身破损事故中未找到黑匣子，相较于机身破损发生的数量，未找到黑匣子的概率是相当低的。

除了黑匣子可以用于记录飞行数据之外，部分数据也可传输给地面站、卫星等。不过与地面站的通信数据有时会丢失，与卫星的数据传输也存在一定弊端。即使在加密的情况下，人们也总是担心所传输的数据在到达事故调查人员手中之前可能会被黑客拦截、编辑，甚至丢失。

潮差有多大？

潮差是指退潮时的海面与退潮时的海面之间的高度差。世界上最大的潮差超过 16 米，出现在加拿大大西洋沿岸的芬迪湾。公开水域的典型潮差一般约为 0.6 米。

要了解芬迪湾所发生的情况，我们不妨从一个盛装了一半水的水盆开始了解。用你的手掌向下按压部分水面，其余水面的水位就会有所上升，之后就会像跷跷板，随着水来回晃动，水位发生相应的变化。当一侧的水位多次下降时，水面的起伏就会变大，大量的水会向下俯冲，然后扬起，甚至水会溢出盆沿。水的晃动有特定的一个频率，随着你的手掌向下按压水面，注入了额外的力量，从而扩大了振幅。虽然水在水平方向上来回晃动，但是水盆中心轴上的水位几乎保持不变。

现在想象一下，将水盆沿中轴线上垂直分割，一半是芬迪湾，中轴线代表海湾的开口，另一半是大西洋，来自大西洋的潮水逐渐向芬迪湾推进，在推进过程中伴随着巨浪，巨浪拍击芬迪湾开口处的大陆架，产生类似于跷跷板的作用。当海浪移动至湾内最东侧的小海湾时，水位会达到峰值，而此时海洋表面的水位会降低至接近于大陆架的高度。

异常大的潮差之所以会出现，是因为潮水以几乎相同的频率连续涌入，就像水盆中的水以特定的频率俯冲和扬起，这实际上是一种谐振效应。

为什么随着年龄的增长，减肥会更难？

这是一系列因素综合作用的结果。随着年龄的增长，我们的基础代谢率有所降低。一过 20 岁，我们的基础代谢率以每 10 年减少约 3% 的速率逐渐降低，即使摄入相同的食物，我们的身体负担也会越来越重。除此之外，随着年龄的增长，消化和吸收食物所消耗的能量也有所减少。

随着激素水平的改变，更容易在体内脂肪堆积。生长激素和睾丸激素水平的下降促使脂肪量进一步堆积。此外，甲状腺产生的促进脂质和碳水化合物代谢的激素也有所减少。瘦素的减少也不利于控制食欲。

我们的身高会逐渐降低，器官的重量和肌肉的含量也在降低。例如，神经学家阿纳托尔·德卡班和多里斯·萨多夫斯基发现，从大约 45 岁开始，大脑的重量会逐渐下降。

我们大多数人没有通过减少能量摄入来抵消这些因素，所以体重增加了。综合这些因素，很容易理解为什么我们随着年龄的增长，更难维持现有的体重：身体在密谋和我们作对。如果我们可以降低摄入总量，并增加体育锻炼活动，尤其是增肌运动，那么才有机会降低体重或保持现在的体重。

为什么树叶会变色？

秋天的落叶是一道美丽的风景，树叶由绿变黄，再变成落叶。树叶如此美丽，我们不禁会产生疑问：为什么树叶能在一年中经历如此丰富多彩的变化呢？

入秋后，树叶中的叶绿素会发生分解，其中的成分可以被植物循环利用。在温差较大的环境中，叶绿素的分解会提前发生。起初树叶的边缘开始泛黄，这是因为树叶底层含有胡萝卜素，随着细胞逐渐减少，黄色慢慢向叶片中央蔓延，直至细胞全部死亡，树叶最终整片变成褐色，并从树上落下来。

在树叶主脉上，只有非常薄的光合细胞层，这意味着与叶子的其他部分相比，这部分的叶绿素被提前分解了。相反，在叶脉之间出现的绿色条纹是树叶最厚的地方，光合细胞被保护的时间更长，不受环境变化的影响。在这种情况下，靠近叶面的细胞层可能已经变黄，但这被下面仍含有叶绿素的细胞所掩盖。绿色的斑块看起来特别暗，但这可能是在周围的黄色组织对比下产生的视觉错觉。

由于每片叶子所经历的微气候不同，没有两片叶子在秋天死亡时的状况是相同的，因此，色素图案也不尽相同。不要指望看到两片相同图案的落叶。

为什么有些人招蚊子？

　　虽然我们确实都会产生天然的化学物质，而且其中的一些物质会吸引咬人的昆虫，但少数幸运的人散发出的香气显然掩盖了吸引叮人蛟虫的化学物质，因此这些人不易被蚊虫叮咬。英国赫特福德郡罗萨姆斯特德研究中心的詹姆斯·洛根和约翰·皮克特已经确定了能使吸血昆虫远离人类的化学物质，并基于这些化学物质研发了一种驱蚊剂。

　　罗萨姆斯特德研究中心的团队首先注意到了牛群，当他们看到一些牛不得不驱赶周围恼人的苍蝇，而其他牛则可以不受干扰地吃草时，他们猜测，也许有些牛对这些苍蝇的吸引力较小。皮克特的研究小组指出，牛群中不受干扰的牛一定只是在气味上对苍蝇的吸引力较小，并研究了牛的化学特征。果然，他们发现某些个体发出了非常独特的化学信号，导致苍蝇对它们不感兴趣。

　　洛根发现，人类也有独特的化学信号。他让能够传播黄热病的蚊子（埃及伊蚊）沿着一个 Y 形迷宫飞行，并在迷宫中释放志愿者手部的气味。观察发现，其中一些化学物质受到蚊子的欢迎，而另一些化学物质并不受蚊子的欢迎，因此蚊子沿着有吸引力的气味飞行。研究结果证明，的确有些人产生了不受蚊子欢迎的化学物质。

为什么企鹅的脚不会冻成冰块？

企鹅和其他生活在寒冷气候中的鸟类一样，身体构造具备一定的环境适应性，可以避免消耗过多的热量，躯干温度可以保持在40℃左右。不过企鹅的脚很特殊，脚上没有覆盖厚厚的羽毛，也不存在可以起到保温作用的厚实脂肪层，而且暴露的皮肤面积又不小。那么，为什么企鹅的脚不会冻成冰块呢？

这取决于企鹅的身体构造机制，包括两方面。其一，企鹅可以通过改变供应血液的动脉血管的直径来控制流向脚部的血流速度。在寒冷的条件下，血流流量会减少，当温暖时，血流流量会增加。人类也能做到这一点，这就是为什么我们的手和脚在寒冷时会发白，在温暖时会呈粉红色。这种控制机制是非常复杂的，涉及下丘脑和多个神经系统、多种激素。其二，企鹅的脚有"逆流热交换器"。向脚部供应温热血流的动脉有许多小血管分支，这些小血管分支与从脚部带回冰凉血流的静脉血管紧密相连。热量直接从温热的血管传输至冰凉的血管，所以减少了热量损失。

入冬之后，企鹅脚部的温度只比冰点高一点儿，不仅可以尽量减少热量损失，而且能够避免冻伤。鸭子和鹅的脚虽然也有类似的构造，但当它们在温暖的室内环境中停留数周后进入冰冷的环境中，它们的脚可能会冻在地面上，因为它们的生理结构已经适应了温暖的环境，所以脚部的血液流动几乎停滞，脚部温度下降到了冰点以下。

如果速度能够超越光速，
那会不会产生类似音爆一样的现象？

电磁波会产生类似音爆的现象，但粒子的速度必须比光速快。速度必须比光速快是可以实现的，因为光在介质中的速度小于它在真空中的速度，在真空中任何物质的速度都无法赶超光速。这个较低的速度公式是 $v = c/n$ 给出，其中 c 是真空中的光速，而 n 是介质的折射率。

只要粒子的速度超过 c/n，就会产生类似于音爆的光辐射，称为切伦科夫辐射。从储存高放射性核反应堆燃料棒的水中发出的蓝色光芒是由切伦科夫效应引起的。燃料棒发出的大部分辐射是以高能电子形式出现的。这些电子在水中的传播速度大于光在水中的传播速度，因此造成了特有的切伦科夫光。

切伦科夫效应作为一种科学工具的重要性在于粒子的动量与切伦科夫光子的发射角度之间的联系。对切伦科夫发射角度的测量可以间接测量粒子的速度和方向。切伦科夫探测器是粒子物理学家用来探测物质多尺度结构的重要工具之一。

意识是否具有连续性？

根据常识，随着动物变得越来越复杂，它们的意识也越来越强。意识具有连续性是令人欣慰的。但常识通常无法解释任何事物。以意识本身为例，这是一个人人都能理解的描述现象的词，但在科学上非常难以确定。

意识的主要理论之一，综合信息理论（IIT），通过提出意识的体验是由大脑中不同位置的数据构建的，从而回避了这个问题。IIT 说有一种测量方法，即 phi，它代表一个系统所拥有的突发信息量。如果 IIT 是正确的，那么它意味着所有的动物在某种程度上都是有意识的，而且确实存在着一种从简单动物到复杂动物的连续性。但是因为我们不知道从哪里着眼，也不知道如何测量，所以很难说清楚它们中的任何一个在这个连续链条上的位置。事实上，我们也是如此。

我们没有理由认为人类的意识是一个生命体可以拥有的"最"高层次的意识。其他动物在没有与我们相同的大脑的情况下也存在某种形式的意识。鸟类没有新皮层，我们过去认为，哺乳动物的优势在于，大脑的这一部分对于有意识地思考是必不可少的。它们设法用大脑的其他部分来做很多复杂的认知处理——思考。大多数与类人猿打过交道的生物学家会向你保证，类人猿也是有意识的。你甚至可以替植物考证，它们非常善于检测和处理大量的信息，并对此采取行动。这当然可能是我们称为意识的东西，甚至就是意识。

因此，说意识具有连续性，其实并没有什么争议。我们每个人也都经历过意识沿线的各点。在我们的梦中，我们大都还是我们自己，即使我们碰巧在飞行或在水下呼吸。如果我们喝醉了，我们的意识就会以不同的方式运转。正如 IIT 的发起人麦迪逊威斯康星大学的朱利奥·托诺尼所说的那样，我们年幼时的意识是不同的，我们年迈时的意识，也会是不同的。

我们肯定没有达到意识的顶峰。下一步是什么呢？心灵感应？可能一种更高层次的意识会比我们现在更适合感知生命的意识状态，并预测其行为。对我们来说，这种极端的同理心或超直觉看起来像读心术，我们不需要超自然的解释，只需要对神经处理有更深入的了解。

为什么姜黄造成的污渍不好去除？

姜黄（姜科、姜黄属植物根茎的粉末）和红甜椒（甜椒果实的粉末）是烹饪中常用到的香料，都可以用来提味增色。

姜黄的黄色源于姜黄素，它占姜黄干粉的 5% 左右。红甜椒中的红色源于类胡萝卜素的混合物，主要是辣椒素和辣椒红素，在干燥的辣椒中最多只占重量的 0.5%。

红色类胡萝卜素由长链状分子组成，可溶于有机溶剂，如石油溶剂。姜黄素由较小的分子组成，带有甲氧基苯基，它不溶于水，但可溶于甲醇等溶剂。因此，你可能会认为红甜椒和姜黄都会给油漆和塑料上色，因为它们会溶于有机溶剂。你还会想到它们在烹饪过程中会融入食物的油性部分。

为了比较它们的着色性能，将一撮姜黄放入两个小玻璃香料罐中，对红甜椒也采取同样的做法。在一组香料罐中加入一茶匙甲基化酒精，在另一组中加入同样数量的白色酒精（你可以用肉桂和辣椒粉重复这一实验）。摇晃混合物后，你会看到有姜黄的甲基化酒精中立即呈现鲜艳的黄色，而有红甜椒的白色酒精则变成红色。当你从 4 个香料罐中各取一滴提取物，滴在一个干净的白板上时，你会发现姜黄—甲基化酒精提取物的颜色最浓，其次是白色酒精和红甜椒。同样的实验也可以用丙酮（指甲油去除剂）来做。

这证明了姜黄比其他香料更容易染色，主要原因在于姜黄里面有更多可提取的色素物质。另外也因为姜黄素和红色类胡萝卜素的不同物理特性，正如我们的溶解度实验所证明的那样，染料与固体材料发生化学反应的方式不同。

姜黄素在加热时是稳定的，但暴露于光下时并不稳定。因此，要去除姜黄的污渍，可以先用甲基化酒精清洗，再将物体放在阳光下。

树木是否会遗传基因特征？

　　人们常说，孩子的眼睛和他母亲或父亲的眼睛长得像，这是遗传基因的结果。事实证明，树木也能以同样的方式继承可见的遗传特征。

　　在树木中发现的特征受到不同程度的遗传和环境因素的影响，与其他生物体的特征类似，同样受到遗传和环境因素的影响。对于一个给定的特征，由遗传控制解释的总变异比例被称为遗传率。其范围为0%～100%。数值越高，子代与亲代的相似度越高，通过选择性育种可以获得更大的改进。

　　有两组主要的可见性状受到高度的遗传控制，对木材的最终用途具有重要意义。一个是茎部形态，它是衡量弯曲度或偏离完美直线度的标准。它与反应木有关，反应木的形成是对机械压力的反应，如暴露在强风中。反应木是明显不对称的，通常不适合于最终用途，如实木和造纸制浆。

　　树木枝条的可变特性对工业也很重要，包括厚度、每单位茎长的数量、插入茎的角度，以及枝条是轮流出现，还是沿着茎的长度随机散布，这些变量影响不需要的结的数量和大小。

　　亲本和子代可能相似的特征还包括园艺品种的花色和果树的花或果实颜色、形状、大小、味道和营养成分。

为什么母鸡在下完蛋后会咯咯叫？

对母鸡来说，产蛋的程序有很多步骤，通常可以看到它们每天都在做类似的动作。母鸡通常会在产蛋前 10 ～ 20 分钟进入鸡窝，并安顿好自己。它站着下蛋，蛋是软壳的，与空气接触后变硬。然后它会静静地坐上几分钟，梳理羽毛、发出叫声和休息。然后，母鸡从鸡窝中跳起，发出一声响亮的叫声，并在自由的范围内跑相当远的距离。附近的一只雄性公鸡听到叫声后，伸出翅膀跑向母鸡，并立即与它交配，然后公鸡和母鸡都高兴地走开了。

看来产蛋后的叫声有助于吸引公鸡来交配。如果有敌对的雄性，公鸡可能会像其他期待的父亲一样在巢外巡逻，然后在母鸡产完蛋后立即与之交配。在这种情况下，公鸡的叫声可能很小，甚至不发出叫声。在其他时间交配时，公鸡会提前进行彩排，母鸡不会发出咯咯声。

为什么湿的东西比干的东西味道大？

把东西弄湿并不会让它变臭。例如，一条湿的干净毛巾闻起来并不比一条干的干净毛巾味道重。

然而，假设存在细菌，那么水分确实有助于细菌的生长。随着细菌的生长和繁殖，细菌会产生一系列带有臭味的化合物，比如口臭。大多数是脂肪酸、氨基化合物等带电的基团，很容易与非挥发性分子（如大型蛋白质和碳水化合物）结合。一旦它们附着在干布或皮革上，它们就不会自由地飘浮在空气中，所以没有什么气味。然而，这些带电的基团对极性分子有亲和力，而水是极性分子。因此，当物体被弄湿时，水分子就会包裹住气味分子，晾干时水分子就会带上异味分子一起蒸发，不管气味好闻还是不好闻，都进入空气中，如果气味比较浓重，我们的鼻子就会闻到。

因此，假设有足够的水分和足够的时间供细菌生长，潮湿的东西闻起来会更糟糕。但是，如果你对潮湿的物品进行消毒，以杀死所有细菌来防止细菌生长，那么它就不会产生难闻的气味了。除此之外，你可以释放其他分子，通过与互补的带电基团结合来稳定分子。叶绿素除臭的原理之一是，利用金属原子与许多气味分子的活性基团结合。同样，通过结合关键分子，燃烧蜡烛的烟雾中部分氧化的石蜡蒸气也有助于清除房间里的烟味。

一个椰子从加勒比海漂流到苏格兰的西海岸
需要多长时间？

椰子是靠水传播种子的，成熟的椰子落到水里，会随着水漂流。据说在北欧的挪威也发现了可食用的椰子，不过，这些椰子可能是从船上被扔入北海的，而不是从加勒比海一路漂流过来的。即使一路被洋流护送着，在到达苏格兰之前椰子很有可能早就沉没了。

尽管如此，我们还是有很多的机会可以发现从货船掉落的物品。例如，1992年，一艘穿越太平洋的集装箱船在暴风雨中被打翻了，船上有29000只小黄鸭和其他洗澡玩具。柯蒂斯·埃贝斯迈尔是一位退休的海洋学家，他一直在跟踪这些玩具的进展。现在这些小黄鸭已经被漂白了，但由于上面印有美国公司的标志，所以仍然可以识别。当年订购小黄鸭的公司愿意以每只100美元的高价收回，这对生活在海滩附近的人和海洋科学家都是一种激励。

人们普遍认为，这些小黄鸭组成的队伍已经通过西北航道进入了大西洋，小黄鸭漂流的速度比洋流的速度快。

基于这一观察，根据漂流的速度，椰子需要大约16个月的时间完成从加勒比海到苏格兰的西海岸的旅程。

头发为什么会变白？

灰色（或白色）只是头发的基本色。位于每根毛囊底部的色素细胞造就了我们年轻时的自然发色。然而，随着年纪的增长，越来越多的色素细胞死亡，个别发丝的颜色随之消失。结果是头发逐渐显示越来越多的灰色。

整个过程可能需要 10 ~ 20 年，很少有人会一夜白头。有趣的是，随着年龄的增长，增色细胞往往会加速产生色素，所以在色素细胞死亡之前头发会短时间变黑。

为什么有些衣服会产生静电？

　　静电就是物体表面不足或者过剩的相对静止的电荷。静电的产生主要有三种方式。若把接触后的两种材料分开，两种材料将分别带上等量正负电荷，这就是静电产生的基本原理。两种材料之间的摩擦可以加强这种电荷分离过程。

　　静电的产生和空气湿度有很大关系，相对湿度越高，物体储存电荷的时间就越短，电荷越少。纤维，如人造丝、丝绸、羊毛、棉和亚麻水分多，它们的纤维在给定的湿度下能够吸收大量的水分，所以静电含量低。涤纶、丙烯酸和聚丙烯等纤维具有较少的水分，静电含量高。

　　织物护理剂可以减少织物表面的电荷。

外星人长什么样?

著名的遗传学家康拉德·瓦丁顿认为,高等生命形式都会看起来相像。但大多数人认为进化是一个偶然的过程。换句话说,如果地球上的进化重新运行,陆地脊椎动物——包括我们——将不太可能重新出现。如果出现了,我们也会看起来非常不同。当然,这也适用于其他星球。

那么,如果在其他星球上没有人类,能有什么呢? 有一些一般问题的模式,以及共同的解决方案,适用于宇宙中任何地方的生命。我们知道这一点是因为地球上的不同物种分别进化出相同的解决方案。鸟类、蝙蝠、昆虫和一些鱼类都会飞;而植物和一些细菌会进行光合作用。这些普遍的解决方案将在几乎所有其他有生命的星球上被发现。因此,生命将由普遍的解决方案形成,例如大象巨大的腿在重力作用下支撑着巨大的体积;也有局部或狭义的解决方案,例如它的躯干,它在地球上的发展是由于需要从它的觅食点捡起食物。在另一个星球上,它的食物可能不需要从树干到嘴的运送。

因此,困难在于识别普遍的解决方案,外星人将拥有这些解决方案,也有狭义的解决方案。狭义的解决方案通常只发生一次,普遍的解决方案则发生更多次。比如,关节在生物体上似乎是普遍存在的,而肢体的数量则不是;眼睛是普遍存在的,外耳则不是。类似的例子非常多样。

这意味着科幻电影中一些臆想将不成立。《星际迷航》中的外星人斯波克先生*,其拟人化的外表和进化趋向与人类如此接近,以至于当我们不能与自己星球上的物种繁殖时,他可以与我们相互繁殖,可悲的是,这是不合逻辑的。而且我们应该不相信所有小绿人的飞碟故事,不是因为他们是小绿人,而是因为他们是人。绿色的小斑点倒是可信。

---

* 《星际迷航》(又译作《星际旅行》等)是由美国派拉蒙影视制作的科幻影视系列,是全世界最著名的科幻影视系列之一。它描述了一个乐观的未来世界,人类同众多外星种族一道战胜疾病、种族差异、贫穷、偏执与战争,建立起一个星际联邦。斯波克是《星际迷航》中的主角之一,是一位外星人(半人类半瓦肯人)。(出版者注)

你能用七叶树果实洗衣服吗？

并非所有的洗涤剂都是一包一包的，有些是长在树上的。

要做到这一点，获取一些七叶树果实，去掉棕色的外壳，把它们切成小块，然后把它们放在锅里。加入一两杯水，煮上几分钟，然后让它们冷却。用茶巾将混合物过滤到一个洗衣碗中，去除固体，保留液体。将其倒入瓶中并摇晃。现在把它放回碗里，用它来洗你的袜子。

你应该看到在你倒入碗中的液体上形成肥皂泡。而且，如果你给你的袜子好好清洗一下，你会看到它们是多么干净。这是因为七叶树果实含有一种皂素，是一种天然肥皂或表面活性剂。正如我们所看到的，它可以用水提取——这是几个世纪以来用于制造清洗亚麻布的肥皂液的诀窍。

表面活性剂分子有一个被水分子吸引的极性区域（它是亲水的）和一个被水排斥的非极性区域（疏水的）。因此，它们既能溶于水也能溶于有机溶剂，包括使你的袜子变脏的物质。这使它们与合成洗涤剂非常相似，对清洁非常有利。由于非常温和，它们也受到艺术保护者的欢迎，被用来清洁精致的织物或古代手稿。

要注意的是，七叶树果实提取物有轻微的毒性，会引起咳嗽和打喷嚏，并可能对皮肤产生刺激。因此，如果自制完成后，把用过的所有器皿好好洗一洗，确保没有皂素的痕迹留下。

是什么原因导致人体内的细胞粘在一起？

人体内的细胞被组织在组织中，通过各种分子间的相互作用粘在一起。

一方面，细胞之间相互作用。这是一种非常特殊的相互作用，由各种黏附分子家族介导，称为卡德林、神经细胞黏附分子和细胞间细胞黏附分子。这些分子都表达在细胞表面，并固定在每个细胞的细胞骨架上，这种安排稳定了细胞之间的相互作用并赋予其力量。

另一方面，人体的组织不只是由细胞组成的，也是由复杂的大分子网络组成的，称为细胞外基质。这些大分子被组合成一个有组织的网状结构，根据其成分的比例，基质可以采取不同的形式来适应特定的功能要求。例如，它可以像骨骼和牙齿一样钙化和坚硬，像角膜一样透明，或者像肌腱一样有弹性和强度。基质的主要成分是纤维形成的蛋白质，可以是结构性的（胶原蛋白和弹性蛋白），也可以是黏附性的（纤连蛋白和层粘连蛋白），这些成分决定了上述的特性。

细胞通过被称为整合素的表面受体黏附在这个复杂的支架上，这些受体被固定在细胞骨架上并与基质成分结合。尽管整合素密集地分布在细胞表面，但它们与基质成分互动的亲和力相对较低。这允许细胞在基质内移动而不完全失去其抓地力，这意味着它实际上是一种相当灵活的胶水。

然而，整合素和基质成分之间的相互作用有一个更深的目的，而不仅仅是将细胞固定在原位。几乎像天线一样，它们可以向细胞传递关于它需要适应的微环境的信息，从而影响细胞的形状、运动和功能。

当然，身体中也有一些细胞保持自由状态。这些是血液的组成部分：红细胞、白细胞和血小板，它们通常漂浮在血液中，向组织输送氧气并注意入侵的微生物和伤口。例如，血小板遇到伤口会激活血小板的整合素，使其能够与血管中的纤维蛋白原结合，并启动聚集过程，形成血块并阻止出血。

如果所有的船都离开大海，海平面会下降多少？

根据阿基米德原理，一个物体会下沉，直到它取代了自身的水的重量。这就是为什么一艘满载的船会在水中沉得更深。每一吨的船或其货物都会取代一立方米的水。

军舰是以其排水量来表示的。世界军事舰队的总排水量约为 700 万吨。商船队要大得多，但为了使问题复杂化，商船是以载重量吨（dwt）来表示的，即一艘空船在面临倾覆风险之前可以装载的货物质量。它没有考虑到船舶在装载货物之前所排出的水。1979 年诺克 – 尼维斯号作为海智巨人号下水，于 2010 年报废，是拥有记录以来最大的载重吨位。它可以装载高达 564763 吨的载重货物，空载时的排水量为 83192 吨。

世界商船队达到 8.8 亿载重吨。如果空船队的排水量与它能运载的货物的吨位相同，那么满载的船队的排水量为 17.6 亿吨。加上军事舰队的排水量，世界上的大型船只将排出 17.67 亿立方米的水。这些水量如果分布在海洋表面（约 360×10^{12} 平方米），海平面将仅上升 5 微米。海水的密度稍高，对这个数字没有什么影响。

海运量每年以大约 3% 的速度增加，相当于把 1 万个奥林匹克运动会游泳池大小的水倒入海洋。但这确实是沧海一粟，只相当于海平面每年上升幅度的 1/25000。

有绿色的哺乳动物吗？

只有一种绿色哺乳动物，即三趾树懒。

树懒是来自中美洲和南美洲的树栖哺乳动物，以行动非常缓慢和经常睡觉著称。它们的绿色是由覆盖在它们皮毛上的一层海藻造成的。藻类在它们的头部和颈部最厚，也就是毛发最长的地方。由于树懒是用手而不是用舌头来清洁自己，因此身上的藻类永远不会被清洁掉。这对树懒来说不是很恼火吗？

实际上，这些藻类对树懒非常有用。树懒的主要捕食者之一是鹰。树懒不可能比老鹰走得更快，但一只在树上行动很慢的绿树懒是很难被发现的。所以三趾树懒并不真的是绿色。事实上，目前还没有已知的哺乳动物能够产生自己的绿色皮肤色素。

没有绿色哺乳动物的主要原因似乎是生态方面的。一般来说，哺乳动物太大，无法使用单一颜色进行伪装，因为没有足够大的绿色块来掩盖它们。大多数哺乳动物的环境都是由明暗相间的斑块组成的，由许多不同的颜色组成。这意味着那些伪装的哺乳动物往往是斑驳的或有条纹的。那些确实使用绿色进行伪装的动物，如青蛙和蜥蜴，体型较小，可以使用固体的绿色块——叶子和树叶——作为掩护。

大多数哺乳动物的主要捕食者是其他哺乳动物，特别是食肉动物，如猫、狗和黄鼠狼家族。食肉动物都是色盲，或者最多只有非常有限的色觉。因此，对它们来说，有效的伪装不是一个颜色的问题，而是一个综合的因素，如亮度、质地、图案和运动。

为什么芦笋会让你的小便有味道？

这真的是一件相当令人惊讶的事，在吃芦笋的几分钟内就会出现。一旦你认识到这种气味，就不可能在去公共厕所时不知道是否有人吃过这种昂贵的季节性蔬菜。

长期以来，产生这种气味的原因一直让生物学家感到困惑。虽然已知含硫化合物与此有关，但最近的研究似乎表明，这实际上是一种鸡尾酒效应。甲硫醇、二甲基二硫化物和二甲基砜可能是导致这种气味产生的物质。这些物质可能是分解芦笋中的 S- 甲基蛋氨酸和天冬酰胺的结果。

由于人类对这种气味的产生和感知存在许多差异，因此难以准确确定究竟哪些物质是最终原因。一些研究表明，气味的产生是一个由基因决定的特征，最多有 50% 的成年人会表现出来。

然而，至少有一份报告表明，虽然所有的人都会产生这种气味，但只有少数人能够闻到它。因此，可能是不同的人产生了一系列不同的化合物，并且对这些化合物也有不同的嗅觉。

食用芦笋后，尿液很快就开始发臭，原因可能是肾脏对任何不寻常的产品，如上述的含硫化合物做出快速反应。身体会迅速处理和清除它认为可能是外来的东西，芦笋的气味通常在食用蔬菜后 15 分钟内就能在尿液中检测出来。不是说任何人都应该惊慌失措——芦笋是一种极好的健康食品，只是你的身体会尽快清除它没有用的化合物，同时吸收有益的化合物。

不是每个人都觉得这种气味令人反感。在加布里埃尔·加西亚·马尔克斯的《霍乱时期的爱情》中，尤韦纳尔·乌尔比诺"很享受在他的尿液中闻到被温热的芦笋净化的秘密花园的直接乐趣"。

是否有某种病毒可以使你活得更久?

大量的病毒会缩短你的生命或直接杀死你。但是有没有能让你活得更久的病毒呢?

有时,病毒会让宿主活得足够长,以便利用其细胞机制进行自我繁殖,并通过当前宿主和其他潜在宿主之间的接触进行自我传播,这符合病毒的利益。由于这个原因,肌萎缩症病毒在被有意释放到澳大利亚的兔子群体中时,其毒性迅速减弱。不仅兔子在进化免疫力,而且自然选择也有利于那些不那么快杀死宿主的病毒,甚至让它活着。

一些病毒甚至被用于抗击癌症。例如,耶路撒冷希伯来大学的研究人员正在利用通常困扰鸟类的新城疫病毒的变种来针对脑瘤。

同样,基因工程师使用无害的病毒将理想的基因带入细胞。例如,科学家们已经尝试通过用病毒感染肝细胞来治疗家族性高胆固醇血症这一遗传疾病。将该病毒插入了一个关键基因,使肝细胞产生一种控制有害胆固醇的化学海绵。

试图为我们自身利益操纵病毒至少可以追溯到 18 世纪末,当时爱德华·詹纳发现,感染了相对温和的牛痘的挤奶工对剧烈的天花有免疫力。这最终导致了使用密切相关的疫苗病毒进行广泛的疫苗接种。

是什么导致了阵风的出现？

在地球表面附近，摩擦使风变慢。湍流几乎总是由以不同速度移动的空气层产生的，这加强或减少了表面风。强烈的湍流也是由建筑物等障碍物造成的，这就是为什么城市中心会出现臭名昭著的大风。

如果表面比上面的空气有足够的温度，那么对流将产生称为热力的暖空气柱或墙。这些会从表面上升，并将气流吸引到上升的气柱的底部。这些气流可以增加平均风力，产生比通常的湍流阵风更持久的阵风。

此外，如果对流足够强大，它可能会在上升和冷却的过程中，通过热力中的水分凝结产生阵雨云。随后的蒸发可以导致冷空气柱从这些云中迅速下降，在表面产生剧烈的阵风。这些有时被称为暴风。

10 月

为什么氦气能提高声音的音调？

声音在氦气中比在空气中传播得更快，因为氦气原子（原子质量为 4）比氮气和氧气分子（分子质量分别为 14 和 16）更轻。

就像所有的管乐器一样，声音是以驻波的形式在气柱中产生的，通常是空气。声波的频率乘它的波长等于声速。波长是由口腔、鼻子和喉咙的形状决定的，所以，如果声速增加，频率也会随之增加。一旦声音离开嘴巴，它的频率是固定的，所以声音到达你那里时的音调与离开扬声器时相同。想象一下坐过山车的情景。过山车在轨道上加速和减速，每一节车厢都遵循完全相同的模式。如果每隔 30 秒就有一辆出发，那么无论中间发生什么，它们都会以同样的速度到达终点。

在弦乐器中，音高取决于弦的长度、厚度和张力，所以乐器不受空气成分的影响。因此，在一个管弦乐队中间释放氦气会造成混乱。管乐器和铜管乐器的音高会上升，而弦乐器和打击乐器的音高则大致保持不变。在大卫·贝德福德的《白马之歌》中，首席女高音需要吸入氦气以达到极高的高音。

温度计在太空中的读数会是多少?

水银温度计会在 –39℃时停止工作，这是水银冻结的温度，但也有一些类型的温度计可以工作。

在太空的真空中，几乎没有粒子可以传导或对流热量，所以温度计不会受到这些过程的影响。然而，它仍然会受到来自恒星和宇宙微波背景辐射的影响。

如果温度计在地球的阴影下，没有月光，那么它的读数将为 3K*。这是由于宇宙微波背景辐射在 –270℃和一些来自地球夜间的红外辐射。如果它在阳光直射下，温度将达到 230℃，这就是为什么一些航天器，如阿波罗登月舱被包裹在金箔中以阻止它们过热。

因此，上面题目的答案是，在太空中温度计的读数在 –270℃到数百万摄氏度之间，这取决于它在太空中的位置。

---

* K 表示是开尔文温标，开尔文温标和摄氏度、华氏温标一样是表示温度的一种单位，只是起算点不一样，开尔文温标 =–273.15 摄氏度，也就是说开尔文温标的零度就是 –273.15 摄氏度，这叫绝对零度。3K 约为 –270.15 摄氏度。（出版者注）

大象会打喷嚏吗？

打喷嚏是一种无意识的反应，其作用是清除鼻腔中的异物或多余的物质。大象和其他哺乳动物一样，在鼻腔中容易有异物，其打喷嚏的原因与狗、猫和人类相同。

《新科学家》杂志的读者约翰·沃尔特斯的一个故事说明了大象打喷嚏的幽默后果：

我经常在靠近我居住的博茨瓦纳北部的灌木丛中露营。到目前为止，体验非洲夜晚最愉快的方式是睡在蚊帐里，而不是在帐篷里，尽管你可能会像我一样，被狮子、鬣狗、河马和大象侵扰，这可能是相当刺激的。

一位朋友告诉我，有一次，他睡在网兜里，半夜醒来，由于看不到星星，他认为天已经阴了，可能会下雨。但当他的眼睛更清晰地聚焦时，他意识到他正在仰望一头大象的底部。大象很好奇，隔着网嗅着他。然后，突然间，大象的躯干爆发了，我朋友的脸上沾满了大象的黏液。这时，大象小心翼翼地走到了他的面前，然后小心翼翼地跨过网，继续前进。

所以，是的，大象确实会打喷嚏。只是在它打喷嚏的时候尽量不要靠近它。

为什么说地图对地球的描述是不准确的？

地图的问题在于，你不可能把一个球体的表面剥下来，然后平放而不扭曲它。想象一下，你试图用橘子皮来做这件事。你必须选择如何扭曲它：你可以保留面积、距离或方向，但不能同时保留所有这些。要想得到长度、角度、面积不变形的地图基本是不可能实现的。

怎样解决这个问题？1500 多年前，前辈们就尝试使用各种方式将地球转换成为平面。比利时地理学家基哈德斯·墨卡托提出一种设想，假设地球被围在一个中空圆柱里，其基准纬线（赤道）与圆柱相切接触，再假想地球中心有一盏灯，把球面上的图形投影到圆柱体上，最后把圆柱体展开，这就是一幅选定基准纬线的"墨卡托投影"绘制出的地图。墨卡托投影按等角条件将经纬网投影到圆柱面上，将圆柱面展为平面后得到平面经纬线网。投影后经线是一组竖直的等距离平行直线，纬线是垂直于经线的一组平行直线。墨卡托投影上的任一点的任何方向的长度比均相等，即没有角度变形，这也就意味着使用这种地图进行导航时，能为地图上的两个点之间提供准确的角度。等角航线被表示成直线的特性使得它被广泛应用于编制航海图和航空图。墨卡托投影地图首先保证各个国家的形状不变，但是面积上的变形十分显著。比如，非洲的实际面积差不多是格陵兰岛面积的 14 倍，但在墨卡托投影地图上格陵兰岛的面积和非洲几乎差不多大。

想获得面积表示准确的地图，可以使用等面积地图——高尔 - 彼得斯（Gall- Peters）投影世界地图。这种地图中各大陆比例基本正确，面积不发生变化，但是形状扭曲了。比如非洲变得特别狭长。在高尔 - 彼得斯投影世界地图中，圆形面积不会发生变化，但形状几乎都被拉扯成了椭圆形，两极位置的被横向拉扯，赤道位置的被纵向拉扯。

随着制图技术的发展，1998 年美国国家地理学会使用了温克尔投影，这种投影方式能在尺寸（面积）和形状之间达到最好的平衡。

所有地图的目的都是为了更加逼近真实情况，但事实却是没有一个地图是真正正确的投影。因此当我们使用平面地图时，首先要知道这种地图的特点和我们的需求是什么。

谷歌地图使用墨卡托投影，这是因为墨卡托投影上的任一点的任何方向的长度比均相等，即没有角度变形，这也就意味着使用这种地图进行导航时能为地图上的两个点之间提供准确的角度。

谷歌地图等在线地图仍然使用简化的墨卡托投影，因为在矩形上保留罗盘方向是其主要目的。

摇晃的伏特加马提尼和搅拌的马提尼有什么区别吗？

在电影《007》中，詹姆斯·邦德要求他的马提尼酒只能摇晃，不能搅拌，这是著名的严格要求。显然，这两者是有区别的。

将 140 毫升伏特加、8 滴苦艾酒、两颗橄榄和青柠（或柠檬）放入壶中（一定要轻轻地，以避免任何不适当的摇晃或搅拌）。小心地将混合物分到两个鸡尾酒调酒器中。摇晃一个，搅拌另一个，然后将马提尼酒倒入两个独立的杯子中。理想情况下，你需要招募一名志愿者进行盲品，但不要告诉他两个杯子分别装的是什么。据说，就搅拌和摇晃两种方式来说，摇晃最终产生的效果会更好。一般人或许不易察觉这一区别，但对于经验丰富的马提尼酒爱好者来说却能察觉出味道的不同。

这中间发生了什么，对此有很大的争议。虽然橄榄和柑橘类水果（如果你像我们的配方那样，在摇晃或搅拌之前将其加入鸡尾酒混合物中）在摇晃过程中因震动受到破坏从而释放出美味的油和果汁，但酒精作为一种液体不可能因为摇晃或搅拌受到破坏。除了我们上述的配方外，其他配方事先并不添加橄榄和水果，被摇晃或搅拌的只有伏特加和苦艾酒，从而排除了植物对味道的干预。你可以重复这个实验，在摇晃或搅拌后加入橄榄和水果，看看你是否能分辨出其中的差别。

即使在没有提前放入橄榄和水果的情况下，当伏特加和苦艾酒被摇晃或搅拌时，马提尼酒的饮用者仍然可以品尝出摇晃与搅拌后的差异。这是因为马提尼酒通常是在准备后几秒钟内喝掉，而不是几分钟。摇晃时杯中的酒会产生一些微小的气泡，这些气泡会让马提尼酒喝起来不那么腻，而用勺子或其他器具搅拌则会在一定程度上影响酒的味道和质感。

摇晃产生的气泡还可以部分氧化苦艾酒中的醛类物质，就像我们氧化红酒时改变其味道一样，人们通常称这一过程为让酒呼吸。这可以改变马提尼酒的味道——同样，这种摇晃是非常轻微的。

眼屎是怎么一回事？

眼屎是一种淡黄色的结晶物质，有时你在醒来时会发现眼皮上有这种结晶体。似乎没有广泛使用的特定术语来定义它，也许是因为它的影响被视为微不足道的。尽管如此，它还是很重要。在白天，沙尘、死细胞和其他碎片在泪水中积累，而泪水不仅仅是盐水。

黏液蛋白覆盖眼球，保护性地凝结在尖锐的沙砾周围，将眼球包裹在黏液中，中间的咸味层是主要的液体部分，外部的油性层减少蒸发。晚上，眼球的移动和闭上的眼皮会搅动眼窝，把固体推动到眼皮的内角。在那里，暴露的液体蒸发，直到残余的物质形成颗粒，形成眼屎，第二天早上，你可以通过清洗或用手指轻易将其去除。

沙土可能会损害眼组织，将泪水变成稀薄的脓液。它会在你的眼睑边缘干燥并黏合在一起。当你从睡眠中醒来，也许会发现眼皮被封住睁不开了，这可能令人非常不安。如果这种情况发生，不必担心，可以轻轻地把它们泡开，否则你可能会拽掉一些眼睫毛。

为什么潜水艇在较冷的水中行驶得更快？

在典型温度范围内，海水的密度和黏度没有明显的变化，所以阻力差异不能解释上面的问题。这个问题与螺旋桨的效率有关。

一个旋转的螺旋桨会产生高压和低压的区域。当压力低于溶解气体的饱和蒸汽压力时，气体就会从溶液中出来并形成气泡。当气泡崩溃时，它们会产生嘈杂的冲击波——这类似于水壶里的水在沸腾前的情况。这些气泡干扰了螺旋桨对水的作用。

在温水中，这种气泡的形成被称为空化现象，它发生在比冷水更低的螺旋桨速度下。这是因为气体在冷水中的溶解度更高，其饱和蒸汽压也更低。因此，潜艇在较冷的水中可以以较高的速度静静地运行。

潜艇的发动机在较冷的水中也更有效率，尽管这在实践中可能不是很重要。所有将热能转化为机械能的发动机都是利用了冷热库之间的温度差。效率是由温差除以热库的温度得出的。在其他条件相同的情况下，当海水（冷库）的温度较低时，温差和效率会更大。

为什么大蒜在醋中会变成蓝色？

将大蒜和醋混合，在冰箱里放一天左右，你就会发现大蒜变成了明亮的蓝色。这种变色是一些复杂化学反应的结果。食品行业中经常会遇到意外变色的加工大蒜，从而引起了研究人员的兴趣。

中国的传统食物腊八蒜就是其中一种。从 20 世纪 40 年代起，化学家就对大蒜变色的原因进行了推测，在过去的几年里，中国和日本的研究人员已经弄清了事情的真相。

大蒜的味道是由一种叫作蒜素酶的酶作用于稳定的、无味的前体*时产生的。这些前体通常在细胞中处于不同的区间，但如果有损害，包括由醋引起的损害，就会结合起来。大蒜中的主要香味前体是 Alliin（S-2- 丙烯基半胱氨酸硫酸盐），而一个次要的香味前体是 Isoalliin [（E）-S-1- 丙烯基半胱氨酸硫酸盐]。

颜色变化的关键是这些反应的一个产物，称为二 -1- 丙烯硫酸盐。它可以在略带酸性的 pH 下与来自破裂细胞的氨基酸反应，形成吡咯化合物，然后由二 -2- 丙烯硫酸盐连接在一起，形成二吡咯化合物。这些是紫红色的，但随着交联的继续，形成了颜色更深、更蓝的分子。在这些化合物中，有一种叫作植物花青素的化合物，在一些藻类中发现，被食品工业用作蓝色的色素。

将大蒜放在凉爽的地方会增加异麦芽素的含量，这就是为什么做腊八蒜通常要腌渍十几天甚至 1 个月。异亮氨酸也是洋葱的主要香味前体。它们的气味与大蒜不同，因为它们缺乏异戊二烯，并且有第二种酶拦截异戊二烯酶反应的产物，形成洋葱特有的产生眼泪的分子。洋葱不会变成蓝色，因为这第二种反应留下了较少的硫代硫酸酯被转化为彩色化合物。这也解释了为什么洋葱会发生粉化。

---

* 是指一类小分子物质，它们被加入生物合成的培养基中，能够直接结合到产物分子中去，提高产物的产量，而自身结构并未发生太大变化。也可以指在代谢途径中位于另一化合物之前的一种化合物，或者反应或过程的预前阶段中所存在的或所形成的一种物质，后来会转变为另一物质或体系。（出版者注）

大多数生物体都是双侧对称的吗？

我们倾向于认为生物体双侧对称——身体的两边是彼此的镜像——是正常的，因为这就是我们和我们注意到的大多数生物（脊椎动物和节肢动物）所显示的。但是双侧对称是例外而不是规则。许多生物表现出径向甚至球形对称。有些生物随着时间的推移而改变其对称性——例如，海星一开始是双侧对称的幼虫，随着它的成熟，会变成径向对称。

不对称性在那些体内不需要明确结构的生物体中最为常见。一些藻类、真菌和海绵从未发展出太多的对称性，而寄生虫在伺机生长以获得食物时可以放弃对称性。后者的一个例子是一种藤壶，它通过螃蟹的壳注入其柔软的身体，然后在整个螃蟹的身体上长出一坨生殖组织加上纠结的摄食丝。这种生物对对称性没有任何需求。

人类也不完全是双侧对称的，我们的肝脏在右边，脾脏在左边，我们的右肺有三个肺叶，而左肺有两个。在某些方面，我们甚至是分形对称，比如将血液输送到组织的毛细血管。我们甚至在表面上也不是对称的。

我们都被我们的基因和环境所改变和塑造。换句话说，我们都符合一种模式，同时又是古怪的。

有可能同时患多种感冒吗？

有超过 200 种不同的病毒能够引起人类的普通感冒。虽然目前对人是否能同时感染一种以上的普通感冒病毒没有什么研究，但没有理由相信这不可能。我们的身体经常被一种以上的病毒入侵，这就是为什么我们可以同时患有感冒和冷疮。

同一个细胞不太可能被一种以上的感冒病毒感染，因为细胞在受到攻击时产生一种叫作干扰素的物质，它可以保护细胞免受进一步入侵。

然而，与高达 80% 的病例有关的鼻病毒只感染少数细胞，而且感染通常只涉及呼吸道上皮细胞的一小部分，留下许多细胞可被其他病毒感染。因此，人似乎有可能同时患几种感冒，每种感冒都是由针对不同细胞的不同病毒引起的。你可能不会意识到这种同时感染，尽管你可能比只感染一种感冒病毒时感觉更糟，因为更多的呼吸器官会被感染。

身体对病毒感染基本上有两种免疫反应：非特异性和特异性。一旦感染，你的身体将首先使用非特异性系统，该系统使用针对所有入侵者的一般机制来抵御入侵者。如果这样做没有效果，病毒继续存在，就会使用特异性系统。

特异性系统可以识别病毒并产生特异性抗体。识别通常是基于识别病毒的复杂分子（蛋白质、糖蛋白或复杂的多糖），也就是所谓的抗原。一旦检测到抗原，身体就会命令称为 B 和 T 淋巴细胞的细胞来对抗它们。一些新的 B 淋巴细胞变成记忆细胞，可以存活数十年，所以下次检测到抗原时，系统可以立即做出反应。

在一场有两个球的足球比赛中，
会不会有更多的进球？

　　足球可以说是第一大球类运动，深受足球迷的喜爱。但在大多数足球比赛中，进球数并不多。那么，两个足球会不会提高进球率呢？

　　如果比赛被模拟成一个简单的二维系统，足球在球员和边墙上弹跳，那么球越过球门线的次数将是球的数量的函数。例如，有两个球的情况下，进球数会增加一倍。然而，在实践中，进球数很可能会增加一个更大的系数。在拥有两个球的情况下，进攻方可以用一个球作为诱饵，增加用另一个球进球的机会。

　　但是，除了裁判之外，将一个以上的球投入比赛会增加受伤的风险，因为球员在试图踢不同的球时发生碰撞。对越位规则进行试验会更安全。例如，可以改变规则，只有在球前进入禁区的进攻球员才会被视为越位。这样做还有一个好处，就是防止防守方玩越位陷阱，这可能会削弱比赛的观赏性。

　　或者，与其有一个以上的球，不如在球场上看到两个以上的球队，这可能会很有趣。三人制足球包括一个球，但有三个队，每个队都防守自己的球门，但允许在其他任何一个球门中进球。沿着这个思路，球场可以是圆形的，球门相互之间可以成120°排列。

为什么鸟类在睡觉时不会从树上掉下来?

鸟类确实在睡觉,通常是在一系列短暂的小睡中。不仅如此,有些鸟还会用一条腿站着睡觉。燕子以枕在翅膀上睡觉而闻名。由于大多数鸟类依靠视觉,睡觉时间通常是在晚上,当然,除了夜行性物种。然而,涉禽*的睡眠习惯是由潮汐而不是太阳来决定的。鸟类睡觉时不会从树上掉下来的原因是,它们的腿上有一个巧妙的肌腱排列。来自大腿肌肉的屈肌腱在膝盖上向下延伸,继续沿着腿部,绕过脚踝,然后在脚趾下。这种安排意味着,在静止状态下,鸟的身体重量会使鸟弯曲膝盖,拉紧肌腱,从而关闭爪子。

显然,这种机制是如此有效,以至于人们发现有的鸟在死后很久还在抓着它们栖息的树枝。

---

* 涉禽包括鹤形目、鹳形目、红鹳目和鸻形目等目,是指那些适应在水边生活的鸟类(均为湿地水鸟),属于鸟类六大生态类群之一。休息时常一只脚站立,大部分是从水底、污泥中或地面获得食物。包括了鹤、鹳、鹭、鹬、琵鹭等。(出版者注)

谁是你头脑中的声音？

对苏格拉底来说，当他要犯错误时，它就会发出警告；对西格蒙德·弗洛伊德来说，当他独自旅行时，它是一个陪伴他的爱人。听见声音有很长的历史。

正如那些杰出的人物所证明的那样，听到头脑中的声音并不是疯狂的事儿，因为我们的日常想法听起来往往很像声音。2011 年，英国达勒姆大学的查尔斯·费尼霍夫和西蒙·麦卡锡·琼斯发现，我们 60% 的人都经历过与头脑中的声音进行对话交流。

那么，头脑中的声音的终点和听到外部声音的起点在哪里？一个答案是，头脑中的声音有点儿像你，所以你觉得对它的控制力更强，但考虑到许多思想过程似乎是不由自主的，这就相当不令人满意了。

声音并不是我们内心想法的唯一表达方式，我们的大脑也会给我们讲故事。这种"虚构"是一些记忆障碍的症状，即人们会有错误的回忆。但我们其他人也会这样做。例如，实验表明，当人们被迫做出一个随机的决定时，他们后来会编造一个故事来解释它。

一种理论认为，这有助于我们理解这个信息爆炸的世界，并为我们无意识的决定提供有意识的理由。新泽西州罗格斯大学的进化生物学家罗伯特·特里弗斯认为，我们的谎言更有利于自己：通过对自己撒谎，我们也能更好地对别人撒谎。

这可能解释了被称为积极偏见的现象，即人们高估了自己的美德。80%的美国高中生认为他们在领导能力方面处于前一半。有了这些提升的声音，你也许不应该太担心你听到的东西——只是也不要相信这些声音告诉你的一切。

为什么柠檬汁能阻止切开的水果变色？

要回答这个问题，首先我们需要了解为什么有些植物组织在切开后会变成褐色。植物细胞有各种组成部分，包括液泡和质体，它们被膜分开。液泡含有酚类化合物，有时是彩色的，但通常是无色的，而细胞的其他部分则含有称为酚类氧化酶的酶。

在一个健康的植物细胞中，膜将酚类化合物和氧化酶分开。然而，当细胞被破坏时——例如切开苹果——酚类物质可以通过被刺破的膜从液泡中漏出，并与氧化酶接触。在氧气的作用下，这些酶会氧化酚类物质，产生可能有助于保护植物的物质，有利于伤口愈合，但也会使植物材料变成褐色。

褐变反应可以被两种药剂之一所阻断，这两种药剂都存在于柠檬汁中。第一种是维生素 C，一种生物抗氧化剂，被氧化成无色的产品，而不是苹果的酚类物质；第二种是有机酸，特别是柠檬酸，它使 pH 低于氧化酶的最佳水平，从而减缓褐变的过程。

柠檬汁中维生素 C 含量是苹果和梨的 50 多倍。而且柠檬汁的 pH 低于 2，比苹果汁的酸度要高得多，快速品尝一下就知道了。所以柠檬汁会立即防止褐变。

为什么吃菠菜会让你的牙齿感到奇怪？

你可以在家里尝试这个实验，而且这也许是说服孩子们以科学的名义吃绿色蔬菜的一个好办法。

将菠菜煮熟，沥干，并冷却后吃掉。吃光菠菜后，用舌头在牙齿和嘴里转一圈，会有一种发涩的感觉，这可能是孩子们特别不喜欢菠菜的原因之一，但是一旦跟他们讲这是实验的一部分，他们的态度也许会彻底改变。

菠菜含有大量的草酸，当菠菜被煮熟时，菠菜的细胞壁结构被破坏，草酸漏出。这些东西在嘴里，给人一种发涩的感觉，这也解释了为什么新鲜的、未煮熟的菠菜不会产生类似的效果。菠菜中的草酸，还会与唾液和牙釉质中的钙结合，在牙齿上沉积并形成牙斑。芥菜和甜菜叶也有类似的效果。

鱼会放屁吗？

2003 年，有生物学家将一种神秘的水下放屁声与从鲱鱼底部冒出的气泡联系起来。在此之前，人们还不知道鱼能从其背部发出声音，也不知道鱼能产生如此高分贝的声音，它听起来非常尖锐刺耳。

众所周知，鱼会用低沉的咕噜声和嗡嗡声来呼唤同伴，这些声音是通过位于它们腹部的一个叫作鱼鳔的结构产生的。鱼鳔通过充气和放气以调整鱼的浮力。

生物学家最初认为，他们探测到的高分贝声音也来自鱼腹中的鱼鳔，但随后他们注意到，从鱼底排出的一股气泡与产生这些高分贝刺耳的声音的时间完全一致。

因为科学家们需要一个比"鱼屁"听起来更文雅一点儿的名字，他们决定将这种声音称为 FRT（Fast Repetitive Tick，快速重复滴答声）。与人类的屁不同，这些声音可能不是由消化气体引起的，因为当鱼被喂食时，它们放屁的数量并没有改变。研究人员还测试了鱼是否因恐惧而放屁，因为他们猜测鱼放屁也许是为了发出警报，但当他们让鱼接触鲨鱼的气味时，鱼放屁的数量也没有发生变化。

有三件事让研究人员相信，鱼放屁很可能是为了交流而产生的。第一，当鱼缸里有更多的鲱鱼时，研究人员发现每条鱼放屁的数量都变多了。第二，鲱鱼只有在天黑后才会发出声音，这表明这些声音可能为了让鱼在看不见的情况下找到彼此。第三，研究人员发现鲱鱼能听到这种频率的声音，而大多数其他鱼类却不能。这将使它们能够通过放屁进行交流，而不会引起捕食者的注意。

目前这只是一个理论，但这一发现意味着有一天科学家可能会通过鱼放的屁来追踪鱼类，就像通过鲸鱼和海豚高亢的尖叫声来监测它们一样。

赛车可以倒着开吗？

在理论上，答案是肯定的，一辆 F1 赛车可以倒着开，但这只是在理论上。无论道路的方向如何，下压力都是作用于路面的，而且它大致随着车速的平方而增加。如果速度足够快，下压力就会超过汽车的重量，汽车甚至可以沿着隧道的天花板行驶。根据设置的不同，当汽车以 130 千米 / 小时的速度行驶时，下压力和汽车的重量通常是相等的，尽管 F1 汽车能够产生高达其重量 3 倍的下压力。

在衣柜里装满衣服会增加重量，进而增加了与地板之间的摩擦，使其更难滑动。一位 F1 赛车设计师希望增加赛车轮胎与赛道之间的摩擦力，这样它就能以更快的速度通过弯道而不打滑。但设计师希望在不增加车身重量的情况下实现这一目标。

因此，加大下压力是解决的办法，它可以通过两种方式实现。首先，倒立的车翼有一定的角度，使空气向上偏转，远离轨道，从而在汽车上产生一个相反方向的作用力。其次，设计师利用了伯努利效应*。以空气通过一个狭窄的间隙，它就会加速，这就是发生在 F1 赛车底部的情况，因为地面和底盘之间的空间代表了气流的收缩。根据伯努利原理，这导致了车下压力的减小。汽车上方的环境压力高于其下方的压力，导致了沿着道路方向的合力。

---

* 1726 年，伯努利通过无数次实验发现了"边界层表面效应"：流体速度加快时，物体与流体接触的界面上的压力会减小，反之压力会增加。为纪念这位科学家的贡献，这一发现被称为"伯努利效应"。（出版者注）

为什么你不能给自己挠痒痒？

　　如果有人挠你的痒痒，只要你设法保持放松，就不会受到影响。当然，要保持放松是很难的，因为搔痒会使我们大多数人感到紧张，例如由于身体接触而产生的不安感，对他人缺乏控制，以及对是否会痒或伤害多少会有些恐惧。然而，有些人——那些由于某种原因而不紧张的人——并不怕痒。

　　当你尝试给自己挠痒痒时，你完全可以自己掌控，所以不会变得紧张，因此也没有反应。如果你闭上眼睛，平静地呼吸，在别人给你挠痒痒时也能做到放松，你也同样会没有反应。

　　被人挠痒痒所发出的笑声是你所处的轻微恐慌状态下的一种结果。这可能与"适者生存"的理论不一致，因为恐慌使你更加脆弱。但在许多情况下，自然并不一定符合逻辑。

为什么不是所有的动物都有圆形的瞳孔？

几乎所有的脊椎动物的瞳孔在弱光下都是大而圆的，而且会随着光照度的增加而收缩。尽管大多数物种的瞳孔都是圆形的，但也有一些动物的瞳孔是垂直或水平的狭缝，甚至像一些壁虎那样是由几个小针孔组成的。墨鱼的瞳孔形状也许是最奇特的，它在强光下会变成一个 W 形。

在弱光下，为了能够看到东西，眼睛必须尽可能多地收集光子，这就需要一个较大的瞳孔。然而，这也有一个缺点，即图像质量下降。这是因为当瞳孔处于最大时，位于瞳孔后面的整个晶状体——相当于一个变焦透镜——被用来形成图像。通过这个透镜边缘的光线最终会比通过其中心的光线更集中，这种效应被称为球面像差。不是所有的光线都集中在同一点上，导致图像模糊。然而，在弱光下，这是一个值得付出的代价。在强光下，瞳孔会收缩，以确保只使用晶状体的一小部分，从而获得更好的图像质量。

在人类和其他具有圆形瞳孔的动物中，虹膜顶端的括约肌会收缩以形成瞳孔。圆形肌肉的缺点是瞳孔不能缩小到一定大小。在具有狭缝瞳孔的动物中，如猫，相应的肌肉沿着狭缝的两边运行。

人类收缩的瞳孔和扩张的瞳孔在面积上相差约 16 倍，而猫的瞳孔大小变化会相差 135 倍，而且在强光下猫的瞳孔面积可以接近零。狭缝瞳孔广泛存在于夜行动物中，这些动物的视网膜适应弱光，但在强光条件下可能会受到损伤。

为什么时间会往前走？

我们说时间流逝是有原因的：它似乎在流动。无论我们在空间中如何静止，我们在时间中都不可阻挡地移动，就像在水流中被拖动一样。当我们这样做的时候，事件就会稳步地从未来通过现在并传递到过去。艾萨克·牛顿认为这是一个基本真理。他认为："所有的运动都可能被加速和延缓，但绝对时间的流动是不可能有任何变化的。"

那么，时间是如何流动的？为什么总是朝同一方向发展呢？许多物理学家会告诉你这是一个愚蠢的问题。对于时间的流动，它必须以某种速度进行。但速度是以时间的变化来衡量的。即使时间是静止的，也可以说每过一秒，就有一秒过去。事实上，如果这是对流动的衡量，我们可以说空间在流动，它以每秒 1 米的速度过去。

狭义相对论揭示了不存在客观的同时性这回事。尽管你可能已经看到三件事情以特定的顺序发生——先是 A，接着是 B，然后是 C——但以不同速度运动的人可能会看到不同的方式——先是 C，接着是 B，然后是 A。如果不是"现在"，那么又是什么在时间中移动呢？

拯救一个客观的"现在"是一项艰巨的任务。但加拿大滑铁卢周界理论物理研究所的李·斯莫林通过调整相对论进行了尝试。他认为，如果我们牺牲一些客观的空间概念，我们可以以一种包括"现在"的方式重写物理学。

大多数物理学家并不认同。普遍的共识是，时间或多或少就像空间——一个不变的维度，通过一个四维的"块状宇宙"延伸出来。帕萨迪纳加州理工学院的肖恩·卡罗尔说，这个宇宙中的每一个时刻都有过去、现在和未来。一个人被描述为一个时刻的历史，它们正在从过去走向未来。这并没有回答这个问题，更不能改变问题。如果时间不流动，那是什么让我们认为它在流动呢？

为什么雨天汽车的窗内会起雾？

如果你在下雨天上了公交车，你会注意到车窗内侧经常有水汽。这是因为车窗通过与外面的冷空气接触而冷却。通过玻璃传导的热量（假设它是单层玻璃）将使车窗内侧的温度与外部温度相当接近。

当车窗内侧的温度低于内部空气的"露点"（该空气需要冷却到的温度）时，以使水分开始凝结出来，车窗玻璃内侧就会产生水汽。在上述描述中，列车内空气的"露点"可能刚刚超过 7℃。

在雨天，车内乘客的衣服会被淋湿，雨伞上的水珠也会滴在车内的地板上，车内的热量将导致这些水分蒸发，明显提高空气中的水分含量。因此，车内的"露点"会更高。因此，在雨天会有更多的水分凝结在窗户上。如果车窗关闭，将潮湿的空气困在车内，这种影响就会加剧。

为什么熔化的奶酪会拉丝?

奶酪最吸引人的无疑是拉出的丝。但是,拉丝奶酪背后的科学原理是什么呢?

未煮熟的奶酪含有长链蛋白质分子,或多或少地含在脂肪和水的混合物中。当奶酪被加热时,脂肪和蛋白质会融化,长链会被拉长,于是得到一条长丝,就像你可以把棉絮拉动并捻成纱线一样。

你可以用塑料袋中的聚乙烯做类似的事情,通过加热或拉伸塑料来卷曲或拉伸长链分子。当分子卷曲时,塑料是柔软的、蜡质的。当它们被拉伸成纤维时,在拉伸方向上具有弹性和强度,尽管它在沿着纤维的链之间很容易断裂。

你能睁着眼睛入睡吗？

有些人可以在任何情况下都睡得着，无论有无声音或是亮光，几乎没有什么能唤醒他们，但这指那些已经睡着的人。1960 年，英国爱丁堡大学的伊恩·奥斯瓦尔德想知道，一个人在醒着的时候能受到多大的刺激而仍然能入睡，甚至有可能在睁眼的情况下入睡吗？

奥斯瓦尔德首先要求他的志愿者躺在一张沙发上，然后把他们的眼睛遮盖起来。在受试者的正前方，大约 50 厘米远的地方，放置有一排闪烁的灯光，同时，受试者的腿上连接了电极，会发出一系列让人痛苦的电击。除此之外，受试者还要被迫听到"非常响亮"的音乐。

三个年轻人自愿成为奥斯瓦尔德的小白鼠。在他的文章中，奥斯瓦尔德赞扬了他们的毅力。然而，所有的灯光、噪声和痛苦都没有什么不同。脑电图显示，一旦累了三个人在 12 分钟内都会睡着。奥斯瓦尔德谨慎地表述了他的发现：大脑的警惕性明显下降。受试者自己说感觉就像打了个盹儿。

奥斯瓦尔德推测，在如此多的干扰下受试者仍能睡着，关键在于刺激的单调性。他认为，面对这种单调，大脑会进入一种恍惚状态。这可能解释了为什么人很容易打瞌睡，即使在白天，当你在空旷的道路上开车时也会控制不住地想打瞌睡。当你被困在红眼航班*上无法入睡时，这对你的睡眠有多大帮助是另一个问题，毕竟，想要求你身后一排的婴儿更有节奏地尖叫几乎不太可能。

---

* 红眼航班是指在深夜至凌晨时段运行，并于翌日清晨至早上抵达目的地，飞航时间少于正常睡眠需求（8 小时）的客运航班。红眼航班最早在 1959 年出现于美国，因为乘客下飞机时多睡眼惺忪，像兔子一样红着眼睛上下飞机，红眼航班因此得名。（出版者注）

阴囊为什么有褶皱

阴囊在睾丸的体温调节中起到很好的作用。

阴囊是一种多褶皱的囊状物，由平滑肌纤维组成，薄而柔软。

很多男性会注意到，在非常寒冷的日子或在洗完冷水澡后，阴囊会小很多，并且皱巴巴的。而感到温暖的时候或刚洗完热水澡时，情况正好相反。阴囊在放松时是相当光滑的，而当睾丸被拉紧贴近腹部时阴囊会出现褶皱。为什么它会出现"热胀冷缩"的情况呢？

首先来说，我们都知道，睾丸是男性重要的生育器官，它负责产生精子，但是对于睾丸和精子来说，它们不喜欢较热的环境。所以，当天气炎热时，阴囊会变得"宽松"来帮助其降低内部的温度，低温的环境有利于保持精子的活力；而天气寒冷的时候，阴囊会收缩上提，让内部保持一定的温度，因为如果温度过低，也会对睾丸的健康和精子的生存不利。

为什么倒出盒装液体如此棘手？

倒出盒装液体，如橙汁、牛奶或汤，一不小心就会流到地上导致地板发黏。当纸盒内的液体装得很满时，你几乎别无选择，只能尽可能小心翼翼地倒。

不妨用一盒牛奶（或任何其他液体）和一个杯子试试。如果慢慢地倒，牛奶容易附着在纸盒边缘，并滴在地板上——这时一块抹布可能会派上用场。如果快一点儿倒，反而更轻松。

倒盒装液体时，纸盒中的液体表面升高，并向纸盒的开口移动。随着纸盒的进一步倾斜，液体从开口处涌出，在开口处产生压力。除了这个压力外，还有作用在液体上的表面张力，倾向于将其引向纸盒的表面。在快速倾倒时，压力比表面张力大得多，液体会有秩序地离开纸盒，沿着可预测的抛物线流向杯子。

而在慢速倾倒时，会达到一个点，即表面张力足以改变液体喷射的路径，使其附着在纸盒的顶面。一旦附着，由于表面张力的作用，液体射流将倾向于粘在该表面上，这种现象被称为科恩达效应。这种现象发生在凸面的液体喷射（如从水龙头喷出的水落在勺子背面会发生弯曲）产生的内压力，有效地将喷射物吸向凸面。

表面张力和科恩达效应的综合结果使错误的液体流从纸盒的顶面进入纸盒的侧面，并最终迅速滴在地板或你的鞋子上。

向空中鸣枪时子弹会飞多高?

在世界上的某些地方，人们通过向空中开枪的方式来表达庆祝或胜利的喜悦，似乎无视自己和他人的安全。假设枪管与地面垂直，子弹离开枪管时，大约会达到什么高度? 其返回速度（和潜在的杀伤力）又是多少呢?

显而易见，这种测量是相当困难的，下面的数值来自子弹飞行的计算机模型。以一颗典型的现代 7.62 毫米口径的子弹为例，从步枪垂直发射到空中，当子弹离开枪口时，其速度约为 840 米每秒，并将在大约 17 秒内到达约 2400 米的高度。然后，它将再花 40 秒左右的时间返回地面，通常以接近终端速度的相对较低的速度返回。子弹弹道的这一部分通常会先飞到基地，因为子弹在向后飞行时实际上比向前飞行时更稳定。

即使是真正的垂直发射，子弹也可以向侧面移动一些距离。它将在 2300 ~ 2400 米之间停留约 8 秒钟，垂直速度低于每秒 40 米。在这段时间里，子弹特别容易受到风的影响。它将以约 70 米每秒的速度返回地面。

这个速度虽然听起来不高，甚至很多人认为朝天空开枪是非常炫酷的动作，但其中藏着巨大隐患，极有可能酿成大祸。历史已经验证多次，子弹射向天空极度危险。

为什么大脑有这么多褶皱？

　　大脑有褶皱是为了增加大脑皮层的表面积。大脑中进行的大部分工作是由最上面的几层细胞完成的。因此，如果你需要进行大量的信息处理，那么增加褶皱要比增加头骨直径来扩大大脑的表面积要有效得多。

　　我们的大脑需要如此大的表面积的另一个原因归结于热。大脑组织会消耗大量的能量，由此产生的热量必须被释放。把你的手放在头上，感觉一下它与你的大腿相比有多热。低等脊椎动物的大脑缺乏褶皱，因为它们需要排出的热量相对较少。

　　另外，人类的大脑很大，要做很多工作。我们大脑中额外的褶皱增加了血管的表面积，以释放由所有艰苦思考产生的多余热量。如果我们的大脑进化成更复杂、更大的器官，它们的褶皱将不得不成倍增加，以便能够释放它们将产生的额外热量。

地球和壁球哪个更光滑？

为了回答这个有趣的问题，我们首先需要确定我们必须缩小地球的比例系数，以便将其缩小到壁球的大小，这样就可以进行有效的比较。

地球赤道的直径为 12756 千米，而一个标准壁球的直径为 4.4 厘米。这意味着，如果要把地球缩小到壁球的大小，其大小必须乘 3.45×10^{-9} 的比例系数。

为了比较两个球体表面的光滑程度，我们需要知道表面的变化，也就是最高点和最低点之间的差异。

对于壁球来说，很简单，壁球只有许多小的压痕或凹陷。由于这些凹陷的深度大约为 0.1 毫米，因此可以认为表面高度的变化大致为 0.1 毫米，或 10^{-4} 米。

对于地球来说，地表以下的最低点在马里亚纳海沟，其最深点在海平面以下 11034 米，被称为"挑战者之渊"。最高点当然是珠穆朗玛峰的峰顶，为海平面以上 8844.43 米。因此，地球表面的高度变化约为 19878 米。

如果我们把地球缩小到壁球的大小，使用上面计算的比例系数，其表面的变化将是 6.86×10^{-5} 米，或 0.0686 毫米。这个数字实际上是壁球数字的 2/3。所以，如果地球被缩小到壁球大小，它确实会比一般的规范壁球更光滑。

为什么浆果植物上经常有刺？

看起来这种植物似乎在发出混合信号，但实际上它们有一个非常明确的信息：吃我的果实，不要吃我的叶子。大多数通过吃果实传播种子使植物受益的动物都很灵巧。一个更大、更笨拙的食草动物可能不屑于把果实和叶子分开，但如果后者带有一口刺，动物可能会考虑到底要不要吃。

一个相关的问题是，为什么一些美味的水果有非常讨厌的果皮——橙子、香蕉和杧果就是很好的例子。为了享用这些水果，动物必须有剥开水果的能力，以便将剥开的水果整个吃掉。这意味着吞下所含的种子，并将其携带到很远的地方，而不是仅仅啃食多汁的部分，并将种子无益地留在母株附近。

这与未成熟的果实很小、颜色不鲜艳、酸和富含令人不快的涩味单宁的原因相似。当种子完全发育后，情况就会发生变化，可以从散播中受益。

耳垢有什么用？

耳垢，也叫耵聍，是耳朵的清洁剂，具有润滑和抗菌的作用。清洁之所以发生，是因为上皮细胞——耳朵内的皮肤表层——向外生长，从鼓膜到出口，就像一条传送带，将灰尘或污垢带出耳朵。

起初，这种迁移就像手指甲的生长一样缓慢，但在下巴运动的帮助下，一旦到达耳道的入口，它就会加速。当它到达耳道的最后 1/3 处，也就是产生耵聍的地方时，传送带就会把蜡和它所积累的任何污垢都带向出口。耵聍由汗腺的水样分泌物和皮脂腺的黏稠分泌物混合组成。约 60% 是角蛋白，但也含有死皮细胞、脂肪酸、酒精和胆固醇。

耳垢的作用远远超出了人们的想象。它有助于人类学家追踪人类的迁移模式，因为你的基因决定了你的耳垢是"湿"的还是"干"的。干耳垢中没有水，使其成为灰色和片状，而不是更常见的潮湿的金色，这对那些在寒冷气候中进化的人来说是一个优势。这些人中减少汗液分泌的基因也是造成干耳垢的原因。

令人惊讶的是，耳垢的问题会导致死亡。水肺潜水*员有时很难使内耳的压力与水的环境压力相平衡，这种压力随着潜水员的下降而增加。这通常是由咽鼓管堵塞或狭窄引起的，但也可能是耳垢导致的。在这种情况下，一只耳朵通常会在另一只耳朵之前"清空"。耳朵的压力差异会引起眩晕，这是一种令人震惊的旋转感觉。

---

* 水肺潜水是相对自由潜水而言的。水肺潜水是携带水下呼吸系统即气瓶进行下潜的潜水运动，在水下可以呼吸，不能憋气，潜水时间长，一般一瓶气可达 30~60 分钟。而自由潜水不携带气瓶，通过闭气进行下潜。（出版者注）

蜘蛛喝水吗？

许多蜘蛛，如常见的花园蜘蛛，会在早上第一时间吞噬它们的网。在这样做的时候，它们会摄入网上凝结成露珠的水分。其他蜘蛛，比如蜓蛛，可以用钳子把水送进到嘴里。

黑寡妇或红背蜘蛛根本不喝水。它们从猎物中吸出汁液，以获得它们所需的所有液体。而狼蛛喜欢喝从附近的叶子或树叶上收集的水滴。

有些生物，包括哺乳动物，是不喝水的。考拉这个名字就来自原住民语言中的"不喝水"。考拉通过吃植物的叶子来获得它们所需要的液体，如树皮光滑的桉树的叶子。

11 月

为什么铅笔屑的味道这么好？

一支优质铅笔的一个重要特性是，它在被削时不会劈裂。红雪松木就具有这种特性，在 19 世纪和 20 世纪初是铅笔制造商的首选木材。随着这种树的供应不断减少，20 世纪 40 年代制造商被迫转向使用香雪松木，也就是今天许多铅笔的材质。香雪松木具有出色的可削性，而且正如其名称所暗示的那样，有一种美妙的香气。

雪松树在进化过程中产生了一种化合物，包括雪松醇和雪松烯。这种混合物可以起到保护作用，防止虫害、细菌和真菌。当铅笔被削尖时，这种混合物从木材中释放出来，太阳的热量增加了芳香剂的蒸发，增强了气味。

大脑中的海马回区域和记忆功能有直接的关联，另有一个控制嗅觉的区域和负责情绪、记忆与行为的边缘系统有部分联结，所以当我们闻到某种味道的时候，也会触动某种感觉和情绪。这就是为什么几十年后，令人回味的削铅笔的气味可以刺激你回忆起第一次吸入雪松令人陶醉的香味时的情景和心境。

海上存在干旱区吗？

干旱的海洋地区当然存在，那里很少有降雨，这是由地球大气环流模式造成的。

在每个半球，在纬度大约 25° 和 45° 之间，有一个被称为亚热带高压带的区域。该带包含几个独立的高压单元（也被称为反气旋），并根据季节的不同向北或向南移动，在冬季比夏季更接近赤道约 5°。

这个区域是哈德利环流的下沉区，低纬度地区空气的南北循环由两个对立的单元组成，每个单元都有空气在热带间辐合区（赤道周围）上升，在亚热带高压带下沉。

一般来说，该带包括广大的轻风区和空气下沉区。下沉的稳定空气经历了压缩升温，产生低相对湿度。天气通常很好，雨云很少，导致陆地和海洋的干旱气候。然而，副热带高压的远西部下沉程度较小，空气不那么稳定，所以那里多云和暴雨天气比较频繁。

世界上大多数大沙漠都位于副热带反气旋的东侧，比如撒哈拉沙漠、卡拉哈里沙漠、美国西南部的沙漠和智利的阿塔卡马沙漠，以及澳大利亚内陆和西部的广大地区。亚热带高压带中的大片海洋也是干旱的。

在大航海时代，这些区域被称为"马纬度"。这是因为在哥伦布发现美洲大陆后，殖民者蜂拥而至，当他们发现美洲缺乏马匹后，便将大量的马匹从欧洲经大西洋运往美洲，当时的船只只能靠风力驱动，但当船队航行到北纬 30° 附近时，就遇到了严重的问题，连续多日海面风平浪静，船队无法继续航行，加上高温少雨的天气，淡水和粮食已无法满足需求，人们只能宰杀马匹，同时也会有大量的马匹因饥饿和缺水而死，然后被投入大海，海面上漂浮着众多的马尸，于是人们便把这个纬度称为"马纬度"。

为什么鸟类有不同的鸣叫声？

鸟的鸣叫声会因栖息地类型而不同，因为栖息地对这些长距离信号的传输方式有深刻的影响。声学适应假说推测，生活在密林中的鸟类会有较慢和较多音调的叫声，而生活在较开放的栖息地的鸟类会有节奏较快的嗡嗡的叫声。

呼叫似乎适应于距离、噪声、障碍、习惯和竞争。嗓音优美的鸟类居住在开阔的灌木丛中，它们的鸣叫声可以传播很远的距离，传达复杂的信息。在茂密的灌木丛中只有深沉的腹语音，如地犀鸟。在浓密的树叶间觅食的白眼鸟发出轻柔的叫声，在短距离内使鸟群保持一致。

即使是海鸟的明显不复杂的呱呱声、尖叫声和吼叫声，也会根据它们的习性和个体情况，在复杂程度和承载信息的能力上有所不同。当远距离呼叫时，它们往往会发出尖锐的叫声，而当它们亲密无间时，则比较安静。

在比较不同类型的栖息地时，如非常开放和非常封闭的栖息地，这种影响最为明显。其他因素包括竞争声学空间的物种的叫声和密切相关的物种产生的叫声，这些都会对鸟的鸣叫声产生影响。

你能在家里制造塑料吗?

你可能会想象需要一些相当有害的、有气味的化学品来制造塑料,但实际上你可以在自己家里制造出这种材料。与其把醋放在炸鱼和薯条上,把牛奶放在茶里,不如用这两种液体来做个化学实验。

将牛奶倒入锅中,轻轻加热。当牛奶煮沸时(不要让它沸腾),加入 20毫升白醋搅拌,当有浅黄色的橡胶块开始在混合物中凝结,同时液体也开始变清时关掉火,让锅冷却。

随着醋的加入和搅拌,液体变得更清澈,黄色的橡胶块形成。当锅冷却后,你可以从液体中筛出块状物,将液体倾倒在水槽中。戴上橡胶手套,在水中清洗这些块状物。然后你可以把它们压成一个大块,会很软,感觉好像要散开一样,但是在用力揉搓后它们会粘在一起。现在你可以根据自己的喜好将材料塑造成你想要的形状。让材料干燥一两天,它就会变得坚硬,你还可以给它上色。

在这个试验中你使用了酸——这里是醋,它含有醋酸——并用加热的方式从牛奶中析出酪蛋白(一种蛋白质)。酪蛋白不溶于酸性环境,因此,当加入醋时,它以类似塑料的球状块形式出现。酪蛋白表现得像塑料,因为它有类似的分子形式。日常物品中的塑料是基于被称为聚合物的长链分子。这些分子重量很高,其强度来自其数十亿交织在一起的交错分子的纠缠方式。

印度奶酪的制作方法与前面试验中制作塑料的方法非常相似,只不过使用的酸是柠檬汁而不是醋,而且没有被晒干,也没有被允许硬到断牙的程度,因此仍然柔软可食。

烟花是如何发光的？

烟花中的发光剂是金属镁或金属铝的粉末，随着烟花中的火药被点燃，促使金属镁或金属铝开始燃烧，于是会发出光芒。

当你挥舞起烟花，仿佛它们发出的光可以连成一条线，这是一种源于视觉暂留的现象。人眼在其视野发生变化时不会立即做出反应，而是将旧的图像保留几毫秒的时间。这就是使我们能够将电影或电视图像视为移动的图片，而实际上它们是一连串的静止图片。眼睛的持久性使每个图片合并到它的后续图像中，创造出运动的幻觉。

如果变化的图像在黑暗背景下出现，如晚上的烟火，会持续更长的时间，所以相当长一段时间的光线可以加在一起，显示一条线。

还有许多小工具有这种效果，比如使用快速移动的 LED 条在空中写字，也可以从相机闪光灯熄灭后留下的彩色斑点中感知到。

为什么篝火有灰烬？

像许多植物一样，树木利用二氧化碳中的碳制造糖、纤维素和其他有机分子。作为光合作用的一部分，氧气被释放到空气中。它们需要的所有其他元素，如氮、磷，金属元素，如钾、锰、铁和锌，都会与土壤中的水结合。当木材被燃烧时，氧气与有机化合物中的碳和氢重新结合，释放出储存的能量。氧气还与微量元素结合，形成金属氧化物和磷酸盐。正是这些化合物构成了固体灰烬，它是一种优质的肥料，几乎可以等同于最初从土壤中获取的矿物质。

不幸的是，氮会回到大气中。这就解释了为什么砍伐和焚烧树木和其他植物来开垦田地，只能造就一两年的好收成，然后土地会变得缺氮。

为什么抠水痘的结痂会留下疤痕？

健康的水痘痂皮事实上不会留下明显的疤痕，但你越是抓挠，疤痕就越严重。

任何干净的伤口的愈合都是从生长支架组织开始的，以遏制损害。接下来，疤痕组织开始调整其结构以适应其功能。在形状简单的小而干净的病变中，疤痕组织可以很好地恢复，以至于人们很难注意到留下的痕迹。然而，在较大的伤口上，支架组织不能形成得如此整齐，所以它们会留下更明显的疤痕，可能需要数年才能缩小，或者需要进行整形手术。

干扰疤痕的形成，例如反复抓挠结痂，会加重疤痕的形成。另外，当组织被病菌感染时，如上面问题中提到的水痘病毒，病原体不仅干扰组织的生长，而且吸引白细胞，从而形成脓液。如果不加干预，健康的白细胞会干净地杀死病原体和受感染的组织。它们封锁脓包，直到一切都干涸和脱落，这样疤痕组织就能在之后整齐地形成。但对这一过程的干扰，如抓挠，会破坏脓包的结构，使更多的组织受到病原体和白细胞的损害，从而形成更大、更难看的疤痕。

多头花是如何形成的？

植物嫩枝的顶端，被称为顶端分生组织，由未分化的细胞组成，有可能从一个生长点产生茎、叶和花。当生长模式被破坏时，该生长点可以产生多个融合的茎。

整个植物因此都有可能受到影响，有些树木还会长出扁平的桨状枝条，边缘和顶端有密集的叶簇。这种生长中断可能是由昆虫攻击、真菌、细菌和不良生长条件造成的物理损害，但主要原因似乎是基因突变。

最近，一张双头沙斯塔雏菊的照片引起了很多媒体的注意，这株植物生长在受损的福岛核设施附近。可以想象，辐射可能导致了这种突变，但这种花绝非不常见。

这种情况可以遗传，比如在英国，双头蒲公英紧挨着生长是很常见的，它们可能是一株植物的后代。事实上，各种被称为鸡冠菜的苋菜品种已经被选择性地培育出来，因为它的花头艳丽而多皱褶。

另一个具有这种突变的植物的例子是扇尾柳，它因其扭曲的枝条而受到日本插花师的喜爱。

直升机如何实现环形飞行？

　　从理论上讲，大多数直升机可以进行环形飞行。只要有足够的速度和与地面的距离，它们就可以利用自己的动量来做环形飞行，并克服旋翼产生的向下的力。在一个正确的环形飞行过程中，离心力大于重力，即使飞机是倒置的。飞行员在整个过程中被推到座位上，经历正向力。

　　然而，如果环形航线太大，或以太低的速度飞行，飞行员就会从座位上掉下来。在老式直升机中，旋翼是灵活的铰链，可以上下拍打，但在力的作用下，它们总是向上拍打，叶片可能向下弯曲，足以撞到直升机的尾部，造成致命的后果。这就是不鼓励环形飞行的原因。

　　现代军用直升机有更硬的、无铰链的、刚性的旋翼，具有更大的灵活性。即使在重力的作用下，旋翼也能与机尾保持安全距离，从而可以安全地进行环形飞行。

　　遥控直升机实际上可以倒立飞行。它们通过调整旋翼的攻角*（俯仰角），使其处于与正常飞行相反的位置来做到这一点。

---

* 机翼的前缘和后缘的连线称为弦线，而相对气流和弦线的角度就是作战飞机的攻角。（出版者注）

发泡水的重量比静止的水轻吗？

如果二氧化碳是在溶液中而不是形成气泡，那么汽水或碳酸水就比非碳酸水重，也就是密度大。

对于一定重量的水和溶解的二氧化碳，其体积可以通过将水的体积（每克水约 1 毫升）和气体的体积（每克二氧化碳约 0.8 毫升）相加来计算。比如，2 克二氧化碳与 998 克水的溶液，其质量为 1 千克，体积为 999.6 毫升，密度为 1.0004 克每毫升（在 4℃时，水的密度最大）。

然而，如果水在冒泡，那么它将比静止的水更轻（密度小）。这是因为气泡降低了密度，2 克二氧化碳气体的体积约为 1 升。

喀麦隆的尼奥斯湖有二氧化碳从下面渗入。通常情况下，含有二氧化碳的水停留在湖底，因为它的密度较大，但有时会形成气泡，进而上升，这就导致大量二氧化碳融入空气中。1986 年，1700 人因从湖中逸出的二氧化碳殒命，周围的山谷也弥漫着一种窒息感。

11 月 11 日

为什么冬天嘴唇容易干裂？

冬天的冷空气不能保持很多水分，所以当它在室内被加热到一个舒适的温度时，它将比夏天同等温度的空气更干燥。这导致皮肤更容易变干，使其缺乏弹性，更容易出现干裂。

皮肤也会随着温度的上升和下降而膨胀和收缩。冬季室内和室外的温度差异较大，这增加了你在室内和室外时对皮肤的压力。嘴唇特别容易干裂，因为它们缺乏皮肤其他部位的油腺，而油腺的皮脂是防止干燥的天然屏障，有助于保持皮肤的柔软。反复舔湿嘴唇只会使情况变得更糟，因为它加速了蒸发冷却。

在吃饭、说话和改变表情的过程中，嘴唇也经常变得干燥，在已经干燥的状态下，酸和咸的食物只会使情况更糟。微笑会拉动嘴角，使干燥的嘴唇更加疼痛。

如果这一切听起来很熟悉，那么请放心，不是你一个人这样，而且这个问题相对容易补救。在冬天真正来临之前就开始定期涂抹润唇膏或润肤霜，并争取戴上能遮住嘴的围巾。

冬季的干燥空气也会加剧窦性头痛和生理性咳嗽，补救措施很简单，比如打开加湿器或在家里摆放盆栽，这样可以使情况得到缓解。

∾ 11 月 12 日 ∾

为什么大型强子对撞机这么大？

大型强子对撞机（LHC）是位于瑞士日内瓦郊外的地下粒子加速器，它是一个同步辐射器，是一个圆形加速器，使用精心同步的电磁场将粒子加速到非常高的速度。粒子运动得越快，你就越有可能在碰撞中看到有趣的事情发生。因此，尽可能地加速粒子，主要是质子，是很重要的。质子需要遵循一个圆形的路径，以便它们能够被电场持续加速，而这是通过放置在隧道周围的磁铁完成的。质子行进的速度越快，就越需要更强的磁场来保持它们的轨迹。

为了增加能量，有两种可能的选择：使磁铁更强或加速器环更大，以便粒子的路径不需要如此弯曲。在某种程度上，磁铁的强度存在着技术或资金上的限制，剩下的唯一变量就是环的大小。

不仅仅 LHC 的圆周是巨大的，探测器也是如此。碰撞在这里发生，物理学家在这里寻找新粒子。探测器上装有各种仪器，用于测量质量、能量、温度等，并且在光束周围还有额外的跟踪器和触发器。这些在一定程度上解释了探测器的大小。

但还有其他的东西。我们知道，一个新的粒子可以通过它衰变为我们已经知道存在的粒子的方式来识别。

以希格斯玻色子为例，这是一个长期寻找的、赋予所有其他基本粒子质量的粒子。它是由 LHC 的两个实验（即 ATLAS 和 CMS）于 2012 年独立发现的。希格斯玻色子衰变的方式之一是变成 μ 子，μ 子是电子的大质量亲属。我们可以通过追踪 μ 子的路径看到它们。但是它们是非常难以捉摸的粒子，会以巨大的速度飞过任何物质，因此 ATLAS 的 μ 介子探测器，例如，从质子束轴的半径 4.25 米延伸到 11 米。

如果探测器离质子束更近或比这更窄，μ 介子就会在被识别之前飞过去。因此，大型强子对撞机的大小与我们能够用现有的手段来测量自然界中看不见的奇迹有很大关系。

哪种恐龙会进化成最聪明的呢？

恐龙在大约 6500 万年前灭绝了，此后哺乳动物代替了它们的地位。如果它们没有灭绝，恐龙的哪一个分支可能会进化成最主要、最聪明的生物呢？

鸟类是由侏罗纪时期的兽脚类恐龙进化而来的，在 6500 万年前的大灭绝事件中幸存下来的物种是我们今天看到的鸟类的祖先。如果不是因为灭绝事件，恐龙很可能仍然占主导地位。在没有环境变化的情况下，几乎没有选择压力来推动新物种的进化。

与白垩纪末期相关的气候变化会打响进化竞赛的第一枪，一些物种会经历重大的适应性变化以填补新的空间。

这就好比洗牌。我们不可能事先计算出什么物种可能占主导地位，甚至不可能计算出一个新的物种会是什么样子，因为我们不可能知道什么特征的组合会比另一个特征更有利。此外，有时只需成为第一个占据某一特定位置的物种就足够了。

暴风雨能改变方向吗？

　　在小说《白鲸》*中，木制捕鲸船在日本东南部遇到了台风，受到了雷电和圣艾尔莫之火的袭击。随后，人们发现船上的罗盘针磁性是相反的。作家赫尔曼·梅尔维尔认为，这种罗盘逆转"不止一次发生在暴风雨中的船只上"，有时当索具被雷电击中时，罗盘针的磁性可能完全丧失。这是事实还是虚构的？如果是真的，它又是如何发生的呢？

　　事实证明，赫尔曼·梅尔维尔的论断是完全合理的。一个移动的电场会诱发一个磁场，而像闪电这样的放电很容易导致罗盘针失去或逆转其磁性。

　　事实上，在小说中，亚哈船长通过敲击制船师的针，使其磁化，从而制造了一个新的罗盘。这是有事实依据的。铁磁材料是由微观的磁畴**组成的，这些磁畴可能以随机的方向定向，产生消磁的状态。通过将这些磁畴或多或少地排列在同一方向，材料就会被磁化。在某些情况下，一个急剧的打击会带来足够的能量，使之发生。

---

* 　《白鲸》是 19 世纪美国小说家赫尔曼·梅尔维尔于 1851 年发表的一篇海洋题材的长篇小说，小说描写了亚哈船长为了追逐并杀死白鲸莫比·迪克，最终与白鲸同归于尽的故事。

** 　所谓磁畴，是指磁性材料内部的一个个小区域，每个区域内部包含大量原子。（出版者注）

消化食物需要多长时间？

这是一个孩子们会喜欢的实验，也许会有点儿恶心。你所需要的只是你的消化系统和一些食物。为了获得最佳效果，请尝试糖、五花肉、甜玉米、番茄、蘑菇、芹菜、甜菜根或其他富含纤维的蔬菜。

接下来仔细观察一下随后的几次排便。在人类排泄物中经常可以看到番茄等的残渣，还有辣椒和青椒的皮。甜菜可能是人类消化系统最明显的保留物，它的色素在粪便中特别显眼，甜菜根可以呈现出好辨认的颜色。芹菜和蘑菇则很难辨认。

这段旅程从我们的口腔开始，食物在那里被粉碎，直到碎片小到可以吞咽，酶开始进一步分解它。一旦进入胃，它就会被更多的酶和胃液中的酸所攻击，并随着胃壁肌肉的搅动而混合在一起。几个小时后，这种半液体进入小肠，其中大部分被吸收到血液中。

一些成分，如膳食纤维，不能被消化并进入大肠。这需要大约6小时。一旦进入大肠，更多的水分被身体吸收，这样就只剩下不可消化的物质。这可能需要长达36小时，然后剩余的废物才会通过肛门排出。最终的粪便中大约75%是水，其余的是细菌、排泄的胆汁化合物和未发酵的纤维。

在我们吃的各种食物中，糖是最先被吸收的，其次是蛋白质（来自鸡蛋、坚果和非脂肪肉类），时间大约为6小时，最后是各种类型的脂肪，需要的时间更长，当然这也受人的年龄、健康和体型的影响。

通过实验你会发现，食物中的一些成分，如纤维，几乎不被分解，就像甜玉米，会相对不受影响地从身体中排出。蘑菇中的木质素和芹菜中的纤维素在通过你的身体后也相对没有受到影响。

为什么话筒返送的声音如此刺耳？

声音可以被看作是不同频率的正弦波的组合。巴克豪森稳定性标准指出，任何完全符合系统"距离"（从微型电话到扬声器，再到后面）和在沿途被放大的频率都会被持续放大。

这个"距离"很难确定，因为它取决于各种因素，如电子设备的延迟、房间的声学特性、麦克风的位置以及乐器和扬声器的共振频率。但更高的频率更有可能进入返送环路，因为电波更短。与许多长波相比，你能将许多短波完美地纳入一定"距离"的概率更高。因此，尽管你确实得到了低频返送，但高频返送的可能性更大。

将话筒移到扬声器附近会导致返送产生，因为现场的扬声器从来没有真正的安静：近距离，你可以听到多频率的嗡嗡声。而当你移动话筒时，你就会改变距离，从而改变返送的频率范围，产生刺耳的声音。

彩虹在可见光谱之外还有什么？

可见光谱从 400 纳米（紫）到 700 纳米（远红）。彩虹的形成取决于两个因素：光和水。光指太阳光，而水是因为光必须通过水滴才能形成彩虹。

水在 400 纳米处透光最好。这就是一切在水下看起来都是蓝色的原因，因为较长的波长被吸收了。水在紫外线下的透光性相当好，可达 200 纳米，所以彩虹的紫光端强度取决于光源。事实上，来自太阳的紫外线被臭氧层吸收，然后通过所谓的瑞利散射*在大气中分散。因此，直接到达地球的太阳光的紫外线含量相对较低，基本上没有低于 300 纳米的光。

彩虹的红外端会褪色。当光的波长从 700 纳米增加到 1000 纳米时，水的传输比例下降了 90%。来自太阳的可用光线也下降到 1000 纳米时的一半，所以我们可以把它作为一个实际的上限。在这之前，光谱中会有几个低点，以彩虹中的暗带出现。这些是大气中的氧气（762 纳米）和水蒸气（约 900 纳米）吸收的结果。在实践中，这给了我们一个彩虹光谱，范围从 300 纳米到 1000 纳米，尽管红外端会相当微弱。

---

*　瑞利散射是一种光的散射，散射中心远小于波长。瑞利散射是一种很常见的光学现象，是以英国物理学家瑞利伯爵的名字命名的。它是光的线性散射，散射中心远小于光的波长。
（出版者注）

为什么声音会随距离变远变弱，而光却不会？

声波会随着距离的增加而减弱，但我们仍可以看到从数十亿光年外到达的光波。为什么传入的光波在到达我们之前不会消散呢？

答案源于这样一个事实：光能在真空中传播时不会消散，而声音不能在真空中传播，需要有介质才能传播。

当声波或光波通过介质时，介质会产生损耗。即使在透明的介质中，光也会被吸收，损失的数量往往取决于光的波长。例如，在海洋中，可见光谱的红端有很大一部分会在海面以下 10 米的地方消散，即使在非常清澈的水中，也没有多少任何波长的光到达 50 米以上的深度。相比之下，声音在水中受到的衰减通常比光要小。当然，在水下的潜水员会听到发动机和旋转的螺旋桨的声音，即使看不到附近的船只。

除非被挡住去路的物质吸收，否则来自点源的声音或光会向所有方向扩散，其能量会在一个假想的球体表面扩展，而这个球体会随着时间的推移而变大。因此，声音（或光）似乎随着与源头的距离而减弱的部分原因是它的能量被扩散到更大的表面区域。当然，如果恒星和星系没有辐射出如此巨大的光能，它们就不会在数十亿光年之外被看到。

你会因为受凉而感冒吗?

在民间有很多关于受凉后会感冒的传说,但这两者之间真有什么联系吗?如果没有,为什么许多人仍然相信它们有联系呢?

科学表明,事实上,两者之间没有联系。实际上,你在受凉时感染感冒的机会更少,因为感冒病毒在低温下会死亡。

导致感冒的病毒在冬天传播得更快,因为人们在室内待的时间更多,彼此之间的距离更近。人们在冬天关闭窗户,这样被病毒颗粒污染的空气就不会被室外的"新鲜"空气稀释。这使得病毒更容易传播。此外,冬季寒冷、干燥的空气使鼻子里的黏膜膨胀。这就产生了我们经常错误地将"流鼻涕"与感冒病毒引起的感染联系起来。

预测暴露在低温下后会出现感冒、流感或肺炎的故事的起源是在这些疾病的明显症状之前会有短暂的发烧。这些发烧期使病人感到寒冷和颤抖。在出现其他症状后不久,病人就会把这种疾病与"感冒"联系起来。事实上,"感冒"被称为流感,是因为人们相信它是由某些元素的影响造成的。生活在南极洲的与世隔绝的研究人员从未患过感冒,这一事实证实了这些感冒是由人传染的,而不是由"感冒"传染的。

人一天会放多少次屁？

这里有一个可以让你印象深刻的数据：一个成年人平均每天大约放 10 次屁，释放出的气体足以让一个派对所有气球膨胀。

在这些排放物中，99% 以上是由 5 种无味的气体组成的。长期以来，究竟是什么导致了屁的恶臭，这一直是一个争论不休的问题。但在 2001 年，一个人相信他有了答案。

迈克尔·莱维特是明尼阿波利斯退伍军人管理医疗中心的一名胃肠病学家，他研究屁已经有 30 多年了，解开了无数谜团。因此他得以成名，他的工作也被世界各地的报纸所报道。

许多科学家会欢迎这种曝光，但对莱维特来说却是灾难性的。读者会给他的雇主写愤怒的信，抱怨他的研究是在浪费钱。有人甚至挖苦地称他为"放屁博士"。

但莱维特的工作是严肃的。例如，他是第一个正确识别出使放屁产生气味的气体的人。评估一种气味是一项困难的任务，莱维特求助于两个具有相当不寻常能力的人的鼻子。两人都能纯粹通过嗅觉识别不同的含硫气体。这些"幸运"的人被要求评估 16 名健康志愿者的屁，这些志愿者在前一天晚上吃了 200 克豆子以确保有充足的气体产生。莱维特说，试验结果表明，硫化氢是屁臭的罪魁祸首，其次是其他硫黄类气体。

莱维特的工作远非毫无意义，他的研究可以避免一些意外事故而挽救生命。氢气和甲烷是在肠道中形成的两种主要气体，是具有危险性的。在 20 世纪 80 年代，在对肠道进行常规操作时这两种气体曾引起了一些致命的爆炸。在某种程度上，用于清洁肠道的药物增强了氢气或甲烷的产生，而在操作过程中一个偶然的火花引发了爆炸。此后，莱维特和其他人开发了清洁肠道的净化剂，将两种气体的产生降到最低。多亏了"放屁博士"，现在肠道爆炸事件已经很少见了。

一个在北极的物体在赤道上会有同样的重量吗?

《新科学家》杂志一位有好奇心读者想知道这个假设场景的答案:如果你在南极洲买了 1000 吨金条,然后在墨西哥以每千克相同的价格出售,你会不会因为地球旋转得更快而产生损失?

一个物体的重量取决于质量和重力加速度。引力加速度在地球表面确实略有不同,因为地球是扁球形的(不是完全的球形),而且有力的变化。还有一些更局部的对比是由岩石密度的差异和大规模的地形特征造成的,例如格陵兰岛周围的海平面就比其他地方要高,因为冰川中含有大量的水。由于太阳和月亮的相对运动,表观重力加速度会发生进一步的短期小波动。

与两极相比,地球的自转使赤道上的加速度减少了大约 0.3%。除此之外,地球在赤道上的隆起意味着这里的物体比两极的物体离地球中心更远,因此又减少了 0.2%。因此,一个物体在两极的重量将增加约 0.5%。墨西哥城的海拔高度超过 2000 米,这使它离地球中心更远。然而,由于墨西哥离赤道还有一段距离,任何额外的影响都被抵消了。因此,我们可以估计,在两极上重 1000 吨的黄金在赤道上的重量将减少到 995 吨。

因此,从理论上讲,如果你在赤道买入并在两极卖出,可以获得可观的利润。然而,在实践中,运输和安全的成本将是令人望而却步的。而且,供应和需求的规律表明,当企鹅或北极熊是唯一的客户时,你也卖不上好价钱。此外,金条通常是以认证质量的金锭铸造的——因此,除非你能说服你的客户根据你自己的天平上的价值购买,否则你会有麻烦的。

为什么不会被自己的鼾声吵醒？

有几个原因，你可能是最后一个被你的鼾声所困扰的人。

一个人在深度睡眠和最难唤醒的时候鼾声最响。我们生活在如此嘈杂的身体中，干扰了我们对外部信息的接收，我们有能力忽略自己的噪声，如呼吸声。我们下意识地将这些噪声从我们听到的信号中去除，以便维持我们的世界的平静。

我们的信号过滤过程可能会产生奇特的副作用，任何人在听到自己声音的录音时都可以证实这一点。不仅不熟悉声音，甚至连口音也不熟悉。声音消除使我们能够在自己的鼾声中入睡，而床伴的鼾声或最轻微的沙沙声都有可能会唤醒我们。我们也会被自己的鼾声唤醒，比如录音被回放时，或者一个不经意的呼噜声打破了睡眠的节奏，这时我们就无法消除噪声。

即使没有被自己的鼾声吵醒，严重的打鼾也会因为噪声和气道干扰而影响睡眠质量。研究表明，许多打鼾的人，不仅仅是成年人，无法进行深度睡眠。几十年前，南非开普敦红十字会战争纪念馆儿童医院的工作人员表明，打鼾或患有睡眠呼吸暂停的儿童可以从让保持呼吸道开放的正压空气供应器械中获得帮助。

为什么摩托车转弯时不会摔倒？

在摩托车比赛中你会发现，摩托车手以惊人的速度驶过弯道，而且往往是在与垂直方向超过 45° 的情况下。大多数时候，他们都能做到这一点，而不会滑倒和撞车。这是怎么做到的呢？

在转弯时，摩托车受到离心力和重力的作用而向外倾斜。如果转弯时摩托车和骑手过于直立，离心力会使摩托车向外翻转，把骑手甩出去。如果车过于倾斜，重力会使其倒下，轮胎失去抓地力，然后它就会滑出去，而骑手通常也会跟着滑出去。

在摩托车以最佳转弯角度倾斜时，重力和离心力的合力推动车子通过轮胎接触轨道的接触点。

汽车轮胎只需要在直立状态下工作。它们的横截面是方形的，只有胎冠上有胎纹，而侧面没有。然而，摩托车轮胎的横截面是圆形的，胎面延伸到轮胎的两侧。这使得摩托车的轮胎能够继续抓紧赛道，即使在转弯时倾斜也可以做到这点。

是否有可以同时看到大西洋和太平洋的地方？

据说赫尔南多·斯托特·科尔特斯曾爬上巴拿马地峡*的一棵树，从制高点他看到了大西洋和太平洋。在地理上是否真的存在这样的一点呢？

巴拿马地峡最窄的地方有 61 千米宽。从地峡中部看，地平线至少要在 30.5 千米以外，才能从一个制高点看到大西洋和太平洋。

视点的必要高度可以计算出来，即在地球直径的球体上构建一个直角三角形，其斜边长为 30.5 千米。从海拔 85 米以上的任何制高点都可以看到 30.5 千米外的地平线。

《泰晤士报世界地图集》告诉我们，在巴拿马地峡中心附近，有几个超过海拔 85 米的地点。比如科迪勒拉山脉的山脊，大致由东向西延伸，与查格雷斯河平行。有明确的历史记录表明，巴拿马最早的探险家可以而且确实从同一个有利位置看到过大西洋和太平洋。

还有《新科学家》杂志的读者说，还有其他各种地方可以同时看到大西洋和太平洋：哥斯达黎加的最高峰——3820 米高的大奇里波山，智利最南端的合恩角，以及南极洲大陆上的特里尼蒂半岛的顶端，这几处应该都可以看到这两个大洋。

---

*　巴拿马地峡（Isthmus of Panama）是美洲中部的一个地峡，从哥斯达黎加边界延伸至哥伦比亚边界，全长约 640 千米，连接南、北美洲。（出版者注）

哪些食物可以长期保存？

1951 年，美国的马萨诸塞州西汉诺威的 E. 伯特·菲利普斯女士将一罐 56 年的蛤蜊退给了制造商（媒体当时报道称其"仍可食用"）；一年后，从美国伊利诺伊州的一口废弃的井中捞出了一罐 70 年前的黄油（"仍然洁白甜美"）；1968 年，英国考利的西尔维娅·拉普森在阁楼的箱子里发现了一个用桌布紧紧包裹着的 1896 年烤制的面包仍然可以食用；1970 年，当英国格里姆斯比的一所房子被夷为平地时，废墟中奇迹般地出现了一包 1928 年的早餐麦片。

但是，如果你发现了存放这么久的食物，你会吃吗？1969 年，一个叫乔治·兰伯特的人就这样做了。他穿着 1898 年美西战争时的制服出现在新墨西哥州的博览会上。在他的军需包里，他发现了一块压缩饼干，在众人的惊呼声中，他咬下一块，吃了下去。"味道就跟当时一样，"这位灰头土脸的老兵宣布，"当时不好吃，现在也不好吃。"

美国犹他州普罗沃的杨百翰大学的食品科学家奥斯卡·派克对存放了 30 年的干牛奶和燕麦片等食物进行了味道和气味测试，派克宣布了他的结果：燕麦片的味道并不是那么好，但也不是那么坏。当派克被问及他自己会吃哪种食物时，他说："用 30 年的小麦烤成全麦面包，它的外观质地几乎与用新鲜的小麦制成的面包相同。"

谷物通常可以保存很长时间。2006 年 3 月，35.2 万块冷战时期的维生素强化饼干在布鲁克林大桥下面一个被遗忘的保险库中被发现。一位纽约桥梁检查员在品尝了一块后说，它们有"独特的味道"。

如果你真的吃了跟祖父年纪相仿的饼干会生病吗？就干制食品而言，答案通常似乎是否定的。但是，你为什么要这样做呢？

日晷能在阴天工作吗?

在阴天的情况下,计算太阳位置的方法之一是观察可用光线的偏振率,从而推断出时间。光的偏振,即光波在同一平面内振荡,正是昆虫和鸟类用来导航的依据。

一般来说,散射光是与太阳成直角偏振的。因此,当太阳处于最高点时,光在整个地平线上都接近于水平偏振。当太阳西落时,天空在正北和正南的地平线上会出现垂直偏振。

1848 年,英国发明家查尔斯·惠斯通提出了"极地时钟",一个类似日晷的装置,可以在阴天使用。通过将管子向北极倾斜,转动目镜中的棱镜,直到光线消失,可以推算出可用日光的相对偏振角,从而得出太阳的位置,继而推算出大致的时间。也有人认为维京人在太阳被云层遮挡或刚过地平线时,用水晶太阳石来定位。

为什么刷完牙后喝橙汁会觉得味道很差？

你可能有过这样的经历：起床晚了，时间来不及，刷完牙后匆匆喝了一杯橙汁。可是这时喝到嘴的橙汁味道不是甜美的水果味，而是一种恶臭和苦的混合味。

你刚刚经历的是所谓的"橙汁效应"，自 20 世纪 70 年代以来就被人注意到的一件怪事情。牙膏中添加有发泡剂（又称表面活性剂），通常是十二烷基硫酸钠，以帮助牙膏在你的嘴里分散，并便于冲洗。但发泡剂有一个令人讨厌的缺点，它们会干扰舌头上的味蕾，抑制你品尝甜味和咸味的能力，却增强了对苦味的敏感度。我们大多数人希望从牙膏中获得的强烈的薄荷味只是增加了这个问题。虽然它不会像发泡剂那样干扰我们的味蕾，但强烈的薄荷味会盖过之后食用的任何东西的味道，包括你期待的早餐。这条规则对你的牙齿健康也是有意义的，因为我们总是在饭后刷牙，而不是饭前。

什么是系外行星，有多少颗？

围绕太阳以外的恒星运行的行星被称为系外行星。很难用望远镜看到它们，因为它们经常被它们所环绕的恒星的亮光所掩盖。

只有一小部分的系外行星可以被直接观测到。其他行星的存在通常要通过对主星的观测来推断。从地球的角度看，当一颗行星在它的恒星前面经过时，恒星会出现轻微的暗淡。通过一种叫作凌日摄影术的技术来测量这些亮度的下降，可以得到很多信息，比如行星的轨道周期和它相对于恒星的大小。这也使得研究其大气层成为可能，从而研究它是否可能是外星人的家园。

要以这种方式观测一颗系外行星，它的恒星和地球都需要落在同一个平面上。能够探测到这种排列的概率取决于恒星的大小和行星轨道的直径。对于一颗围绕太阳大小的恒星运行的行星，在我们与太阳的距离相同的情况下，我们能够用凌日法 * 探测到它的概率大约是 1/200。

还有许多其他技术可以用来寻找太阳系外行星。其中最成功的是径向速度法。当一颗行星运行时，它会拉动它的恒星，因此可以看到恒星在一个紧密的圆圈中移动。当它向地球移动时，它的光线会发生蓝移，而当它远离地球时则会发生红移 **，这可以用多普勒光谱学来检测。在撰写本报告时，已经发现了近 5000 颗系外行星，其中 90% 以上是通过上述两种方法中的一种观测到的。

---

* 凌日法是系外行星侦测法之一。原理为：如果一颗行星从母恒星盘面的前方横越时，将可以观察到恒星的视觉亮度会略微下降一些，这颗恒星变暗的程度取决于行星相对于恒星的大小。开普勒太空望远镜使用的就是凌日法。

** 红移是指物体向远离地球的方向移动时，它所发出的光波长随之增加。蓝移与红移相反，是指物体向靠近地球方向移动引起的波长减小。（出版者注）

为什么你在紧张的时候会喉咙发干？

如果你曾经当着很多人的面讲话，你可能经历过那种可怕的时刻，当你要发言时，你的喉咙就像被什么卡住了一样，这可不是一种应对紧张的好反应。那么，为什么我们的身体会有这样的反应呢？

你在需要面对众多人讲话时口干舌燥是因为当你紧张时，身体会进入"战斗或逃跑"状态。这是由自律神经系统激活引起的。它存在于整个动物界，并且已经进化到能够帮助动物化解危机——例如在逃离捕食者的时候，如果一头狮子想把你作为它的下一个目标，你就不需要分泌太多唾液，用于消化你的最后一餐。神经被选择性地激活，这取决于它们的反应。因为吃东西在这个时候被认为是不重要的——你现在需要逃离开这个地方，控制唾液腺的嘴部神经被抑制，所以你的嘴就干了。此外，你的瞳孔放大，通往你的肌肉和心脏的血管扩大，以便将血液输送到最重要的器官，这对采取任何激烈的行动都是必要的。

天气太冷容易引发火灾？

火是一种快速放热（产热）的化学反应，在可燃物、助燃物和着火源的作用下燃烧。任何化学反应的速度都会随着温度的升高而增加，因为分子移动得更快，碰撞得更频繁。大多数燃料和氧化剂可以在室温下共存而不自燃。尽管它们可能会慢慢地反应在一起，但反应速度非常慢，以至于产生的热量在混合物升温之前就已经散去了——想象一个缓慢生锈的铁钉。

要想起火，你需要将混合物加热到燃点。这需要一定的温度，在这个温度下，反应速度高到足以使产生的热量比流失到周围环境的热量速度更快。热能开始积累，推动反应速度加快，产生更多的热量，如此反复。如果反应失控，就会引起火灾。

因此，对于是否会因为太冷而导致火灾的发生和持续，答案取决于着火点和周围环境的温度之间的差异。热量是通过辐射和对流释放到周围环境中的。周围环境越冷，通过这些过程损失的热量就越多。因此，对于低等级的燃料，如木材，在燃烧时不会产生很多热量，如果周围环境足够冷，火将无法维持。相反，为了保持燃烧，你需要从外部来源持续供应热量。

然而，你能使周围环境变得多冷是有限度的，最终达到绝对零度。因此，具有足够高的反应热的燃料将始终能够维持火势，无论周围环境多么寒冷。相反，即使是通常难以点燃的燃料，如果周围环境足够热，也可以使其燃烧。

12 月

在商店里播放音乐能增加销售吗？

这些年，很多商店甚至没有等到 12 月 1 日就开始播放圣诞节歌曲。对于那些不太喜欢过节的人来说，这足以引起反感。

事实上，音乐确实能增加销售——不仅如此，特定的音乐还能增加特定商品的销售。在 1997 年的一项研究中，心理学家阿德里安·诺斯及其同事做了一项试验，在法国和德国葡萄酒的展示台前交替播放法国的音乐和德国的音乐。结果发现播放法国的音乐时，法国葡萄酒的销量会超过德国葡萄酒，而播放德国的音乐时，结果则相反。后来一份调查问卷显示，顾客并没有意识到音乐对他们选择产品有影响。

这可能是因为音乐与产品产生了心理关联，但是具体原因仍然是个谜。同理，气味也有与音乐类似的作用——研磨咖啡或烘烤面包的气味也会增加销售。

而背景音乐的影响还不是很清楚，但许多零售商认为，如果商场也像图书馆一样有一种安静的氛围，那会让人不舒服。因此，尽管成本很高（在英国，如果需要播放音乐必须向表演权协会支付费用），商场里还是会播放背景音乐。

老虎为什么会有条纹？

老虎皮毛上美丽的条纹在大型猫科动物中是独一无二的。其他一些大型猫科动物有斑点状的玫瑰花纹或云状的花纹，如豹、美洲虎和云豹，或一些普通的条纹，如狮子。

英国布里斯托尔大学的一个研究小组的工作表明，猫的花纹是为了提供适合猫的特定栖息地和行为的伪装，使它们能够更有效地捕获猎物（对于较小的猫来说，则是为了逃避捕食）。一般来说，像狮子这样的物种生活在开放的环境中，在白天捕猎，而像豹子和老虎这样具有复杂图案的猫科动物则有夜间生活习性，并生活在有更多树木的环境中。

除了老虎之外，其他大型猫科动物并没有类似的条纹，我们无法用同样的方法来确定驱使老虎偏离祖先大型猫科动物模式的进化因素。老虎比美洲豹大得多，但总的来说，它们有相似的生态环境，在历史上，它们的栖息地有相当大的重叠。那么，为什么它们看起来并不相似呢？

几十年前有人提出，与典型的豹的栖息地相比，老虎的栖息地含有大量的垂直特征，如竹子，但目前仍然缺乏证据。量化这一点是很简单的，只是由于老虎的活动范围现在已经缩小了，很难确切地知道它们的皮毛是在什么样的森林中进化出来的。老虎显然有很好的伪装，但在它们伪装的背后仍然有更深层次的原因。

耐人寻味的是，布里斯托尔大学的研究小组还表明，大型猫科动物的图案在进化的时间上变化相对迅速。也许在未来有一天，我们的后代可能会惊叹于条纹豹和斑点虎的美丽。

为什么冰是滑的？

众所周知，冰的表面非常滑，这是因为冰的表面有一层薄薄的液态水膜，其摩擦力很低。因此，在薄薄的金属刀片上保持平衡的滑冰者可以在冰场上平稳地滑行，但在冰场外的木质地板上却不行。那么，表面这种液态水膜是如何形成的呢？一个多世纪的研究使我们离问题的答案越来越近。

1850 年 6 月，迈克尔·法拉第在伦敦皇家学会告诉听众，将两个冰块压在一起会使它们形成一个单一的块。他把这归因于两个冰块中间出现了一层水膜，这层水膜很快就重新冻结了。许多年来，这层水膜的出现被归结为压力导致。事实上，即使是一个体重高于平均水平的人，在一只冰鞋上产生的压力也远远不足以导致产生融化现象而产生冰膜。

今天就这一问题有几种观点。根据新加坡南洋理工大学孙长青的说法，关于冰面上的滑层是一层液态水膜的假设从根本上来说是有缺陷的。他说，这层物质应该被正确地称为"超固态膜"，因为表面的水分子之间的弱键被拉长，与液态水不同的是，它们都没有被破坏。

他还认为，这种键的拉长最终在表面层和它所接触的任何东西之间产生了排斥性的静电力。他把这种效应比作使磁悬浮列车悬浮的电磁力，或者气垫船在船体下产生的气压。如果他是对的，他的模型有助于解释该层的许多特性，包括其明显的低摩擦性。

大多数人并不认同这一观点。日本札幌北海道大学的佐佐木元在 2013 年指出，这层物质更倾向于准液体。他认为，随着温度的升高，它代表了固体和液体之间的一个过渡阶段。

对于佐佐木来说，理解这种神秘的物质层是如何形成的仍需要进一步探索。他说，即使涉及像在冰上滑行这样熟悉的事情，"现实比我们想象的要复杂得多"。

～ 12月4日 ～

医生的寿命长吗？

医生和其他人群一样对自己的死亡率感兴趣，并对这一问题进行了调查。

1997年《职业与环境医学》（*Occupational and Environment Medicine*）杂志上一篇文章的作者研究了在英国卫生部记录中1962—1992年期间去世的2万多名医生的死因，总的来说，这些医生的肺癌、心脏病和糖尿病的发病率还不到普通人群的一半。该研究还发现，根据不同的专业领域，在统计学上存在明显的差异。例如，自杀在麻醉师中所占的比例比其他类型医生大。

根据这项研究，英国医生的平均寿命确实比国家人口的平均寿命长，但这是否是因为他们的医学知识和接近医疗服务是另一回事。毕竟，众所周知，社会经济地位和教育程度对健康有很大的影响，从而影响预期寿命。一项对英国人口的研究表明，医生和会计师等中产阶级人士的寿命比建筑工人和清洁工平均长8年。

飞鱼为什么会飞？

严格地说，飞鱼并不是会飞，那是一种动力滑翔，利用尾鳍推动它离开水面。它通过高速拍打其超大的胸鳍来维持跳跃，最远距离可达 100 米。

这种运动的常规解释似乎是为了逃避捕食者，我们往往可以观察到一条更大的鱼在水面下一直在跟随飞鱼行进。

有人认为飞鱼的滑翔是为了节省能量，这是不可能的，因为猛烈地起飞是由肌肉以每秒 50 ～ 70 次的速度拍打尾部而产生的，这种无氧运动是极其消耗能量的。

飞鱼的角膜是平坦的，所以它们在空中和水中都能视物。有一些证据表明，它们可以选择着陆点，使它们从食物贫乏的地方飞到食物丰富的地方，但这缺乏令人信服的证据。

为什么气球在放气时会打转？

对于一个气球来说，要想在一条直线上飞行，喷出的空气的方向必须与气球的质量中心和阻力中心相一致——即与阻碍气球运动的力量对称的方向。如果这两个中心不一致，稳定性就会受到影响。

如果气球的推力线不通过质量中心（这几乎是肯定的），但与连接质量中心和阻力中心的线在同一平面上（这不太可能），那么气球将在该平面内以画圈的方式飞行，尽管重力的拉力最终会迫使它下降到地面，特别是当驱动它前进的空气消失时。

然而，来自气球开口的推力与球面形成一个角度，气球会进行螺旋状的运动。在这种情况下，气球的推力和气球的空气阻力不会相互抵消，因此会产生一个转动的力矩。

气球并不是制作精良的高精密产品，所以推力线很可能永远不会靠近阻力中心，由此产生的扭矩将使气球疯狂地旋转起来。然而，你可以在气球上绑一个不同角度的喷嘴，在一定程度上稳定气球（尝试用长长的吸管剪一个）。通过试验，你可能能够让气球以合理的直线运动。

为什么尿液总是同一种颜色？

无论你喝的是什么颜色的饮料，当液体最终离开身体时，颜色已经消失了。饮料（或食物）中的彩色物质通常是有机化合物，人体具有惊人的代谢能力，可以将它们转化为无色的二氧化碳、水和尿素。最难处理的东西由肝脏处理，它是一个名副其实的活体废物焚烧炉，而肾脏则负责从你的血液中清除废物。当离开你的身体时，液体的化学成分几乎与你摄入的原始液体没有关系。

任何物质，不管是固体还是液体，如果没有被吸收，就会顺着你的食道通过消化道被纳入粪便中。相比之下，尿液是由肾脏从组织中通过血液运输的代谢废物中产生的。这些废物被添加到所消耗的任何多余的水中，产生各种颜色的尿液。这些尿液被储存在膀胱中并从膀胱中排出。

你喝下的任何有色化合物都会或不会与身体系统发生生化作用。如果会，这种相互作用（就像它可能经历的任何其他化学反应）将倾向于改变或消除其颜色。如果不会，消化系统通常会拒绝吸收它，它将通过粪便排出体外，而粪便的颜色变化比尿液要大得多。

也有一些有色物质可以通过消化系统进入尿液。当摄入的有色物质超过身体能够迅速代谢的程度时，就会出现这种情况，而且在液体离开身体时，色素没有被清除。饮用大量罗宋汤（红菜头汤）的人会出现明显的粉红色尿液。

为什么千足虫有这么多腿？

千足虫和蚯蚓有类似的生活方式。两者都在土壤中打洞，吃死的和腐烂的植被，但它们进化出了非常不同的方法来穿过土壤。蚯蚓利用其体壁上强大的肌肉在体腔内形成压力，从而形成向前推进或扩大土壤中的缝隙所需的力量。千足虫则利用它们的腿来推动土壤。动物的腿越多，它就能越用力地推。

千足虫与蜈蚣不同。它们有非常多的短腿，因为长腿在洞穴里会成为一种负担。蜈蚣生活在地表或叶丛中，它们几乎不需要用力，但必须比千足虫跑得快，所以它们的腿并不多但长。

千足虫、蜈蚣和蚯蚓都有细长的身体，被分成大量的节。除了身体的两端，所有的节段都有或多或少相同的构造。同样，人类发明的许多产品也是由一系列相同的模块构成的。例如，在一辆公共汽车上，相同的座椅和窗户被重复多次。这样做的好处是，一个设计可以应用于所有的座位，而一台机器可以制造所有的座位。

同样，动物体内各部分的重复也减少了发展所需的遗传信息的数量。千足虫可能是从具有较少节段和相应较少腿的祖先进化而来的，只要改变指定节段数量的基因即可。

我们为什么会有指纹？

　　我们经常在电影电视剧中看到警察利用指纹线索追查罪犯，现实中也确实如此，但这并不完全是指纹进化的好处。那么，它们进化的目的到底是什么呢？

　　人的皮肤由表皮、真皮和皮下组织三部分组成。在皮肤发育过程中，柔软的皮下组织长得相对比坚硬的表皮快，因此会对表皮产生源源不断的上顶压力，迫使长得较慢的表皮向内层组织收缩塌陷，逐渐变弯打皱。这样一来，一方面使劲向上攻，一方面被迫往下撤，导致表皮长得曲曲弯弯，坑洼不平，形成纹路。

　　指纹帮助我们在各种条件下抓握和处理物体。它们的工作原理与汽车的轮胎类似。虽然光滑的表面在干燥的环境中可以很好，但在潮湿的环境中却没有用。因此，我们已经进化出一个由槽和脊组成的系统，以帮助将水从指尖引开，留下一个干燥的表面，使其能够更好地抓握。指纹可以防止剪切（侧向）应力，否则会分离两层皮肤，使液体积聚在空间（水泡）。它们出现在不断受到剪切应力的皮肤表面，如手指、手掌、脚趾和脚跟。

汽车安全气囊是如何工作的？

安全气囊盖是由模制塑料制造而成的，质地较薄。当安全气囊膨胀时，会冲破安全气囊盖上非常细微的划痕而导致安全气囊盖破裂。更重要的是，安全气囊盖不会弹出来对乘客造成损害，安全气囊盖上的划痕能促使安全气囊盖向远离乘客的方向弹开。这些浅浅的划痕像英文字母 H，尤其在一些老款车或者价格低廉的车中能够明显地观察到。

设计安全气囊的工程师特别注意将安全气囊盖与车标结合，车标通常设计在方向盘的中央，车标也有助于安全气囊的开启和固定。

座椅内的侧面的安全气囊埋在座椅侧面缝合线处，所以这给不用座椅套增加了一个理由。

设计安全气囊的工程师还必须确保快速膨胀的安全气囊迅速直接地向被保护者弹开，而不能伤害驾驶员或乘客的面部和胸部。这涉及对折叠模式进行非常仔细的分析、预测和对安全气囊弹开时高速影像的研究。工程师从折纸中得到了很多启发。

一天的长度会改变吗？

月球每月绕地球完成一次公转，而地球每天完成一次自转。潮汐的作用就像刹车一样，使地球的旋转变慢，同时，为了保存角动量，将月球加速到更高的轨道上。

因此，一天的长度在每个世纪慢慢增加大约 2 毫秒。这可以通过检查公元前 600 年的日食记录来测量，因为可以观察到日食的位置是一个敏感的指标，表明地球从当时到现在转了多远。虽然一天的延长对于大多数实际用途来说是难以察觉的，但现在的一天和 100 年前的一天之间的不匹配足以使原子钟*记录的时间与天文时间脱节。每隔几年，就有必要引入闰秒**来使它们同步。

有趣的是，在卫星轨道与行星自转方向相反的行星系统中，潮汐的作用是使卫星减速，使其轨道运行降低，大概直到它被拖入行星中。至少地球的子孙后代不用担心这个问题。对月球的激光测距也表明，月球正在以每年约 4 厘米的速度远离地球。

---

* 原子钟，是一种计时装置，精度可以达到每 2000 万年才误差 1 秒，它最初本是由物理学家创造出来用于探索宇宙本质的，现在多应用于全球的导航系统上。

** 由于地球自转的不均匀性和长期变慢性（主要由潮汐摩擦引起的），会使世界时（民用时）和原子时之间相差超过 ±0.9 秒时，就把协调世界时向前拨 1 秒（负闰秒，最后一分钟为 59 秒）或向后拨 1 秒（正闰秒，最后一分钟为 61 秒）；闰秒一般加在公历年末或公历 6 月末。全球已经进行了 27 次闰秒，均为正闰秒。2022 年 11 月 18 日，科学家和政府代表在法国举行的一次会议上投票决定将在 2035 年取消闰秒。（出版者注）

人体上有多少微生物？

栖息在健康人体内的微生物被称为正常的微生物群，它们有两种不同的类型——长期驻留的和暂时停留的。当然，任何数量的迷人和讨厌的寄生物种都可以加入这个微生物群落，并以人体为家。

细菌学家西奥多·罗斯伯里在其开创性的作品《人类的生命》中指出，仅在人的口腔中就生活着 80 个可区分的物种，而一个成年人每天排泄的细菌总数在 1000 亿 ~ 100 万亿之间。

微生物栖息在一个健康的成年人的每一个暴露在外的表面，如皮肤，或可以从外界进入人体的内部，如肠道，从嘴到肛门，以及眼睛、耳朵和呼吸道中。罗斯伯里估计，平均每平方厘米的人类皮肤上生活着 1000 万个微生物，他将人体表面比喻为类似于圣诞节期间拥挤的商场。

然而，在近 2 平方米的人体表面积上，微生物数量可能有很大差异。在鼻侧或腋下出汗的油性皮肤中，微生物数量可能增加 10 倍，而在牙齿、喉咙或消化道的表面，微生物数量甚至增加 1000 倍。内表面是人体中微生物最密集的区域。相反，在那些有液体流动清除微生物的表面，如泪腺或生殖泌尿系统表面，微生物的数量要少得多。事实上，罗斯伯在膀胱和肺的下部根本检测不到微生物的存在。

虽然这些数字看起来很庞大，但生活在人体外表面的所有微生物加在一起只有一个豌豆大小，而生活在人体内的所有微生物加在一起可以填满一个容量为 300 毫升的容器。

∽ 12 月 13 日 ∾

真的是潜水艇入侵?

2014 年 10 月,瑞典海军曾在斯德哥尔摩群岛南部大规模搜寻所谓的俄罗斯潜艇。据报道,当时,瑞典海军截获一个编码无线电信号,误认为是俄罗斯潜艇发出的。为此,瑞典海军进行了持续约 1 周时间的大规模搜寻潜艇行动。但结果证明,这一信号是由一个失效的气象浮标传出的。

由瑞典工程科学院前院长汉斯·福斯伯格主持的科学委员会得出结论,海军报告的大多数入侵的潜水艇都是假的。在 1981—1994 年的 6000 多份关于"外星人水下活动"的报告中,该委员会只找到了 6 起事件的确凿证据。

在其他每一个案例中,虽然声称有公众目击,但往往是不可信的。

在 1992—1994 年的 40 次事件中,一个连接在浮标上的麦克风防卫网络检测到了水中旋转运动所产生的气泡声。海军估计其速度可达每分钟 200 转,并认为这一定是潜艇推进器。但是海军错了。根据该委员会秘书英瓦尔·阿克松的说法,用游进的水貂或水獭进行的测试表明,它们可以产生与潜水艇螺旋桨相同的读数。

为什么蜂蜜能使面包凹陷？

取一片新鲜的、未烤过的面包，涂上蜂蜜。然后把它放在一边。如果你把它放置几分钟，你会看到面包涂有蜂蜜的一侧会出现凹陷。

对于匆忙吃过早餐，着急出门的人来说可能没有时间观察这一现象。然而，对于那些以更悠闲的方式咀嚼蜂蜜面包的人，更容易看到这一现象。

面包变得凹陷是因为面包中大约有 40% 的水，而蜂蜜是含有大约 80% 的糖的强溶液。糖是吸湿性的，这意味着它吸收水分。这导致水分从面包中被提取，通过渗透作用进入蜂蜜中。提取水分使面包收缩，但只在涂有蜂蜜的一侧。这就解释了为什么涂有蜂蜜的一侧面包会变得凹陷。

如果你在涂抹蜂蜜之前给面包涂上黄油，这种情况就不太可能发生。黄油会形成一个富含脂肪、不透水的层，保护面包不被蜂蜜脱水。

狗的内心世界是怎样的?

这个问题让人想起控制论者斯塔福德·比尔在 20 世纪 70 年代的《新科学家》杂志上所写的内容。"你好，我的孩子。你的狗叫什么名字？"男孩说："我不知道。但我们叫它罗弗。"

男孩的回答表明他相信他的狗有自己的心理形象（他认为这包括一个名字），但同时也承认他无法洞察狗的心理。他是对的。我们确实不知道狗的脑子里在想什么。

不过，我们可以做一个合理的尝试。一般来说，犬类在 2 周大的时候睁开眼睛、打开耳道，开始有视力和听觉，从而开始发展社交技能。在 2 ~ 16 周的关键时期，幼犬学习社交技能，这些技能将决定它们一生的行为，包括识别同种动物和挑选合适的伴侣。

16 周后，这个快速学习和适应的时期结束了，狗所拥有的社交技能基本成熟了。这就是为什么幼犬从出生起就与人亲密接触是如此重要。传统上，我们在宠物狗八九周大时收养它们，正好是它们发展社交技能的中间阶段。其结果是，狗对高大的、没有毛发的人类伙伴一点儿也不感到奇怪。

同样，护卫牲畜的狗，如牧羊犬，在几周大的时候就被从它们的母亲身边带走，在羊群的陪伴下成长，以此来训练它们。这样，牧羊犬视羊群为家人，并以此为基础对它们进行保护。

珠穆朗玛峰会一直是地球上最高的山吗?

　　这是一个好问题,但答案是,没有人知道。首先让我们澄清一下,如果按从山脚到山顶算,珠穆朗玛峰并不是地球上最高的山峰,这一荣誉属于夏威夷群岛的莫纳克亚山,只是由于太平洋淹没了莫纳克亚山的大部分山体。但如果从海平面到山顶计算的话,珠穆朗玛峰是世界最高峰。

　　人们似乎普遍认为,由于该地区构造板块的运动,珠穆朗玛峰所在的喜马拉雅山脉仍在以每年约 5 毫米的速度上升。地质时间是以百万年为单位的,因此珠穆朗玛峰的顶峰可能在许多年内仍然是地球上的最高点。

　　其他相对较新的山脉也在上升,但是,由于喜马拉雅山脉包括了地球上前 100 个最高点中的大部分,因此,比其最接近的竞争对手高 200 多米的珠穆朗玛峰在一段时间内不太可能被超越。

为什么洗发水里有这么多成分？

阅读洗发水瓶上的标签，其成分清单多样且复杂。但信不信由你，洗发水中的大部分成分对你的头发没有任何作用。只有洗涤剂能清洁头发，而其他成分是用来改善产品的外观、气味、质地和保质期的。如果对某种成分没有限制，制造商就可以在化妆品或盥洗用品中自由使用他们喜欢的任何东西。

洗发水的主要构成是水，含有 5% ~ 20% 的洗涤剂，干性头发的洗发水比油性头发的洗发水含有较少的洗涤剂。洗发水中被使用最多的洗涤剂是十二烷基硫酸钠 (SLS)，但这种洗涤剂的泡沫较差，也可能含有能产生较强泡沫的月桂醇硫酸钠或泡沫促进剂，如椰油酰胺 DEA 或椰油酰胺丙基碱。泡沫在去污过程中不起作用，但它确实使洗涤剂和任何其他活性成分更易接近你的头发和头皮。浓厚的泡沫也加强了洗发水和可感知的清洁力之间的心理联系。

为了抵消洗涤剂对头发的干燥作用，洗发水中还必须添加乳化剂和乳化液稳定剂这种油类物质。油类可以是任何东西，从天然植物油到合成有机硅聚合物，如甲基硅和二甲基硅氧烷。这些也有调理作用，有助于平滑头发的角质层。

洗发水中通常至少含有两种防腐剂。一种必须是水溶性的，以保护洗发水的含水部分；另一种是油溶性的，以保护乳液中的油脂。对羟基苯甲酸酯类、甲醛、乙二醛和甲基氯异噻唑啉酮 / 甲基异噻唑啉酮混合物都是通常添加到洗发水中的防腐剂。

洗发水中添加增稠剂是为了调整产品的质地和倾倒性能，着色剂赋予产品所需的颜色，紫外线吸收剂阻止颜色褪色，不透明剂使洗发水具有奶油色或珠光色的外观，天然或人工香料使其气味芬芳。

"现在"有多长?

当时间从我们身边流过时，永久地存在于当下的感觉是人类最基本的体验之一。它所定义的 "现在"是一个没有期限的时间点，只是过去和未来之间的分界。即使对物理学家来说，"现在"也太抽象了。时间并不是流动的，它是一个像空间一样的维度，它只是存在，而且所有的时间都存在。

这种 "块状宇宙"的想法是由爱因斯坦的相对论决定的，认为"现在"是相对的。以宇宙微波背景中的一个光子为例，它向我们展示了 138 亿年前大爆炸之后的画面。但从光子的角度来看，它从那时起的移动根本不需要时间：我们的现在、大爆炸的现在以及两者之间的所有现在同时发生。从宇宙的角度来看，你可以把"现在"定义为你喜欢的长度，你的答案将同样正确（或错误）。

但是，如果"现在"只是我们大脑中创造的个体幻觉，我们仍然可以问"现在"有多长。德国弗莱堡心理学和心理健康前沿领域研究所的马克·维特曼认为有三个答案。

首先是 "功能时刻"。这是我们在两个刺激之间所需要的时间——比如说用左右耳来分辨声音的顺序。它在不同的感官之间是不同的，但通常是几十毫秒的时间。

我们的大脑需要更长的时间来将各种刺激拼接成一个有意识的 "体验时刻"。各种实验表明，这将持续 2 ~ 3 秒。例如，听节拍器，只要下一个节拍是在这个时间范围内，你就会毫不费力地用手指或脚去敲打它的节拍。然而，如果时间再长，你可能会听到自己在呼吸时数数，以同步你的节拍。

我们各自经历的时刻后被我们的工作记忆进一步拼接在一起，产生第三个"现在"——时间连续和时间流逝的感觉。这个"现在"的长度是几十秒，尽管它根据我们大脑工作的刺激密度而有很大变化。威特曼说："时间拖沓的感觉——你在等公交车时，你感到很冷时，你的智能手机不工作时——是非常真实的。相反，如果我们正在探索新的地方或有新的经历，我们的大脑会加快处理速度。"

就目前而言，这就是"现在"的核心。维特曼说："时间和自我是错综复杂的联系。"因此，也许唯一有效的答案就是活在当下——无论时间有多长。

蝴蝶为什么振动翅膀？

除了飞行之外，蝴蝶还利用它们的翅膀来控制温度，调整自身消耗或吸收的热量。这些行为往往是明显的，这也给它们带来了选择压力，它们要尽可能生动地向同类宣传自己，或者警告捕食者它们不好吃。

这种选择压力有利于形成夸张的、显眼的翅膀，这反过来又制约了蝴蝶的飞行，它们的翅膀更大，而且翅膀的振动频率不高，而它们祖先飞蛾的翅膀更小，振动频率更高。

蝴蝶的飞行方式所传达出的视觉印象是很重要的，它们通过上下振动翅膀，以及独具特色的"空中舞蹈"来强调凸显自己。这可以宣传它们是优质的配偶，并为其他种类动物提供识别它们的线索。长距离迁徙的蝴蝶，如帝王斑蝶，不会在丛林空地上滑行，也不会像以吸引配偶为目的的云斑蝶那样在苜蓿上空跳舞或自上而下俯冲，更不会悠闲地飞行，这都是为了避免引起鸟类的注意。

雪花是如何形成的？

雪花六角形赋予它们一种神奇的美。那么，雪花是如何形成这种独特的形状的呢？

事实是，这里并没有什么神秘的力量在起作用。雪花之所以是六角形的，是因为它在标准大气压下处于或低于冰点时形成的晶格的六重对称性，其他一些雪花在极端压力下形成的晶格各不相同。

晶体本身只关心如何找到一个合适的晶格 *，也就是晶体的生成方式。如果分子移动得太快，它就不会落入缝隙中。它很像轮盘上的球，在这里和那里弹跳，直到它失去足够的能量，无法从某个编号的凹槽中逃脱。同样，水分子也会弹跳，直到一个水分子失去足够的能量而进入晶格中的缝隙。

在一个热量慢慢消失的环境中，分子会有序地填补晶格的缝隙，我们所知道和喜爱的雪花会以这种六重对称的方式生成。

在每片雪花的微环境中，温度和压力差异将产生足够大的变化，以确保晶体不会完全相同，但可以非常相似。

高速冻结将导致密集的、互锁的晶体，形成没有明显结晶结构的冰。这在快速冻结的冰块中可以看到，而且很清晰。但是在缓慢冻结中，例如在玻璃板或池塘表面，逐渐冷却会在结晶的边缘形成典型的六角形晶体图案。

---

* 表示原子在晶体中排列规律的空间格架叫作晶格，又称晶架。（出版者注）

多快的速度才能感受到空气摩擦带来的热量？

进入地球大气层的物体会因与空气剧烈摩擦而产生几千度的高温，以至于航天器必须有超高的隔热性能，以避免在返回地球过程中被烧蚀掉。除此之外，岩石和小行星在落入地球过程中也会与大气层摩擦而燃烧起来。

为了感受空气摩擦的热量，骑自行车的人必须打破很多纪录和超越很多自行车。即使在大约 900 千米每小时的速度下，巡航的商业喷气式飞机的表面也只比对流层上部空气温度高约 30℃，仍然远远低于燃烧临界值。

在超音速的情况下，飞机确实变得更热。协和飞机*经常会热得无法触摸：前身的温度超过 120℃，后身的温度超过 80℃。事实上，它的最大巡航速度与其说是受限于它的动力，不如说是受限于它的铝制机身所能承受的温度。高温会使机身变形，但没有三倍音速的"黑鸟"侦察机**那么严重，它的温度远远超过 300℃，需要特殊的工艺和铸造材料来应对飞机在飞行过程中的发热状态。

"黑鸟"侦察机缺乏能够承受作业温度的密封剂，实际上侦察机在起飞后升温前一直在耗油。幸运的是，作为一个骑自行车的人，在达到能使皮肤脱落的速度之前，不会感到任何摩擦升温。

---

*　协和飞机是由法国航空航天公司和英国飞机联合公司联合研制的，是世界上唯一的超音速民用客机。1976 年开始投入使用，2003 年退役。

**　"黑鸟"侦察机，即 SR–71 侦察机，是美国空军一型喷气式远程高空高速战略侦察机。该机是第一种成功突破热障的实用型喷气式飞机。1963 年开始研制，1966 年服役，1998 年永久退役。（出版者注）

为什么鸡蛋的颜色不一样?

在产蛋前不久,母鸡的鸡蛋是白色的。与罗得岛红鸡和马兰鸡等品种有关的褐色色素是在鸡蛋形成过程中最后一步增加的,就像一层油漆一样,很容易脱落,这有些令人吃惊。

鸡蛋壳的 90% 以上是由结合在蛋白质基质中的碳酸钙晶体组成的。蛋壳在鸡蛋到达子宫后开始形成,在那里停留了大约 20 小时后才被产下。

在此期间,腺体在容纳蛋黄和蛋白的膜周围分泌蛋壳。在产褐色蛋的鸡品种中,在蛋壳形成的最后 3 ~ 4 小时内,蛋壳腺体的内衬细胞会释放出色素。大部分色素被转移到角质层上,角质层是包围多孔蛋壳的一层防水膜。

有几个因素会扰乱角质层的形成过程,从而影响色素的形成,如老化、病毒感染,包括养鸡人常年的克星——支气管炎——和药物,如尼卡巴嗪,这种药物被广泛地喂给家禽,以防治一种由原生动物引起的疾病。影响鸡蛋色素沉着的最重要因素可能是在鸡蛋形成过程中受到的压力。

例如,如果一群母鸡在夜间被狐狸惊扰,那么它们在早上可能会产下更苍白的鸡蛋。母鸡释放的肾上腺素使产蛋暂停,关闭蛋壳的形成。如果角质层不能正常形成,鸡蛋的色素就会受到影响。

这个问题可能对公共卫生有一些意义。防水角质层是鸡蛋对细菌的防御手段。由于蛋壳的颜色受到角质层形成程度的影响,它也提供了一个直观的测试,判断鸡蛋是否有有害细菌。

什么是圣诞树的味道？

这种圣诞树的气味是针叶树进化的气味。数百万年来，这些树木为自己配备了一套化学武器，包括作为杀真菌剂和杀菌剂的物质，以阻止大大小小的食草害虫。

这种化学组合因树种而异，但通常由芳香化合物混合组成，包括萜烯，如 α - 和 β - 蒎烯、柠檬烯和莰烯，以及酯类，如乙酸龙葵酯。由于幸运的巧合，我们往往发现这些气味很吸引人，以至于它们被添加到香水和空气清新剂中。

如果你碰巧有一棵人造树，你会闻到不同种类的酯，可能是邻苯二甲酸酯或类似的东西，用来使塑料树叶更柔软和更有弹性。如果是这样的话，把一些树上的装饰品浸泡在松香味的消毒剂中，为你的假日季节带来针叶树的香味吧。

这一天北极是什么时候呢？

对这个问题有两个答案。第一个答案是，一个人的时间是由她或他的昼夜节律决定的。起初，这个生理时间将接近该人在访问北极之前居住的地方的时间。在极地的几周时间里，这个时间将随着他以 25 小时的周期而延伸。

然而，从地球物理学的角度来看，时间与太阳在地球上的位置和观测者的位置有关。因为从北极出发，任何方向都是南方，太阳总是在南方，无论北极的时间是多少，总是相同的时间。

那是什么时间呢？国际日期变更线穿过北极，使北极永远处于一个日期和另一个日期之间。换句话说，在北极永远是午夜时分。

当然，这或许解释了圣诞老人是如何在一夜之间将礼物送到世界各地的每一个善良的男孩和女孩手中。

他只是在正南方向（从北极看是任何方向）走出他的石窟，在他的雪橇上放下尽可能多的礼物，然后他回到家里，那里的时间与他离开时完全相同。因此，他可以放下更多的礼物，回到家里，如此反复。

为什么鹅有这么多脂肪？

如果你选择在圣诞节烹饪一只鹅，你可能会对鹅身上的脂肪数量感到震惊。为什么这么多？

在野外，鹅是水生鸟类，许多种类的鹅是洄游的。因此，它们需要大量的能量储备来维持在迁徙过程中的长途飞行，同时需要良好的阻隔作用来保护它们自身免受寒冷和潮湿的影响。脂肪可以很好地满足这两种需要。

因此，鹅的脂肪并不简单。一只成年灰天鹅（几乎所有驯化鹅都来自这个品种）的体重可达 5.5 千克。翼展超过 160 厘米，这使得翅膀的负荷相对较低，这是根据质量与翅膀面积的比值得来的。

在飞行方面，鹅被认为是鸟类中的 "长途宽体客机"，能够支撑它们飞行数千千米的燃料载荷是至关重要的，而不是一种负担。

当然，野生鹅的脂肪与体重的比例要比通常作为圣诞大餐食用的驯养禽类低得多。出于一些原因，通过选择性繁殖和饲料喂养，增加了家鹅的身体脂肪。

在普及铁路运输之前，从农民的角度来看，鹅比火鸡有一个相当大的优势，那就是更容易运输。例如，英国东安格利亚的养鹅人只需将他们的鹅运送到伦敦的史密斯菲尔德市场。他们知道，与火鸡不同，鹅不会在树上过夜。此外，鹅可以通过吃草来支撑 160 千米的行程，利用它们的脂肪储备来维持自身营养。

从厨师的角度来看，鹅的优势在于它不需要额外浇汁，在烤制过程中定期用勺子把鹅身上的脂肪洒在鹅身上，自身油脂就足够了。事实上，一只成年鹅身上的脂肪非常多，多余的脂肪可以用来浇在同时烹饪的其他肉类上，这是查尔斯·狄更斯喜欢的烹饪方式。

狄更斯通过他笔下的内容帮助火鸡成为英国圣诞大餐的重要组成部分。讽刺的是，他其实更喜欢鹅肉的味道，为了进一步享受鹅肉作为他当季午餐的一部分，他会把一个平底锅放在烤鹅的三脚架下，里面放一整颗牛心，这样味道平平的牛心会吸收多汁的鹅肉的味道，以及从上面滴下的鹅的脂肪。

水果蛋糕如何能保持这么久？

19 世纪 70 年代末，密歇根州特库姆塞的菲迪亚·贝茨为庆祝感恩节而制作了一个水果蛋糕，让人感到惋惜的是，她不久就离世了。

从那时起，贝茨夫人的家人们在接下来的 140 多年里，抵制住了蛋糕的诱惑，将它放在玻璃盖子下面，存放在高高的柜子里，只是会偶尔出现在孙子的学校表演和讲述中。

这块蛋糕仍然可以食用。这要归功于其中的糖分。糖具有吸湿性，也就是说，它们从周围环境中吸取水分，包括从任何细菌或真菌中吸取水分。这可以防止此类微生物污染物的生长。蜜蜂加工蜂蜜也是出于同样的目的，蜜蜂将采集的花蜜中的水含量减少到 20% 左右，这样 80% 是糖的蜂蜜就可以抵御微生物的破坏。

果酱——一种用糖保存水果的方法——大约含有 60% 的糖。传统的水果蛋糕可以有大约 60% 的碳水化合物，其中干果和糖共占大约 3/4。换句话说，水果蛋糕的糖分可以达到约 50%。

这是没有制冷手段之前储存食物的重要方法，同时也可以提高食物的美味程度。在甘蔗还没引入欧洲之前，干果和蜂蜜被作为唯一的防腐剂，因此在中世纪之后，水果蛋糕、水果馅等在特殊场合无处不在。

为什么南极比北极更冷?

两极之间的温度差异可以用海拔差异来解释。北极北冰洋表面冬季月平均温度约为 -30℃，而南极大陆海拔 2800 米的冰原上的温度约为 -60℃。

温度随高度变化。在南极洲，海拔每抬升一千米，温度降低约 -6℃。另外，南极上空的稀薄的大气层比北极的大气层反射回地面的热量更少，因此气候更冷、更干燥，云也更少。温度差异也可以用两个半球的大气环流来解释。

北半球的大陆在大气中驱动准稳态的"行星波"，将热量向极地输送，也将中纬度的低气压"引导"到北极地区。南半球的大陆比北半球的大陆小而低，所以南半球的"行星波"（和相关的热传输）较小。

南极洲的高山阻挡了中纬度低气压向极地的运动，这些低气压很少深入大陆内部。北极的大气从北冰洋接收一些热量。虽然通过覆盖在海洋上 2 ~ 3 米的冰块传导的热量很少，但大量的热量可以在浮冰之间偶尔形成的狭窄的开放水域上进行交换。

喝大量的水能为身体排毒吗?

目前有一种喝水的热潮,比如在摄入酒精饮料之后,享用了美味的圣诞大餐之后,通过饮用大量的水,来起到净化身体系统或者排毒的作用。

但相关证据表明喝水的作用并不大。肾脏参与新陈代谢所需的最少尿量是每天约半升。因为呼吸、出汗和排便可以损失半升左右的水,所以我们需要每天喝大约 1 升水来弥补损失。

喝多了只会稀释尿液,同样数量的废物(或俗称的 "毒素")会从我们的身体中排出。咖啡和茶都有轻微的利尿作用,但身体仍然从饮用的过程中获得了液体,尿液的量并没有超过你所消耗的液体的量。除此之外,酒精是一种更强力的利尿剂,所以你应该在过度饮酒后喝大量的软饮料或水。

"排毒"这个词或许很流行,但没有确凿的证据支持以上论点:只要不是长期过度摄入酒精或食物,我们的肾脏就足以应对。喝大量的水,也就是摄入的水量比人体所需的水量多,对清除体内的垃圾没有明显的作用。

为什么倒啤酒时会产生泡沫？

将葡萄酒或啤酒快速倒入一个垂直摆放的玻璃杯中，我们会发现有泡沫产生，甚至泡沫会溢出杯口，待气泡消失后，我们可以再倒入一些酒。但是第二次倒入的液体不会像第一次倒入的液体那样产生较多的泡沫。这是为什么呢？

啤酒、起泡酒以及其他发泡饮料中都含有过饱和的气体。热力学定律有利于气体从溶解状态中溢出，由于气泡一开始很小，因此不太可能形成大的气泡。这些小气泡在一个直径只有 0.1 微米的大气泡中所产生的压力可以达到标准大气压的 30 倍，而且气体的溶解度随着压力的增加而增加（亨利定律），气体被迫回到溶液中，就像它溢出来一样快。

然而，气泡可以在灰尘颗粒、不规则的表面和划痕周围形成。这些区域被称为成核点，是具有疏水性的（排斥水），并允许在不形成小气泡的情况下形成气袋。一旦达到特定临界值，它就会鼓起或形成一个较大的向上凸起的弧度，其曲率半径足够大，以防止自身塌陷。

然后还会产生级联效应 *。如果每单位体积的气泡达到特定的临界数量，这本身就构成了物理干扰，并导致更多的气泡得以释放。

如果想防止起泡，就把玻璃杯的内壁弄湿。当玻璃杯的内壁是潮湿的时候，成核点会有所减少。虽然灰尘颗粒和划痕依旧存在，但是它们都已经被液体覆盖住，倒入的碳酸饮料在液体的阻拦下到达成核点的速度变慢。气泡仍然会产生，但由于扩散速度变慢，无法引发级联效应。因此，饮料不会起泡。

随着现代生产技术的发展，如今玻璃杯的质量非常棒，但是一些生产商会故意设计一些成核点，特别是啤酒杯，以便产生足够的气泡，可以用来演示泡沫向上凸起的状态。

---

* 级联效应是由一个动作影响系统而导致一系列意外事件发生的效应。（出版者注）

为什么树下的雪比露天的雪融化得快？

雪，或者其他物质，比如苹果树，都可以散发和吸收辐射。雪对紫外线和可见光辐射能产生非常强烈的反射作用（不是吸收作用），而它对红外线辐射能起到强烈的吸收作用。对辐射的吸收和散发决定了雪的升温或降温，或者既不升温也不降温。

那么，为什么树下的雪融化得更快？在夜间，露天的雪吸收来自地面和天空的红外线辐射，可能低于 -30℃。

树下的雪吸收地面和树散发出的辐射，而地面和树的温度明显高于天空，因此散发出的红外线辐射更多。

这种差异足以解释为什么树下的雪比附近露天的雪融化得更快，即使是相同厚度的。这也解释了为什么树周围通常不形成霜冻。也有可能是在下雪时，在树的遮挡作用下，树下的雪比附近露天的雪积累得少。

哪些酒不容易引起宿醉？

今天是一年的最后一天，你可能正在考虑如何以最好的方式开启新的一年。如果你打算喝点儿什么，我建议你最好不要喝酒——但为了以防万一，你可能需要提前规划一番，比如认识一下哪些酒不容易引起宿醉。

大多数人饮用含酒精的饮料是为了摄入其中所含有的乙醇成分。不过，许多含酒精的饮料同样含有一定量的具有生物活性的其他化合物，称为同系物。同系物有复杂的有机分子，如多酚，其他醇类包括甲醇和组胺。它们与乙醇在含酒精的饮料的生产过程中共同发生反应，或参与发酵。

在同系物的作用下，含酒精的饮料会产生醉人效果，以及随之而来的宿醉。事实证明，喝伏特加等纯乙醇的酒类比喝威士忌、白兰地和红酒等深色的酒类更少出现宿醉，因为伏特加的同系物含量较低。

造成宿醉的主要罪魁祸首是同系物中的甲醇。人们代谢甲醇的方式与乙醇相似，但最终产物是不同的。乙醇会产生乙醛，但当甲醇被分解时，其主要产物是甲醛，其毒性比乙醛更大，高浓度时可导致失明或死亡。乙醇会抑制甲醇的代谢，这就说明了为什么喝"解宿醉的酒"可以缓解宿醉。

研究发现，不同酒类所引发宿醉的严重程度从高到低排序如下：白兰地、红酒、朗姆酒、威士忌、白葡萄酒、杜松子酒、伏特加、纯乙醇。